JN274876

草地農業の多面的機能と
アニマルウェルフェア

矢部 光保 編著

筑波書房

はじめに

編著者代表　九州大学大学院農学研究院

矢部　光保

　自由化によって、海外から安価な農産物が輸入できたとしても、海外から輸入困難な農業由来のサービスがある。それは、農業の持つ多面的機能である。多面的機能は、農業・農村が持つ伝統的景観や生物多様性であり、洪水を防止し、地下水を涵養する機能などを指し、農業生産とともに市民に無償で提供されてきた。
　この多面的機能について、欧州では、草地農業がもたらす景観や生物多様性を中心に議論され、農業環境政策もそれらの保全と向上に向けた取組に主眼を置いている。この草地農業とは、草地や放牧に多くを依存する乳肉牛生産を指し、濃厚飼料依存の畜産業とは異なるタイプのものであるとともに、農文化的（agricultural）視点も含むものである。これに対し、我が国の多面的機能の議論では、水田農業や森林が中心に議論され、草地農業の多面的機能はあまり議論の対象にならなかった。しかしながら、我が国においても草地農業の活動やその多面的機能の維持・発揮の重要性は言うまでもない。なぜなら、永年草地は森林と同程度の炭素を貯留でき、草地特有の生態系や景観を提供し、なによりも自然と一体となった家畜が存在し、我々に動物とのふれあいがもたらす癒しを提供するなど、水田とは異なる特徴をもつ。
　それゆえ、本書では、EUとの比較を念頭に、我が国の草地農業システムの現状とその多面的機能の発揮に向けた分析に焦点を当てる。具体的には、多面的機能の経済学的概念や評価手法、草地農業の歴史的生態学的展開やその支援制度について議論する。さらには、草地農業の展開には、政策的支援に加え、市場的支援も重要である。そこで、多面的機能の価値がどの程度畜産物価格に反映させされるかについても分析を加える。
　次に、草地農業の今日的意義として注目されているアニマルウェルフェアを取

り上げる。アニマルウェルフェアは、草地農業に不可欠な家畜について、牛舎での飼い方、放牧の状態、搾乳やさらにはと殺方法など、人間の家畜に対する扱い方で、その水準は大きく変化する。他方、家畜から人間が受け取る効果としては、動物による癒しがあり、ストレスの多い現代人にとって、益々その価値は大きくなっている。この癒しの機能は、草地農業システムの大きな特徴であり、その多面的機能の一部を構成するものである。そこで、本書では、放牧や公共牧場などを中心に、放牧主体の草地農業システムによるアニマルウェルフェアを議論し、その経済的価値を評価する。さらに、ペットのアニマルウェルフェアや癒しについてまで議論を広げ、その経済的価値を分析するものである。

　以下、本章の内容を要約して説明する。「第1部　草地農業の多面的機能と支援政策」は、5章からなる。
　第1章「多面的機能の定義、政策措置および経済評価」では、多面的機能の経済学的性質を述べ、多面的機能を維持・発揮するための政策的介入の必然性を明らかにする。次いで、EUや我が国における多面的機能に関わる政策措置が、いかなる根拠から選択されたのか、各国の自然的社会的条件と関連づけて説明する。さらに、選択された政策措置について、その導入の妥当性を判定するために示されたOECDの考え方を論じるとともに、妥当性の判定に不可欠な多面的機能の経済的評価を検討する。最後に、世界農業遺産等、FAOを中心に多面的機能を巡る新たな動きを紹介して、本章をまとめる。
　第2章「我が国における草地生態系の特徴と牧畜の多面的機能」では、EUと同様に、我が国でも山間地域の草地資源を再評価する必要性を論じた。このような主張の背景としては、以下の状況が挙げられる。すなわち、1960年頃まで、準自然草地は全国各地で利用されてきたが、その後の大規模草地開発に伴い、牧草地の利用が拡大し、準自然草地の利用は急速に減少した。さらに、1985年以降、円高の影響を受けて、安価な輸入飼料が入るようになり、乳肉牛の飼養形態は輸入飼料をベースにした周年舎飼が大勢となった。これによって、生産効率は高まったが、環境の悪化、農村の活力低下など、さまざまな問題をもたらしている。

しかも、東北の北上山地では、1991年の牛肉の輸入自由化の影響を受けて、これまで広大な国有林野を利用して飼養されてきた日本短角種の飼養頭数が激減し、準自然草地の利用はもとより、開発された牧草地の利用も減少し、山間地域そのものが衰退している。しかし、準自然草地は多面的機能の高い生態系であり、EUでは準自然草地の多面的機能が高く評価され、さまざまな支援が行われてきている。そこで、政策的支援の基礎的情報となるよう、我が国における草地生態系と牧畜のもつ多面的機能の特徴を、北上山地における牧畜の事例を用いて、明らかにした。

　第3章「EUにおける草地農業の多面的機能の特徴と支援政策」では、草地農業システムによる公共財供給の視点から、EUの共通農業政策（CAP）改革を論じる。周知のように、EUは2003年のCAP改革で、これまでの農産物生産支持政策から、環境重視の農業政策に転換した。さらに2014年以降のCAP計画においても、環境に一層、重点を置くことになった。EUが環境に重点を置くようになったのは、「農業は単に食糧を供給するだけではなく、土、水、大気、そして文化的景観など、人間の生活に欠かせない公共財を提供しているが、一般市場ではこれらの公共財は評価されていない。そのため、このような公共財を供給する農業活動に対して公的支援を行う必要がある」というのがその理由である。そこで、本章では、EUの草地農業が供給する公共財の特徴と、環境に及ぼす影響を分析し、草地農業システム、とくに準自然草地を利用した放牧システムがその他の農業システムよりも公共財供給に優れていることを明らかにする。さらにEUにおける公共財の需給の客観的な状況証拠を基に、それを政策に反映させるプロセスを概説する。他方、2014年CAP改革は、個別農家への支援に重点が置かれたため、準自然草地、とくに入会放牧地への支援低下など、同改革の問題点も指摘しておく。

　第4章「EUにおける入会放牧地の多面的機能の特徴と地域的支援の取組」では、2014年CAP改革の問題点の1つとして、準自然草地の支援への低下が懸念されているが、なぜそのことが重要な問題であるのかを議論することから始める。EUには約8千万haの入会放牧地があり、その多くが準自然草地である。そして、

市民は美しい田園景観や生物多様性保全機能の高い入会放牧地の生態系を高く評価をしているが、農業が供給する公共財に対する行政者の評価は、市民のそれと視点が異なっている。そこで、本章では、英国市民が入会放牧地への関心が高い理由を明らかにすると共に、入会放牧地を維持するための市民参加のプロジェクトや、農業が供給する公共財を適正に評価するための新たな市場パラダイムの構築について紹介する。次いで、EUの入会放牧地がもつ多面的機能の特徴と、そこから生まれる社会経済的効果を明らかにする。最後に、このようなEUの草地農業の政策措置の動向から推察すると、山地に多い我が国の公共草地は、多面的機能の高い牧畜システムに改変することによって、新たな産業が生まれる可能性があることを考察する。

　第5章「EUにおける農業環境支払制度と草地畜産のもつ多面的機能の保全」では、英国とドイツの農業環境政策をレビューし、生物多様性向上の視点から、政策レベルと制度レベルに分けて検討した。すなわち、政策レベルでは、生物多様性国家戦略と農業環境政策が指標生物で関連付けられ、これによって農業環境政策が強化されている。他方、制度レベルでは、英国イングランドとドイツのバーデン・ヴュルテンベルク州及びニーダーザクセン州の制度を対象に、各制度の経済的根拠や長所・短所を整理するとともに、農業環境支払に生物多様性保全のための誘因が働くよう工夫されていることを明らかにした。以上を踏まえ、生物多様性向上の視点から、我が国における農業環境支払制度の充実化に向けた提言を行った。

　第2部　アニマルウェルフェアと市民的価値は、4章からなる。

　まず、第6章「放牧を加味したアニマルウェルフェア畜産の実現」では、21世紀の産業には持続性の視点が求められており、畜産においては、その視点からアニマルウェルフェアの発想が不可欠であることを示す。アニマルウェルフェアに配慮するとは、家畜に①空腹及び渇きからの自由②不快からの自由③苦痛、損傷、疾病からの自由④正常行動発現の自由⑤恐怖及び苦悩からの自由、を保証することを言う（「5つの自由」論）。舎飼では、食住の充足、疾病・損傷からの自由、および恐怖からの自由の実現は容易であるが、正常行動を適切に発現させること

はきわめて難しい。一方、放牧飼育では、正常行動の適切な発現は容易であるが、食住の充足や疾病・損傷からの自由、及び恐怖からの自由に関しては解決すべき課題が多く存在する。そこで、本章では、舎飼に放牧を加味することが、アニマルウェルフェア畜産の高度実現の可能性をもたらすことを示す。

第7章「動物とのふれあいによる癒しの創出―ふれあいファームにおけるアニマルウェルフェアの実践―」では、北海道における「ふれあいファーム」を対象に、生産者による飼養家畜の快適性を経営理念とする試みと、消費者・訪問者による癒しの体感との相互促進的な関係を論じる。また、良好な家畜飼養環境が確保される動機付けとなるとともに、広く生産者、消費者、訪問者の福祉の向上にも資することを願うものである。そこで、生産者による家畜飼養環境配慮と、ふれあいファームを利用する訪問者にとってのアメニティの視点から、生産者と訪問者の共有空間としてのふれあいファームのあるべき姿を探ることを目的に、北海道における「ふれあいファーム」の概要と地域特性を捉える。そして、家畜飼養環境改善の視点から、生産性と快適性を両立させている事例を検討し、アニマルウェルフェアの実現に向けた課題についてまとめる。

第8章「国内草資源を利用した新たな和牛肉生産と消費選好分析―Q Beefの挑戦―」では、濃厚飼料多給型牛肉生産の問題点を解決する1つの方向性を検討する。すなわち、これまでの生産方式では、食の安全性や環境問題、さらにはアニマルウェルフェアの実現においても問題が多い。そこで、濃厚飼料に依存しない黒毛和牛肉生産を目指し、「代謝インプリンティング(刷り込み)効果」を利用することで、放牧肥育でもある程度の脂肪交雑の入るように生産された牛肉、すなわちQ Beefについて焦点を当てる。このQ Beef生産システムの普及には、消費者から支持されることが不可欠の条件である。そこで、福岡県の市民を対象に、仮想評価法を用いて、その経済価値と消費者選好を分析した。その結果、環境やアニマルウェルフェアを意識する消費者は、このような牛肉をより高く評価することが明らかになり、Q Beef販売戦略の方向性が示唆された。

第9章「ペットの癒し効果による人間の厚生水準の向―ドッグランに関する需要分析―」では、ドッグランの導入が急増するなかで、都市公園を活用したドッ

グラン整備に関する利用者ニーズを的確に把握し、今後、施設整備に向けた基礎情報の提供を目的とする。愛犬の厚生水準を高めることは、飼い主である人間の厚生水準にも良好な影響を与える。東京都の駒沢オリンピック公園と城北中央公園の利用者を対象として、利用者にとって望ましいドッグラン整備に関するコンジョイント分析を実施した。都立公園に整備されたドッグランは設置費用が約200万円であり、維持運営はボランティアによって支えられている。利用者の徒歩圏内にドッグランが設置された場合の支払意志額は、利用1回当たり350〜486円であった。ドッグランは都市公園の遊休スペースの有効活用であり、用地取得費を機会費用としない場合には、費用便益分析の観点からも十分に有効な施策であると判断された。

　最後に、当初からの執筆予定者であったが、残念ながら体調を崩されてしまった永木先生から、補稿を頂いたので、それを紹介する。

　以上の構成と内容により、本書では、草地農業システムのもつ多面的機能の特質を我が国とEUで論じ、さらにアニマルウェルフェアについても議論を展開していく。

草地農業の多面的機能とアニマルウェルフェア　目次

はじめに .... 矢部光保 *3*

第1部　草地農業の多面的機能と支援政策 *13*

第1章　多面的機能の定義、政策措置及び経済評価
.... 矢部光保 *14*

はじめに *14*
第1節　多面的機能の経済学的性質と政策的介入 *16*
第2節　多面的機能のための政策措置 *21*
第3節　多面的機能のための政策介入の妥当性評価 *25*
第4節　多面的機能の経済的評価手法 *27*
第5節　多面的機能をめぐる新たな動き *33*
おわりに *36*

第2章　我が国における草地生態系の特徴と牧畜の多面的機能
.... 三田村　強 *40*

はじめに *40*
第1節　我が国の草地生態系の特徴 *41*
第2節　牧畜の多面的機能 *47*
おわりに *56*

第3章　EUにおける草地農業のもつ多面的機能の特徴と支援政策
.... 三田村　強 *60*

はじめに *60*
第1節　EUの農業が供給する主な公共財の種類と農業活動との関係 *61*
第2節　EUの農業が環境におよぼす影響 *63*

第3節　EUにおける草地農業の構造変化 …… 65
第4節　草地農業システムの公共財供給の程度 …… 69
第5節　EUの草地農業が環境公共財の供給に及ぼす影響 …… 71
第6節　環境公共財供給の高い農業活動を支援するための政策作成プロセス …… 79
第7節　2014年CAP改革―グリーニング措置― …… 84
第8節　2014年CAP改革における主な指摘事項 …… 86
おわりに …… 89

第4章　EUにおける入会放牧地の多面的機能の特徴と地域的支援の取組 …………………………… 三田村　強 …… 93

はじめに …… 93
第1節　英国の入会放牧地の多面的機能の社会的評価と地域的支援の取組 …… 94
第2節　EUの山地における草地の多面的機能の特徴 …… 112
第3節　EUの山地の入会放牧システムがもたらす社会経済的効果 …… 115
第4節　考察―我が国における公共草地の多面的機能強化の必要性― …… 119
おわりに …… 122

第5章　EUにおける農業環境支払制度と草地農業のもつ多面的機能の保全 ……………………… 野村久子 …… 128

第1節　はじめに …… 128
第2節　政策レベルにおける生物多様性向上への寄与 …… 130
第3節　制度レベルにおける生物多様性向上への寄与 …… 136
第4節　おわりに―日本の農業環境支払制度への提言― …… 146

第2部　アニマルウェルフェアと市民的価値 ……………………………… 153

第6章　放牧を加味したアニマルウェルフェア畜産の実現
　　　　　………………………………………………………… 佐藤衆介 … 154

　はじめに …… 154
　第1節　アニマルウェルフェア―愛護とは、似て非なるもの― …… 155
　第2節　世界はアニマルウェルフェア畜産に向かっている …… 156
　第3節　放牧を加味することによるウェルフェアの改善の可能性 …… 158
　おわりに …… 168

第7章　動物とのふれあいによる癒しの創出
　　　　　―ふれあいファームにおけるアニマルウェルフェアの実践―
　　　　　………………………………………………… 伊藤寛幸・出村克彦 … 172

　はじめに …… 172
　第1節　北海道における「ふれあいファーム」の概要と地域特性 …… 174
　第2節　アニマルウェルフェア実践農場の紹介 …… 180
　おわりに―アニマルウェルフェアの展望― …… 186

第8章　国内草資源を利用した新たな和牛肉生産と消費選好分析
　　　　　―Q Beefの挑戦― …… 矢部光保・コーサクナラース　シッティポーン
　　　　　　　　　　　　　　　　　　　　　　　　藤　真人・後藤貴文 … 191

　はじめに …… 191
　第1節　濃厚飼料多給型生産方式の問題点とQ Beef開発 …… 192
　第2節　分析手法と調査設計 …… 195
　第3節　単純集計結果 …… 198
　第4節　実証モデル …… 201
　第5節　分析結果と考察 …… 204
　おわりに …… 208

第9章　ペットの癒し効果による人間の厚生水準の向上
　　　　―ドッグランに関する需要分析― ……………… 吉田謙太郎 …… *211*

はじめに …… *211*

第1節　ドッグラン …… *214*

第2節　コンジョイント分析 …… *217*

第3節　都立公園におけるアンケート調査の概要 …… *218*

第4節　混合ロジットモデルによる分析結果と考察 …… *223*

おわりに …… *226*

補稿 ……………………………………………………… 永木正和 ……*229*

第1部　草地農業の多面的機能と支援政策

第1章　多面的機能の定義、政策措置及び経済評価

矢部光保

はじめに

　農業の多面的機能（Multifunctionality of Agriculture）を取り上げるとき、代表的文献として、日本学術会議が2001年11月に答申した『地球環境・人間生活にかかわる農業及び林業の多面的な機能の評価について』（以下、「答申」）が、まず思い浮かぶ。また、草地の多面的機能については、農林水産省畜産局（1997）の『草地管理指標―草地の公益的機能編―』と社団法人日本草地畜産種子協会（2009）の『草地管理指標―草地の多面的機能編―』を挙げることができる。
　この農業の多面的機能と呼ばれるものは、市場で売買される農産物とは異なり、農業が市場を経由することなしに、国民に提供している有益で多様な機能を指している。草地を例にとれば、草地が雨水による表土の浸食を防止する土壌浸食防止機能、茎葉が雨水をたくわえ地中浸透を進めることによる洪水防止機能、動植物の生息地を提供する生物多様性の保全機能などを挙げることができる。「答申」では、表1のような機能を示し、その経済価値については、日本学術会議の特別委員会等の討議内容を踏まえ、（株）三菱総合研究所が評価した。
　表1のような多面的機能の内容は、これに注目する各国の自然的、社会的条件によって違いはあるものの、その機能は以下のようにまとめることができる。
①食料安全保障
②洪水防止、土砂崩壊防止、土壌流出防止等の国土保全
③水資源の涵養、大気浄化、気候緩和等の環境保全

第1章　多面的機能の定義、政策措置及び経済評価

表1　日本学術会議の答申を踏まえてまとめられた多面的機能の評価額

農業の多面的機能	評価額（億円）
1 持続的食料供給が国民に与える将来に対する安心	
2 農業的土地利用が物質循環系を補完することによる環境への貢献	
1）農業による物質循環系の形成	
（1）水循環の制御による地域社会への貢献	
洪水防止	34,988
土砂崩壊防止	4,782
土壌浸食（流出）防止	3,318
河川流況の安定	14,633
地下水涵養	537
（2）環境への負荷の除去・緩和	
水質浄化	
有機性廃棄物分解	123
大気調整（大気浄化、気候緩和など）	87
資源の過剰な集積・収奪防止	
2）二次的（人工の）自然の形成・維持	
（1）新たな生態系としての生物多様性の保全等	
生物生態系保全	
遺伝資源保全	
野生動物保護	
（2）土地空間の保全	
優良農地の動態保全	
みどり空間の保全	
日本の原風景の保全	
人工的自然景観の形成	
3 生産・生活空間の一体性と地域社会の形成・維持	
1）地域社会・文化の形成・維持	
（1）地域社会の振興	
社会資本の蓄積	
地域アイデンティティーの確立	
（2）伝統文化の保存	
農村文化の保存	
伝統芸能継承	
2）都市的緊張の緩和	
（1）人間性の回復	
保健休養（・やすらぎ機能）	23,758
高齢者アメニティー	
機能回復リハビリーション	
（2）体験学習と教育	
自然体験学習	
農山漁村留学	

注：日本学術会議の特別委員会等の討議内容を踏まえて（株）三菱総合研究所が行った評価をまとめたものである。網掛けの部分は、経済的評価がなされなかった機能である。
出典：日本学術会議（2001）および三菱総合研究所（2001a）

④生物多様性保全、景観形成
⑤地域社会の維持、伝統文化の継承
⑥保健休養、環境教育等

　このような農業のもつ多面的機能について、その維持・発揮のため、いかなる政策措置をどの程度まで推進すべきかなど、政策措置の妥当性と効率性を判断する上で、多面的機能の経済評価は重要な意味を持つ。そこで、本章では、WTO交渉を背景に、「答申」を縦糸に、多面的機能の「概念分析」を行ったOECD（2001）のレポートと「政策手段」を論じたOECD（2003）のレポートを横糸に配しながら、特に、草地農業システムの多面的機能に関わる政策措置を中心に、経済評価の諸側面を検討する。

　そのため、第1節では、多面的機能の経済学的性質を述べ、多面的機能を維持・発揮するための政策的介入の必然性を明らかにする。次いで、第2節では、各国の自然的、社会的条件と関連づけて、なぜそのような政策措置が選択されたのか、その理由を示す。第3節では、選択された政策措置について、その導入の妥当性を判定するために示されたOECDの考え方を議論する。第4節では、妥当性の判定に不可欠な多面的機能の経済的評価を検討する。第5節では、FAOを中心に多面的機能を巡る新たな動きを紹介し、最後に、「おわりに」で本章をまとめる。

第1節　多面的機能の経済学的性質と政策的介入

　多面的機能の性質を考えるために、OECDによる多面的機能の定義を検討することから始める。OECD（2001）では、多面的機能の暫定的定義を「農業生産と一体的に供給され、かつ、外部経済性または公共財的な性格を有する非農産物（non-commodity outputs）」としている[1]。なお、日本語の多面的機能とは、まさに農業の持つ多様な機能を指すが、このOECDの用語法は、日本語のそれと異なり、multifunctionalityを「農業の多面的性格」という意味で用い、政策的支援の検討対象となる個々の機能については「非農産物」という用語を当ててい

第1章　多面的機能の定義、政策措置及び経済評価

表2　農業の多面的機能の経済学的性質

・農業の結合生産物
・外部経済効果
・公共財的性質
　非排除性と非競合性
・地域固有財

る[2]。

　次に、ここで述べられた3つの性質、つまり一体的な供給（結合生産物）、外部経済性（外部経済効果）、公共財的性質に注目し、さらに地域固有財も多面的機能を考慮する上で重要な性質と考えるので、合わせてこの4つの性質について検討を加える（表2参照）。

1．結合生産物

　第1の性質である、農業の結合生産物について説明する。例えば、草地農業システムは、畜産物という市場財を生産すると同時に、美しい農村景観や生物多様性、伝統的農村文化という非市場財も密接不可分に提供している、という性質である。ここで、非市場財という用語を用いたが、その意味は市場で売買されない財やサービスのことである。ただし、納屋や積草などの牧歌的景観も多面的機能の一機能と考えられるが、その景観自体は、農産物の生産と比較的容易に切り離して提供できる。例えば、阿蘇草原の積草は、かつて農業生産のために作られていたが、現在では観光用に作られている。このように、結合生産の強弱は各機能によって異なり、食料安全保障のように農業生産と多面的機能の結合が強力なものから、牧歌的景観のようにその結合が弱いものまで、多様である。

　ここで、食料安全保障を結合生産の視点から検討しておきたい。食料安全保障は、農産物と一体的に提供されるものである。ただし、「答申」では食料自給率の維持・向上や食料生産による国民の健康と安全の保障は、多面的機能ではなく、農業生産の本来的機能と考え、多面的機能としては「未来に対する持続的な供給の国民に与える（安心）機能」を挙げている。そして、この安心機能は、多面的機能の1つである優良農地の動態保全と軌を一にするものである、と説明してい

第1部　草地農業の多面的機能と支援政策

る。

　「答申」が述べるように、食料生産には優良農地が必要であるが、それだけでなく各種の投入財もまた必要である。すなわち、燃料、そして特に肥料が不可欠であり、それら投入財も食料安全保障という多面的機能の重要な構成要素になる[3]。このことは、多面的機能である草地景観にとって、生産物である家畜はもちろん、そこで働いている人、納屋や牧柵等の投入財も、草地景観の重要な要素となっている点と同様である。

　周知のように、我が国は、リン酸、カリの化学肥料の原材は全量を、窒素肥料の製造に使用する化石燃料はほぼ全量を輸入に依存している。また、堆肥についても、その元になる飼料穀物は大量に輸入している。そのため、我が国の食料自給率は、カロリーベースで39％（2011年度）であるが、資源・エネルギーを考慮した食料自給率は、これをはるかに下回ると言える。また、地産地消も、食料の長距離輸送を削減し、消費者との顔の見える関係を構築する点ではすばらしいことである。しかし、物質循環の視点から眺めると、海外の原材料を使用して農産物を生産し、それを地域の消費者が食した後、エネルギーと資材を使って浄化・処分しているのが現状である。それゆえ、食料自給率の実質的向上のためには、地産地消に加え、耕畜連携の強化を含め、有機性廃棄物の循環利用を高める必要がある[4]。そして、我が国のエネルギーや生産資材の自給も考慮して、食料安全保障機能を科学的、経済的に評価していく必要があると考える。

　なお、「答申」では、有機性廃棄物の分解機能を、環境負荷の除去・緩和機能の一つとして多面的機能に挙げている。確かに、有機性廃棄物の処分場として農地を利用するならば、それは農地の多面的機能と言えるが、有機性廃棄物を肥料として農地に投入するならば、有機性廃棄物の農業利用であって、多面的機能ではないと考える。したがって、し尿や生ゴミの農業利用については、有機性廃棄物の分解機能ではなく、食料安全保障機能に位置づけてはどうだろうか。なお、畜産ふん尿の過剰施用に由来する窒素成分を草地が土壌吸着することは、農畜産業内部の汚染物質浄化であり、農外への効果を扱う多面的機能には相当しないと考える。

2．外部経済効果

　第2の性質として、外部経済効果が挙げられる。この外部経済効果とは、市場を経由しないで人々の効用や企業の生産活動に直接影響を与える好ましい効果のことを言う。例えば、美しい草地景観は車窓から直接楽しむことができるし、草地から浸透し涵養された地下水は、対価が支払われることなく利用されているが、そのような状況を指すのである[5]。そして、外部性を伴う多面的機能は市場で取引されないために、市場価格が存在しない。したがって、その経済価値を知るためには、後述の代替法や仮想評価法（CVM）、旅行費用法等の評価手法を用いて推計するしかない。ただし、評価手法によって、計測のための前提条件や計測可能な価値の種類が異なってくるので、その点を配慮した計測が必要になる。

　それでは、なぜ多面的機能は、市場が成り立たず、外部経済効果をもたらすのであろうか。それは、市場財として上手く販売できなかったために、外部経済効果を伴って存在していると言ってもよい。このことは、次に述べる多面的機能の第3の性質に深く関わっている。

3．公共財的性質

　第3の性質は、公共財的性質である。これには、供給側面と需要側面の2側面がある。供給側面からは、対価を支払わない人であっても、その人を排除できないという非排除性が挙げられる。そして、この排除の可能性は、物理的可能性だけでなく、排除行為の経済的合理性にも依存している。例えば、観光客の多い阿蘇草原を走る道路にはゲートを設けて、料金を徴収することが経済的に成り立つ。しかし、山里にある草地の場合には、道路にゲートを設けて料金を徴収するならば、収益よりも費用の方が大きくなってしまう。つまり、排除行為が経済的に成り立たないために、非排除性が存在するのである。そのため、多面的機能は、外部経済効果を伴って、市場を介さずに無償で提供されてきたのであり、無償であるために意図的な供給が図られてこなかったのである。そして、その結果として、多面的機能の劣化が社会的問題となるのである。

次に、需要側面からは、全員が同時に同じだけ消費できるという非競合性が挙げられる。例えば、市場財である牛肉は、ある人が食べてしまうと、他の人は食べることができない。他方、草地景観については同時に多くの人が見て楽しむことができるし、洪水防止機能については地域の人々がその効果を同時に享受することができる。あわせて、一人に機能を供給できれば、それ以外の人への追加供給費用はゼロなのである。それゆえ、効率性の観点からも、政府が多面的機能の維持・発揮に介入を行うことの合理性がある。

4．地域固有財

第4に、地域固有財という性質である。OECDの議論は、政策的介入の妥当性の判定を強く意識したため、地域固有性は地理的範囲の設定問題として認識され、多面的機能の定義には挙げられなかった。しかし、地域固有財という特質は、生物多様性や文化的価値を議論する上で本質的概念である。なぜなら、阿蘇草原には、およそ千年も前から続けられてきた放牧や採草、野焼きといった人間活動の営みの中で地域固有の希少野生植物種が保存されてきた。あるいは、生物多様性や景観でなくても、洪水防止機能は、その効果が特定の地域に限られる。そのため、多面的機能は、市場財である農産物のように海外から輸入することはできないし、輸出することもできない。その地域に行って初めて享受できるものであり、その地において保全されてこそ価値をもつ。したがって、多面的機能は、それを有する国が、その地域で守らざるを得ないものである。

以上のような性質のために、市場に任せては多面的機能の適切な供給は実現できない。それゆえ、国や地方自治体等が積極的に多面的機能の供給に関与することの必然性がある。

それでは、いかなる多面的機能を、どのような政策手段によって支援することが望ましいのか。次節では、各国の自然的、社会的条件と関連づけて、政策措置の選択を検討する。

表3　農業の多面的機能の維持・発揮において重視される政策措置

	国境措置	環境直接支払
食料安全保障	○	
国土保全（洪水防止・土砂崩壊防止）	○	
環境保全（水源涵養・大気浄化・気候緩和）	○	
生物多様性保全・景観形成		○
伝統の継承		○
保健休養・環境教育		○

注：○はより直接的に関係する機能

第2節　多面的機能のための政策措置

　多面的機能を維持・発揮させるための政策措置には、大きく2つある。第1は、関税等の国境措置によって農産物の生産量や栽培面積を一定水準に保つことで、多面的機能を発揮させる措置である。第2は、ある程度の農地利用面積を確保した上で、農法をより環境に配慮したものに変換させるように環境直接支払を導入して、多面的機能を発揮させる措置である。

　第1の措置によって維持・発揮される多面的機能は、もっぱら量的機能に関わるものであり、食料安全保障、国土保全、環境保全が中心となる。なぜなら、草地面積が維持されれば、洪水防止機能や土壌浸食防止機能は発揮されるが、その場合でも、集約的農法の採用や過放牧が行われば、それら機能が低下することに加え、牧歌的景観や生物多様性が十分に保全されるかどうかは不明だからである。その意味で、国境措置は、多面的機能の中でも、基盤と成る量的機能の支援に向いている。

　第2の措置に関係するものは、適切な畜産業の活動水準や環境に配慮した農法で発揮される質的機能であり、生物多様性保全、景観形成、伝統文化の継承、保健休養、環境教育である。もちろん、第2の政策措置に関わる質的機能でも、第1の措置によってその発揮が支援されるが、農法が相対的に重要であるため、このように分類されると考えた。この関係は表3のようにまとめられる。以下、多面的機能に関わるこれらの政策措置を概観しておく。

第1部　草地農業の多面的機能と支援政策

1．国境措置

　多面的機能は、人間が作り出した二次的自然である農畜産業や農山村からの便益であり、長い農耕の歴史を持つ日本やEU諸国によって、1990年代後半から、WTO交渉の場で主張された。他方、北米やオセアニアのように、原生自然が比較的豊かに存在している新大陸諸国にとって、人間が作り出した二次的自然や文化的景観の重要性は相対的に低い。また、農畜産物輸出国であるこれら諸国にとっては、多面的機能による農業支援は自由貿易の障害になる。さらに、開発途上国にとっては、環境便益を積極的に評価するほどの経済発展段階に達していないことに加え、農畜産物が重要な輸出品目である国が多いため、先進国の多面的機能を擁護する誘因はない。そのため、多面的機能のための政策支援の重要性を主張してきたのは、農畜産業の歴史が長く、かつ先進国のEU諸国や我が国である。
　ただし、多面的機能を重視するといっても、EU諸国と日本では政策手段が異なる。我が国での農業支援は、生産調整下での価格支持政策を基本とし、国内価格と国際価格との差額は関税等により政府財源も確保できる政策となっている。それゆえ、我が国の多面的機能論は、国境措置の重要な論拠になっている。すなわち、多面的機能は農畜産物と一体的に生産されるものであるから、農畜産業生産を支援することによって多面的機能が供給され、かつ、国境措置の方が様々な多面的機能を特定して支払う直接支払よりも、全体として取引費用は少ないため、社会全体の経済厚生は高まるというのが、基本的な考え方である。
　他方、農畜産物の純輸出地域となったEUでは、高い域内価格は、輸出補助金や在庫処理を伴う財政負担も増大させるため、国境措置の引き下げにより、内外価格差を縮小させる誘引をもつ。それゆえ、国境措置から直接支払へと政策を転換させたEUにとって、多面的機能論は環境支払の論拠であるが、国境措置の論拠にはなり得ない。
　かつて、EUは多面的機能フレンズ国として、我が国と共に多面的機能の存在を主張してきた。しかし、WTO交渉の焦点が、多面的機能から「非貿易的関心事項」における市場アクセスへの反映に移り、2003年8月の「上限関税」を含む

米・EU共同提案をもって、その共闘は終わった。ただし、2004年には、関税引き下げに対する配慮として「センシティブ品目」という範疇が創設された[6]。このことは多面的機能を巡る交渉が、一定の成果をもたらしたと言える。

現在、多面的機能を国境措置の論拠として主張をするのは、食料輸入先進国の我が国、スイスやノルウェー等（G10諸国）のみとなっている。そのため、TPP参加国においては、多面的機能の政策的実現に向けて、我が国と同様の立場をとる国は入っていない。

なお、アニマルウェルフェアは、飼育にあたって動物の肉体的・精神的健康に配慮することであるから、畜産業内部の私的財に対する扱い方であって、他者に対して外部効果を持つ場合もあるが特に地域固有財としての特質を持たない。それゆえ、草地農業システムの重要な要素であるが多面的機能には含まれないと考える。他方、WTO交渉においては、多面的機能に加え、「アニマルウェルフェア」、「食品安全性」や「消費者への情報提供」など、より広範な内容を含む「非貿易的関心事項」として、EU諸国が高い関心をもって議論してきた。

2．環境直接支払

環境直接支払は、価格支持による農業保護の代わりに登場したデカップリング（decoupling）政策の一形態であり、特に生産と切り離し、環境保全の視点から農家に財政的支援を直接行う場合がこれに相当する。デカップリングという概念は、農業生産の補助と農家への所得支持とを切り離す考え方で、1985年の農業法審議の際に米国で提案され、国際貿易を歪めない政策としてOECDに引き継がれた（森田, 2006）。EUにおいて、直接支払が1992年から価格支持削減の代償として導入され、2003年には単一支払制度の導入が決まるなど、農業政策は環境志向の強い政策へと転換してきた。このように、EUが環境直接支払を重視するようになった背景には、食料純輸出国における財政的問題に加え、集約的農業によって深刻な環境汚染が発生したこと、さらに生物多様性や景観の保全に関心が高いという環境的側面も影響している。

この生物多様性や景観の保全は、農法に大きく依存する。それゆえ、英国・イ

ングランドの環境管理助成制度（Environmental Stewardship）の入門レベル（Entry Level Stewardship）の取組に見られる圃場周辺地での野草育成[7]、あるいはドイツのバーデン・ヴュルテンベルク州の農業環境プログラムMEKAⅢに見られる粗放的農法の導入による生物多様性の増加のように、農法をより重視する農業環境プログラムが導入されている[8]。

　他方、我が国の環境直接支払としては、2000年から始まった「中山間地域等直接支払制度」が挙げられる。この制度は、中山間地の生産条件の不利を補正し、生産の維持を通して、多面的機能の確保を目的としている。また、2007年からは「土地・水・環境保全向上対策」が始まった。現在は、共同活動支援に特化した「農地・水保全管理支払交付金」となる一方、環境保全的視点からの営農支援として「環境保全型農業直接支援対策」も導入されている。農地・水保全管理支払交付金の取組事例としては、ビオトープ水田や冬期湛水のように生物多様性を増進する農法などが挙げられる。このような制度は、国境措置とは別の政策手法で多面的機能を発揮させるものである。

　なお、農水省は、多面的機能の維持・発揮のため、以下の4つの支払・支援からなる「日本型直接支払制度」について、2014年度は予算措置として実施し、2015年度からは法律に基づいて実施するとしている[9]。特に、新たな制度として、「農地維持支払」を創設し、水路・農道等の管理について、多面的機能を支える農業者のみの活動組織でも支援するとしている。また、現行の農地・水保全管理支払を組替え・名称変更して「資源向上支払」とし、地域住民を含む活動組織で、水路、農道、ため池等の軽微な補修や植栽による景観形成等を支援するとしている。これらは、国土保全機能が中心で、農地や農業関連構築物を面的に維持することによって多面的機能を発揮させる制度であり、「多面的機能支払」と呼ばれている。他方、中山間地等直接支払と環境保全型農業直接支援も、現行制度を維持したまま新制度に含まれる。いずれにせよ、我が国の多面的機能支援制度は、国土保全機能が中心であるため、今後は、農法的側面や農村全体の景観向上等に関わる政策措置について、さらなる施策の導入が必要と考える。

第3節　多面的機能のための政策介入の妥当性評価

　本節では、多面的機能と関連する政策措置が導入される場合、その妥当性を判定するために示されたOECDの考え方を議論する。すなわち、OECD（2003）では、多面的機能（つまり、非農産物（non-commodity outputs））を支援する政策措置の妥当性を判定するために、3つの質問を用意し、この3つの質問に順次答え、全てがイエスである場合、その政策措置は妥当であるとした[10]。提案された3つの質問は、次の通りである。

① （結合性）農産物と非農産物の間に強い結合性があるか。
② （市場の失敗）非農産物にかかわる市場の失敗が存在するか。
③ （公共財の性質）非市場的な方法（非農産物に関する市場の創設や自発的供給など）の可能性について十分に検討されたか。

　この3つの質問は、第2節で挙げた多面的機能の3つの性質と深く関わっている。まず、①であるが、農業生産と別に、多面的機能のみを切り離し提供できる程度を考える。例えば、草地景観が重要ならば、草地のみの提供、あるいは草地に観光農園のように若干の家畜を放牧すればよい。水稲作のもつ洪水防止機能が重要なら畦だけ維持すればよい。ただし、②の質問とも関わってくるが、物理的に切り離しが可能であっても、1）同等の多面的機能の水準を維持するために、草地や畦だけを維持して多面的機能を提供する費用と2）農畜産物を輸入する費用の合計が、農畜産業と一体的に多面的機能を提供したときの費用と比較して割高であるなら、この行為は経済的合理性をもたない。
　次に、②は、多面的機能の外部経済性のゆえに、市場を介することなく、プラスの便益を人々が享受している状況にあるとき、輸入によって農畜産物生産が減少すれば、人々が市場を介さないで享受している外部経済効果も減少する。そこで、多面的機能の減少にともなう便益の減少が、農畜産物輸入にともなう純便益

の増加よりも大きければ、市場の失敗が発生していると判定される、というものである。

そして、②がイエスの場合、③の多面的機能の市場内部化に向けた適切な方法（生き物ブランド農畜産物の販売やグリーンツーリズムの導入など）が上手く機能しないならば、政府介入は正当化されることになる。

以上のOECDにおける議論は、全会一致で公表されているため、TPP参加国である米国、カナダ、オーストラリア、ニュージーランド、メキシコ、チリも承認している。したがって、このようなOECDの議論がTPPに及ぼす効果については、国際貿易の専門家に判断を委ねるが、いずれにせよ、多面的機能の経済価値を適切に評価することは、国際交渉においても重要な意味を持つと考える。

ここで、2013年3月15日に公表された「関税撤廃した場合の経済効果についての政府統一試算」を検討しておきたい[11]。TPPによる経済効果として、日本経済全体で3.2兆円のGDPの増加、他方、農林水産物生産額は3.0兆円の減少としている。さらに、農林水産省は、多面的機能の喪失額は1兆6,000億円程度と試算しており、これを入れると農業分野の喪失額はさらに大きくなる。したがって、評価額が適切に計算されたものであれば、OECDの要件②は、満たされていると言える。

以下では、この多面的機能の喪失額の試算について、2点コメントしておきたい。

第1点は、この試算額は「答申」に付属した三菱総合研究所の評価額をもとに、生産減少額から算出した水田や畑の作付面積の減少部分に相当する機能の喪失額を積み上げて、農林水産省が試算したものである。試算の根拠となった多面的機能の評価額は、洪水防止機能や水源涵養機能、土壌浸食防止機能等であり、評価手法は代替法による。この代替法は、先に述べたように、多面的機能の中の各機能を類似の市場財で供給した場合の費用であり、多面的機能の喪失額＝その代替財の供給費用という関係を仮定して計算されている。

そのため、多面的機能の経済価値よりも、代替供給の費用が大きければ、過大

評価となる。他方、多面的機能の喪失が莫大な場合には、より安価な代替サービスの供給費用で評価されたことになる。ただし、安価に多面的機能が代替できるならば、多面的機能を含め農業を残すという理由にはならないので、貿易自由化の文脈で、多面的機能は過小評価されているという批判は当たらない。したがって、国民の需要を反映させた多面的機能の経済評価を行い、過大評価の可能性を排除しておくことが望ましい。

第2点として、この試算には、欧州における多面的機能の主要構成要素でもある生物多様性、景観、あるいは伝統文化等の価値が考慮されていない。そのため、「答申」の試算も、今回のTPP試算も、多面的機能は相当の過小評価となっている。この点については、農林水産省も認識し、多面的機能の再評価を検討していると聞く[12]。

この多面的機能のもつ生物多様性の評価については、我が国でも地域レベルで行われて来ている[13]。そのための評価手法は、仮想評価法や選択実験など、人々の価値観をアンケートに基づき評価する表明選好法が採用されてきた。今後、このような評価研究をさらに積み重ね[14]、進化させていくことで、TPP等の交渉においても、より的確な主張が展開できるよう準備しておくことが重要と考える。

第4節　多面的機能の経済的評価手法

本節では、政策的介入の妥当性判定に不可欠な多面的機能の経済的評価について検討する。多面的機能の最初の経済的評価は、1972年の林野庁による森林分野の試算まで遡ることができる。また、農業分野では1982年の農水省による試算まで遡る。その後、1996年に野村総合研究所が農業・農村の多面的機能を年間4兆1千億円と評価した。1998年には農業総合研究所（現農林水産政策研究所）が中山間地における農業・農村の多面的機能を年間約3兆5千億円と評価している。2001年の「答申」の付属資料では、農業の多面的機能が約8兆2千億円、森林のそれは約70兆円と試算している。ここでは、このような多面的機能の経済的評価の基になっている環境価値とその評価手法について概観する。

第1部　草地農業の多面的機能と支援政策

1．環境価値の分類

　まず、評価の対象となる環境価値をまとめると、**図1**のようになる。評価対象は、人々の選好を通して評価された環境の価値であり、その全てをまとめたものが総経済価値である。以下では、多面的機能の評価に関連づけて、これらの環境価値を見ていく。

　環境価値は、利用価値と非利用価値に分かれる。利用価値とは、環境の利用に基づいて認められる価値である。非利用価値（あるいは、受動的利用価値）とは、その人の利用が伴わなくても認めることができる価値である。

　利用価値には、直接的利用価値と間接的利用価値がある。直接的利用価値は、人々が環境を直接利用することで得られる価値であり、農畜産業で言えば、農家の農畜産物販売収入や消費者の農畜産物消費、あるいは農村におけるレクリエーション活動がこれに相当する。他方、間接的利用価値は、都市住民が、自ら働きかけることが無くても、草地によって享受している洪水防止機能や土壌浸食防止機能などである。さらに、オプション価値がある。オプション価値とは、その人が現在利用しなくても、将来の直接的・間接的利用可能性を残しておくための価値であり、そのために支払ってもよいと考える金額で評価される。例えば、絶滅が危惧されるオオルリシジミなどの稀少種を、将来、阿蘇に行って見たいと考え

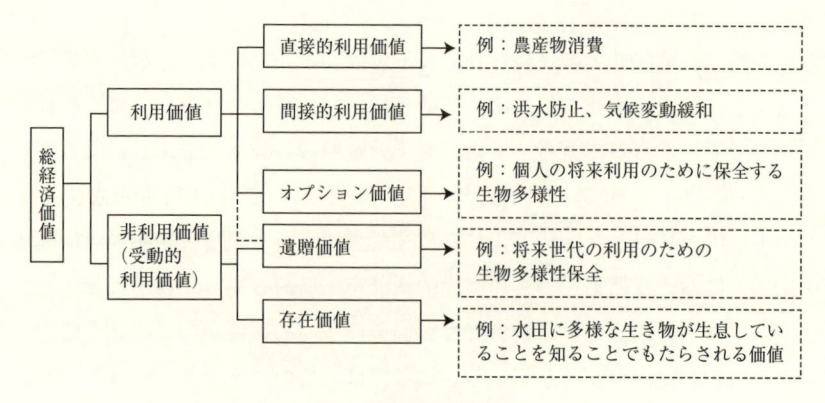

```
                    ┌─ 直接的利用価値 → 例：農産物消費
         ┌─ 利用価値 ┼─ 間接的利用価値 → 例：洪水防止、気候変動緩和
総経済価値┤         └─ オプション価値  → 例：個人の将来利用のために保全する
         │                              生物多様性
         └─ 非利用価値 ┬─ 遺贈価値 → 例：将来世代の利用のための
            （受動的   │              生物多様性保全
            利用価値） └─ 存在価値 → 例：水田に多様な生き物が生息している
                                     ことを知ることでもたらされる価値
```

図1　環境価値の分類

るならば、そのような機会（オプション）を保持することに対する価値である。

次に、非利用価値（受動的利用価値）として、遺贈価値と存在価値が挙げられる。遺贈価値とは、その人自身は、対象となる環境を直接的・間接的に利用する機会がないかもしれないが、子々孫々に残しておくための価値であり、そのために支払ってもよいと考える金額で評価される。例えば、生物多様性の豊かな草地の保全活動に対して、自分はその土地を訪問する機会は無いが、子々孫々に残すために寄付をするならば、その寄付金額が、その人にとっての草地の遺贈価値と言える。遺贈価値も、人間の利用という意味で、利用価値に含める文献もある。

存在価値とは、環境自体の存在を知ることでもたらされる価値であり満足とも言える。例えば、その人もその人の子孫も、その地を訪問することはないが、そのような地でも、原景観の存在を知ることで満足や喜びがあるとき、その地の原景観は存在価値があると考える。

ただし、このような価値の分類は、ある対象に対して、万人に共通するのではなく、それに関わる人によって、価値の分類が異なる。遠く離れた山里の伝統的農村景観は、郷愁を誘う存在価値があるかもしれないが、その地で村興しに取り組む人々にとっては、貴重な観光資源であり、まさに利用価値を持つのである。

それでは、先に示した表1の多面的機能の評価額は、どの価値に分類できるであろうか。年々に享受する便益を基本に評価されているから、間接的利用価値を中心に、一部、直接的利用価値も含まれていると言えよう。このことは、採用した評価手法が代替法中心であったという制約もある。この点については、次の小節で詳しく検討する。

なお、「答申」以外にも多面的機能の評価研究は数多く存在し、非利用価値まで評価しているものある。特に、中山間地の多面的機能を評価した農業総合研究所（1998）は、その保全価値を評価しているため、利用価値評価を中心とした全国レベルの多面的機能評価にあって、非利用価値まで評価している重要な研究と言えよう。

２．多面的機能の経済的評価手法

環境価値の評価手法も多様であるが、ここでは、多面的機能評価に関わりの深い6つの評価方法を挙げておく。まず、環境価値評価において、消費者の選好が評価額に反映されない選好独立型評価法と、反映される選好依存型評価法に分かれる。さらに、選好依存型評価法には、市場価格と消費者需要との関係を観察することで環境価値を推計する顕示選好法（reveled preference method）と、市民にアンケートを実施して環境価値を直接推計する表明選好法（stated preference method）がある。表4では、先に説明した環境価値と評価手法の関係を示しており、順次説明していく。

表4　評価手法と評価可能な環境価値

類型	評価法	評価手法	直接利用価値	間接利用価値	オプション価値	遺贈価値	存在価値
選好独立型		用量反応法（直接法）	○	○			
		置換費用法（代替法）	○	○			
選好依存型	顕示選好法	旅行費用法	○				
		ヘドニック法	○	○	○		
	表明選好法	仮想評価法	○	○	○	○	○
		コンジョイント分析	○	○	○	○	○

（１）用量反応法

用量反応法では、環境水準と生産量（あるいは市場価値）を関係づけて、環境水準の変化がもたらした市場価値の変化に注目する。例えば、水質劣化と生産量減少の関係を推計し、これに生産物の価格を乗ずることで、水質劣化の経済的損失を評価するなどである。表1に示された多面的機能評価では、「直接法」がこれに相当する。「土砂崩壊防止機能」では、水田の耕作により抑止されている土砂崩壊の推定発生件数に平均被害額を乗じて、その価値を4,782億円と試算している。また、「気候緩和機能」では、水田によって1.3℃の気温が低下すると仮定し、夏季に一般的に冷房を使用する地域で、近隣に水田がある世帯の冷房料金の節減額に基づき87億円と試算している。

（2）置換費用法

　置換評価法は、代替法とも呼ばれ、環境サービスを類似の市場財で提供したときの費用で評価する。例えば、「洪水防止機能」について、水田および畑の大雨時における貯水能力を、治水ダムの減価償却費および年間維持費により34,988億円と試算している。「河川流況安定機能」については、水田の灌漑用水を河川に安定的に還元する能力について、利水ダムの減価償却費および年間維持費により14,633億円と試算している。また、「土壌侵食防止機能」では、農地の耕作により抑止されている推定土壌浸食量を、砂防ダムの建設費から3,318億円と試算している。

　さらには、「有機性廃棄物処理機能」として、都市ゴミ、くみ取りし尿、浄化槽汚泥、下水汚泥の農地還元分について、最終処分場を建設して最終処分した場合の費用により123億円と試算している。ただし、農家にとって、肥料代の節減目的で有機性廃棄物の農地還元を行っているならば、有機性廃棄物は農業の生産要素であって、この農地還元は農業の多面的機能に含まれないと考える。

　このように、選好独立型評価法で評価される価値は、直接的利用価値と、洪水防止機能などの間接的利用価値である。ただし、選好独立型評価法では、データが自然科学的観測に基づくため、客観的側面を持つ反面、置き換えるべき環境サービスの水準によって供給費用が異なること[15]、また、利用者の需要が反映されないという問題もある。

（3）旅行費用法

　次に、選好依存型評価法の中でも顕示選好法から取り上げる。まず、旅行費用法であるが、この手法は、戦後、レクリエーション活動への需要が急速に拡大した米国において、国立・州立の自然公園整備の必要性が高まり、公共投資水準を決定する際の判断基準を得るために発展したものである。典型的な旅行費用法では、訪問地に対する個人の訪問回数と旅行費用とのデータを使用して、訪問地に対する需要曲線を推定し、消費者余剰と旅行費用から、訪問地の利用価値を推定する。

多面的機能の評価においては、旅行費用法をさらに簡便にして用いている。すなわち、表1の「保健休養・やすらぎ」機能の評価では、市部に居住する世帯の家計調査国内旅行関連の支出項目から、農村地域への旅行に対する支出額を推定し、23,758億円と試算している。

(4) ヘドニック法

ヘドニック法も顕示選好法の1つであり、住宅価格や賃貸料と、これに影響を与える環境要因との関係を推計して、環境要因の価値を経済的に評価する。例えば、ロンドン近郊の住宅地では、川に接した住宅地価格は、そうでない住宅地価格より値段が高いので、水辺環境の価値が住宅価格の差異で評価できる。あるいは、騒音の激しい地域の住宅価格は低いので、騒音被害を住宅価格の減少で推計できる。多面的機能の経済評価の研究では、三菱総合研究所(2001b)がヘドニック法をもちいて、水田のもたらす外部経済効果を12兆円と推計した研究がある。このヘドニック法は、将来の利用可能性も地価に反映しているので、オプション価値の評価もできると考えられる。

(5) 仮想評価法

仮想評価法(CVM：Contingent Valuation Method)では、仮想的状況を想定して、受益者である市民にアンケート調査を行い、環境悪化の防止や環境改善の推進のために支払ってもよいと思う最大金額を質問し、環境価値を評価する。人々が、直接、環境価値を表明するため、表明選好法と呼ばれる。例えば、何もしなければ、阿蘇草原が荒廃して草原景観が失われる状況を想定する。次に、市民の取り組みによって、その景観が保全されるとき、そのような取り組みを支援するために、いくらまでなら支払ってもよいかと質問し、その支払額で景観の価値を評価する。我が国における仮想評価法による多面的機能研究は、1991年に行われた中山間地のもつ環境教育機能の評価から始まる(矢部,1991)。その後、数多くの研究が実施され、多面的機能の経済的価値では、仮想評価法による研究が最も多い[16]。

仮想評価法の長所としては、受益者の環境価値が評価額に直接反映されることに加え、現在の利用価値のみならず、遺贈価値や存在価値までも評価できる点が挙げられる。また、柔軟な調査設計が可能であり、どのような機能や保全政策に対しても経済的評価が行えるという利点もある。他方、回答者にとっての環境価値ではなく、慈善行為として価値を答えるというバイアス（温情効果）や質問形式・推計式の影響なども問題として指摘されている。

（6）コンジョイント分析

もう1つの表明選好法として、コンジョイント分析がある。コンジョイント分析では、いくつかの属性（例、生物多様性であれば蝶や植物と保全活動への寄付）とその水準（観察可能な種数と寄付額）を組み合わせた代替案（保全活動の取り組み）を提示し、回答者に好ましい順序を付けてもらい、その選好を分析する。特に、環境評価の分野においては、複数の代替案から1つだけ選択する選択実験と言われる手法の研究事例が多い。仮想評価法では対象となる環境の全体価値を評価するが、選択実験では環境変化の限界的価値を評価する点が異なる。例えば、ある活動によって保全される生物多様性の価値を推定する場合、選択実験では、生物多様性の保全レベルの向上（例、種数の増加）による限界価値が評価されるのに対し、仮想評価法では、活動によって保全された生物多様性の価値全体が評価されるという点が異なる。

以上のように、多面的機能の経済評価には、代替法、旅行費用法、ヘドニック法、仮想評価法、コンジョイント分析などが用いられてきたが、世界的に見て環境価値の経済評価研究の半数以上は、仮想評価法によるものである。

第5節　多面的機能をめぐる新たな動き

第2節において、多面的機能の考え方は、EU諸国や我が国と異なり、途上国にとって受け入れ難いものであったと書いた。しかし、TPPはもとより、今後の国際的展開も視野に入れ、途上国における多面的機能の理解の醸成は必要と考え

る。そこで、農畜産業の多様な価値について、途上国にも受入れられるべく、FAOが実施してきたプロジェクトがあるので、これらプロジェクトを紹介しておきたい。

　第1のプロジェクトは、「農業の役割（Roles of Agriculture）」プロジェクトである。「農業の役割」プロジェクトは、我が国の農林水産省が提供した信託基金によって、2000～2006年にかけて実施されたものである。我が国がその資金を提供しているところからも、農業のもつ多様な役割を途上国に啓蒙普及していこうとする政策意図が読み取れる。

　「農業の役割」の主要な概念は、外部性と間接的な波及効果である。すなわち、途上国における「農業の役割」として、社会的な貧困削減、食料安全保障、環境便益、人口流出の削減等を挙げている。特に、農業のあるべき姿を議論した点で、このプロジェクトは規範的である。さらに、途上国における農業環境に関わる取組事例を分析し、国内政策の目的を推進するための政策的含意も導いている。すでに述べてきたが、「多面的機能」が国内政策上の目標とその貿易自由化への影響に関する概念であり、「非貿易的関心事項」はもっぱら国際貿易に関連して規定された概念であるが、この「農業の役割」という概念は外部性の伴う農業の間接的役割を意味しており、このプロジェクトの本質をよく表している[17]。

　この7年間にわたるプロジェクトは、2006年12月に最終ワークショップを開催し、その成果は報告書として刊行された。かつて、先進国における貿易政策と国内政策が錯綜する領域を扱ったOECDでの多面的機能の議論は、華々しく国際交渉に反映されたのに対して、「農業の役割」プロジェクトは地道な取組となっている。しかしながら、このような息の長い働きかけが、多面的機能の途上国における理解の進展に繋がる点で評価したい。

　第2のプロジェクトは、世界農業遺産である。これはFAOが認定を行うもので、正確な名称は、世界重要農業遺産システム（Globally Important Agricultural Heritage Systems）といい、頭文字をとってGIAHS（ジアス）と呼ばれている。地域環境を生かした伝統的農法や生物多様性が守られた土地利用システムを世界に残す目的で創設され、主に途上国に向けた支援策となっている。2002年に始まっ

たプロジェクトであり、2013年10月現在、世界全体で25の登録地があるが、先進国からは我が国の能登と佐渡が2011年に、阿蘇、掛川および宇佐国東地域が2013年に認定されている。

この能登では、1千枚を超える棚田が並ぶ「千枚田」など人の手を適度に入れることで保たれる「里山」が能登半島に点在し、海女漁や揚げ浜式製塩など海の恵みを生かす「里海」文化も継承している点が評価された。佐渡は国の特別天然記念物トキをはじめ、多様な生物を育む水田づくりを進めていることが認められたものである（農水省, 2011）。

また、阿蘇地域では畜産だけでなく稲作や畑作と緊密に結びついた草原利用や貴重な草原性動植物の保全、美しい草原・農村景観、農耕祭事が息づく伝統文化が評価されたものである。掛川地域では、茶農家が、茶園周辺で刈り取ったススキやササなどを、茶畑に有機肥料として投入する茶草場農法を用い、半自然草地を管理することで、生物多様性が保全され、自然と共生する農業生産活動が持続的に展開されている点が評価された。国東半島宇佐地域では、クヌギ林とため池群によって持続的に維持されている日本一の乾原木しいたけ生産がもたらした、多様な農林水産業と生物多様性が評価されたものである。

世界農業遺産への認定には、農文化システム（agri-cultural systems）の存在が要件となる。この農文化システムについて、FAOは以下のように説明している[18]。「世界的に見ると、固有の農業システムや景観は、それぞれの地域に適合した管理の仕方で、多様な自然資源に基づきながら、何世代にもわたる農民や遊牧民の営みによって生み出され、形づくられ、維持されてきた。地域特有の知識と経験に根ざした独創的な<u>農文化システム</u>（下線は引用者）には、人類の進歩、知識の多様化、自然との深遠な関係が反映されている。そのようなシステムによって、特に優れた景観、世界的に重要な農業的生物多様性の維持と適応進化、地域特有の知識システム、再生力のある生態系が出来上がってきただけでなく、とりわけ多様な商品やサービスが長年にわたってもたらされ、食と暮らしの安全、そして生活の質が提供されてきた。

また、梁（2012）によれば、世界農業遺産は、現在に生きている遺産システム

において、無形と有形の両側面を統合するものである。無形の側面としては、農業に関わる民間伝承、農業技術、伝統的な知識や技能、社会的ネットワークや制度的粋組み、土地利用システム、農産物ブランド等が挙げられる。有形の側面としては、農具、作物や家畜、農業遺伝資源や生物多様性、神聖な場所や霊場、インフラ、農業構築物、景観等が挙げられる。農業遺産という言葉から連想される歴史的農業構築物だけではなく、長い歴史を経て現代に生きている農業・農村のもつ多様な価値や機能を包含するとされる。

この農文化システムによって形成され、存続・発展してきた知識や技術、景観や生物多様性、人々の暮らしを包括する農業遺産システムという考え方は、多面的機能よりも概念の範囲が広く、それゆえ、途上国の関心も高い。世界農業遺産の登録地は、ペルーのアンデス農業、チリのチロエ農業、フィリピン・イフガオの棚田、中国の水田養魚など、我が国の5カ所を除く20カ所全ては中国及び途上国にある。そのような中、オランダの干拓地農業やイタリアのレモン畑などでも登録申請が進められていると聞く。それゆえ、農業の価値を農業生産以外にも認める農業遺産システムという考え方が、途上国はもちろん先進国にも広がり、国内における農業・農村支援において、有効な概念になることが期待される。

おわりに

最後になったが、多面的機能の市場内部化について議論しておきたい。先の世界農業遺産登録を目指す誘因の1つとして、地域で生産された農産物のブランド化が挙げられる。世界農業遺産に登録されれば、その地の農産物は有名になることで、より高値で取引されることが期待できる。このことは、生物多様性や景観など、その価値を無償で提供してきた農業活動に、ブランド化を通して、外部経済効果の一部が内部化されることを意味する。

環境支払や国境措置で多面的機能を維持・発揮するならば、財政負担や消費者負担がともなう。しかし、多面的機能の市場内部化では、その便益を直接享受する人が供給費用を負担するので、合理的である。また、外部経済効果の内部化は、

第1章　多面的機能の定義、政策措置及経済評価

グリーンツーリズムによる農家民宿、阿蘇のあか牛肉、コウノトリ育むお米など生き物ブランド農畜産物の高価格販売など、農業者の創意工夫で、自らがその価値を実現できるものである。ただし、多面的機能は、その公共財的性質のために、全てが内部化できるものでもなく、また、国民共有の財産として無償で市民が享受できるように、政府がその供給費用を負担することが望ましい場面も多数ある。

注
(1) OECD（2001）の邦訳書10ページ。
(2) この説明は荘林（2008）による。このような用語法が用いられた理由は、後述のように、政府介入が妥当な多面的機能の各機能＝「非農産物」とその措置を検討するためである。
(3) OECD（2003）では、ある投入財が農産物と非農産物の両方に関与する「分離不可能投入財」の場合を議論している。
(4) 有機性廃棄物循環により、地域レベルで食料安全保障の向上が実現できている事例を紹介する。福岡県築上町では、町民のし尿や浄化槽汚泥を原料に、これを高温好気性発酵させて、有機液肥を生産・販売・散布している。水稲10a当たり液肥の肥料代は散布料込みで300円であり、大幅な肥料代の削減をもたらしている。著者らの推計によると、同町のし尿処理費用（ランニングコスト）は、従来方式でトン当たり8,383円であるのに対し、液肥利用では液肥散布経費込みで3,716円となり、年間4,000万円以上の自治体の経費削減に貢献している。また、二酸化炭素排出量もトン当たり従来方式が64.0kg-CO_2eqであるのに対し、液肥利用では32.4kg-CO_2eqと半減している。このように、し尿等の液肥利用は、自治体や農家の収益性と環境の改善はもちろん、物質レベルでの自給率向上に貢献している（矢部・藤, 2013）。
(5) 他方、社会的に望ましくない、市場を介さない効果としては、汚水や残留農薬などを挙げることができ、これらは外部不経済と言われる。
(6) 多面的機能を巡る国際交渉については、作山（2006）を参考にした。
(7) 西尾ら（2013）を参照のこと。
(8) このMEKAは「市場緩和と農耕景観保全の調整金プログラム」として、1992年から同州で始まり、それ以来EUのモデル的プログラムとして注目され、現行のMEKA Ⅲは、2007年からのプログラムである（フェルマン（2012）参照）。
(9) 農水省「新たな農業・農村政策が始まります！！」
http://www.maff.go.jp/j/kanbo/saisei/minaoshi/pdf/siryou1_01.pdf
（2014年1月24日アクセス）による。
(10) OECD（2003）の邦訳23～29ページを参照のこと。

第1部　草地農業の多面的機能と支援政策

(11) 農林水産省（2013）を参照のこと。
(12) 日本農業新聞（2012）を参照のこと。
(13) 生物多様性に関する最新の経済評価は吉田（2013）を参照のこと。
(14) 多面的機能に関する選択実験の評価は合崎（2005）を参照のこと。
(15) 例えば、林・杉山（2011）は、発揮される多面的機能の大きさを、技術的視点から見直して、再評価している。
(16) 仮想評価法を用いた多面的機能のサーベイ論文としては、矢部（1999）などがある。また、多面的機能の評価手法に関しては、出村ほか（2008）を参照のこと。
(17) 以上は、作山他（2007）を参照した。
(18) 世界重要農業遺産システムにおける農文化システムの説明については、FAO（2012）を参考にした。

参考・引用文献

FAO（2012）Globally Important Agricultural Heritage Systems（GIAHS）, http://www.fao.org/nr/giahs/giahs-home/en/（Retrieved May 10）.
OECD（2001）*Multifunctionality: Towards an Analytical Framework*, Paris（空閑信憲・作山巧・菖蒲淳・久染徹訳『OECDレポート―農業の多面的機能―』農山漁村文化協会、2001年）.
OECD（2003）*Multifunctionality: The Policy Imprication*, Paris（荘林幹太郎訳『OECDレポート―農業の多面的機能―政策形成に向けて』家の光協会、2004年）.
合崎英男（2005）『農業・農村の計画評価―表明選好法による接近―』農林統計協会.
出村克彦・山本康貴・吉田謙太郎編著（2008）『農業環境の経済評価―多面的機能・環境勘定・エコロジー―』北海道大学出版会.
林直樹・杉山大志（2011）「農業の多面的機能の評価方法の問題点について」（財）電力中央研究所社会経済研究所デスカッションペーパー（SERC Discussion Paper 11037）http://www.denken.or.jp/jp/serc/discussion/download/11037dp.pdf（2013年4月3日アクセス）.
三菱総合研究所（2001a）『地球環境・人間生活にかかる農業及び森林の多面的な機能評価に関する調査研究報告書』（日本学術会議『地球環境・人間生活にかかわる農業及び林業の多面的な機能の評価について』関連付属資料）.
三菱総合研究所（2001b）『水田のもたらす外部経済効果に関する調査・研究報告所―水田のもたらす効果はいくらか―』.
森田明（2006）「直接支払いの出現と世界の農政」岸康彦編『世界の直接支払制度』農林統計協会、pp.131-148.
日本学術会議（2001）『地球環境・人間生活にかかわる農業及び林業の多面的な機能の評価について』.
日本農業新聞（2012）「農業の多面的機能評価額　上積みで支援強化へ　農水省」（2012

年10月2日更新）http://b.hatena.ne.jp/entry/www.agrinews.co.jp/modules/pico/index.php?content_id=16896（2013年4月19日アクセス）．
西尾健・和泉真理・野村久子・平井一男・矢部光保（2013）『英国の農業環境政策と生物多様性』東京，筑波書房．
農業総合研究所（1998）『CVM法による中山間地域の公益的機能評価』．
農林水産省（2011）「特集1　世界農業遺産」『aff』2011年9月号http://www.maff.go.jp/j/pr/aff/1109/spe1_01.html（2013年4月19日アクセス）．
農林水産省（2013）「関税撤廃した場合の経済効果についての政府統一試算」http://www.maff.go.jp/j/kanbo/saisei/shisan.html（2013年4月19日アクセス）．
農林水産省畜産局（1997）『草地管理指標―草地の公益的機能編―』．
梁洛輝（2012）「世界農業遺産（GIAHS）：中国の事例」山田堰等世界の農業遺産登録録を目指す協働会議シンポジウム資料，2012年11月17日，朝倉市．
作山巧（2006）『多面的機能を巡る国際交渉』東京，筑波書房．
作山巧・国際連合食糧農業機関編著（2007）『発展途上国における農業の役割：FAOプロジェクトからの教訓』．
社団法人日本草地畜産種子協会（2009）『草地管理指標―草地の多面的機能編―』．
荘林幹太郎（2008）「農業の多面的機能：それを守るための政策と改善するための政策」http://seneca21st.eco.coocan.jp/working/shobayashi/02.html（2013年4月20日アクセス）．
フェルマン，トーマス著、横川洋訳（2012）「MEKAⅢドイツ・バーデン・ヴュルテンベルク州の農業環境政策」横川洋・高橋佳孝編著『生態調和的農業形成と環境直接支払い―農業環境政策論からの接近―』青山社，pp.273-291．
矢部光保（1991）「都市住民による保健休養機能評価―CVMによる環境評価手法の適用―」『多面的機能の総合的分析研究』農業環境技術研究所，pp.47-62．
矢部光保（1999）「CVM評価額の政策的解釈と支払形態―農林業のもつ公益的機能評価への適応―」鷲田豊明・栗山浩一・竹内憲司編『環境評価ワークショップ―評価手法の現状―』築地書館，pp.60-74．
矢部光保・藤真人（2013）『有機性廃棄物の液肥利用施設におけるGHG排出量のLCA分析―築上町の事例から―』文部科学省科学研究費補助金（基盤研究（B）課題番号22380121）「コベネフィット政策に向けた日中共同実証研究―有機性廃棄物と水質汚染防止―」（研究代表者　矢部光保　平成24年度研究報告書　No.2）．
吉田謙太郎（2013）『生物多様性と生態系サービスの経済学』昭和堂．

第2章　我が国における草地生態系の特徴と牧畜の多面的機能

三田村　強

はじめに

　人類は生態系からさまざまなサービスを受け、発展を遂げてきた。しかし、経済のグローバル化は各国の経済ばかりでなく、社会、生活さらには文化にまで影響を及ぼしている。とくに、経済基盤が脆弱な農村では、農業生産活動がますます衰退している。一方、我が国は安価な食糧を大量に輸入し、飽食の生活を享受しているが、その食品ロスは世界の食糧援助の約2倍にも達する。我が国は2,800万トンの穀物を輸入し、そのうちの40％は家畜飼料として使用されているが、人類の生産活動は、地球温暖化によって高温と干ばつをもたらし、穀物生産が減少すると予想されている。このため、今後、安い食糧を海外から安定的に確保できる保障はなく、新大陸国家からの農畜産物に依存したこれまでの食糧調達システムの見直しが迫られている。

　他方、電子・情報産業の急速な発展によって、都市住民は人工的環境の快適さを享受しているものの、彼らの中には自然と断絶した人工的環境が精神的な弊害をまねき、生産活動そのものにも悪影響を及ぼしているのではないかと不安を覚え、静かな緑地の中で過ごし、また安心・安全な食べ物を得たいと望む市民が増えている。さらに、輸入飼料に依存した我が国の加工型畜産は、画一化した飼料給与メニューによって、ごく限られた品種から、等質の畜産物製品が全国に流通・消費されるようになり、地域飼料資源を利用した地域固有の畜産品は失われつつある。

　これに対して、欧州では都市住民が伝統的農村に滞在し、農村で生産される固

第2章　我が国における草地生態系の特徴と牧畜の多面的機能

有の料理や加工食品を食べ、美しい田園の中で心を癒す人々が増え、行政機関もこのような多面的機能を活用した新たな農村活動について、さまざまな支援を行っている。このように、欧州では、単に畜産物生産機能だけではなく、これまで市場で評価されてこなかった価値を適正に評価し、市民も草地並びに牧畜[1]の多面的機能の価値を評価するようになってきた（三田村, 2009）。

以上のことから、本章では、なぜ、牧畜の多面的機能の発揮が今後の持続可能な社会形成に必要であるかを理解していただくために、牧畜の基盤となる草地生態系の特徴と牧畜の多面的機能について、北上山地の調査事例を紹介しながら概説する。

第1節　我が国の草地生態系の特徴

1．草地生態系における物質循環

人類は有史以前から草地や林地に家畜を放牧することによって、乳肉皮毛の恩恵を受け、同時に固有の景観を形成してきた。世界の耕地面積は5％にしか過ぎないが、草地面積は29％を占める。これらの草地は耕作が難しい立地条件にあるため、放牧利用されている場合が多い。

放牧草地は植物（生産者）、草食の家畜や動物（消費者）、土壌微生物（還元者）が相互に影響しあって成立している（図1）。放牧草地に生息する土壌微生物は、排泄されたふん尿を分解し、マメ科植物の根に共生している根粒菌が大気中の窒素を固定し、植物根に感染したVA菌根菌が土壌中の難溶性無機態リンを可溶化して、宿主植物の養分となって吸収される。また、放牧家畜の採食や歩行によって、草地の生産構造、植生及び発芽定着に影響を及ぼし、土壌を固め、他方ではコガネムシなどの糞虫類が排泄された家畜の糞を土中に埋め込み、土壌構造を改善している。放牧家畜によって、採食された植物はルーメン・腸内の微生物の活動に影響を及ぼし、結果として家畜の成長に影響する。このように、草地生態系は土壌微生物―家畜―牧草の要素が密接に結びつき、相互に作用して物質循環が営まれている。

第1部　草地農業の多面的機能と支援政策

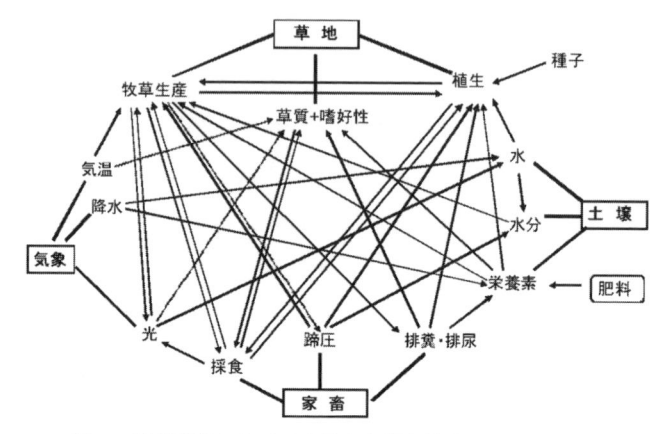

図1　放牧草地における生物と無機環境との相互関係

　もちろん草地生態系は気象や人為的影響も受けるが、生産者、消費者、還元者が相互に影響を及ぼしあい、さらに、水、土壌ミネラル等の無機的環境が生産者、消費者、還元者に影響を及ぼし、草地生態系は常に動的関係が成立している。このため、草地の物質循環を崩さないだけの飼草量を利用している限り、長年月にわたって安定して利用できるが、その草地が持っている家畜生産能力（牧養力）以上に利用すると、物質循環が崩れ、草地生態系は荒廃化する。しかし、不適正な利用によって、草地が荒廃しているのに気づかないか、または気づくのが遅れることが多い。草地は、一旦、荒廃しだすと、修復するには長い時間を要するため、草地の管理者は常に適正な草地利用に努めなければならない。特に、降水量の少ない地帯では草地の砂漠化が深刻な問題となっている。

２．準自然草地

　世界の自然草地は気温と降水量が主な制限要因となり、長期的に安定した植生を形成する。その植生はいくつかのタイプに分類されるが、広い面積をもつ草地としては熱帯サバンナがある。その面積は全陸地面積の15％で、次いで、温帯草地が８％を占める。これに対して我が国の自然草地は、尾瀬が原など、森林が成立しない場所に小規模に成立する程度である。全国的に大規模に成立している草

地は、採草、放牧、火入れなど、人為的攪乱条件下で成立する準自然草地である。この準自然草地は人為的攪乱を中止すると、数年のうちに灌木類が侵入・拡大し、数十年のうちに森林に戻る。明治前期頃の野草や小さな雑木が生育する山野と呼ばれる植生の面積は、1,360万ha、森林は1,670万haであったという数値があるが、このような山野植生は、家畜の餌、堆肥及び燃料を得るために人が攪乱を加えた結果、形成された準自然植生である。小椋によると、ある山間地域では山全体の約8割が山野植生で占められていたという（小椋, 2006）。またスプレイグによると、明治初期の迅速側図から、茨城県南部の平地においてさえ、山野植生が全体の20％を占めていたという（スプレイグ, 2003）。このような数値から、明治頃までは人為的攪乱によって形成された山野植生が全国に広く分布していたことが明らかである。しかし、戦前までの野草地面積[2]は国土面積の12％あったが、戦後、急速に減少し、現在は1％に満たない。

　我が国の代表的な準自然草地は、シバ型草地、ススキ型草地、ササ型草地に分類される。1936〜1945年に実施された、全国76地区の準自然草地に関する調査によると、ススキ型草地の出現率が45％、シバ型草地が32％、ササ型草地が18％と、ススキ型草地が多いという結果からも（吉田, 1950）、ススキ型草地は全国に広く分布し、古くから重要な採草地として利用されてきた。シバ型草地は北海道南部から沖縄まで広く分布する。シバ型草地はススキ型草地やササ型草地に放牧強度を高めることによって形成される短草型の草地である。ササ型草地は気温や積雪量などの気象条件によって、そこに生育するササの種類が異なる。関東中部以北の少雪地帯ではミヤザサが、積雪地帯ではクマイザサやチシマザサが分布し、関東以南ではネザサ類が生育している。ササは本来、林床に生育するが、森林を伐採すると、急速に繁茂し、ササが優占する。

3．北上山地の牧畜

（1）昭和30年代以前

　日本短角種は北上山地の国有林野を利用して古くから放牧されていた。北上山地は標高千メートル級の山々が連なり、山容は隆起準平原で、山頂部にシバ型草

第1部　草地農業の多面的機能と支援政策

写真1　ススキ型草地の刈取り風景
（白い穂はススキ、丸い葉はクズ、1995年撮影）

地が、斜面や尾根部にはブナやダケカンバの広葉樹林が分布していた。このような植生を一体的に放牧利用してきた。放牧牛は、秋には山から里に下り、それぞれの農家の畜舎で飼養された（この飼養方式を夏山冬里方式と呼ぶ）。

農地解放以前、零細農民は牛を購入するだけの資金力がなく、牛名主から牛を借りて冬期舎飼し、そこから得た堆肥を田畑に還元した。冬期間の主な飼料は奥山や里山から収穫したススキやヤマハギなどの乾草であった。農地解放後も飼養農家は牧野組合を結成し、国有林野を利用して共同で放牧管理した。いわゆる共有地利用である。また、昭和40年以降行われた草地開発事業では、山頂部や尾根沿で草地を造成し、傾斜地の林地は放牧利用せずに、そのまま残した。

岩泉町安家地区は、岩手県の中でも耕地面積が少ない山間地域である。そのため、急傾斜地に冬季貯蔵飼料を得るための採草地を個々の農家が利用している。その採草地は牧草地化した部分もあるが、ススキ型草地をいまだ利用している農家もある（写真1）。そのススキ型草地の土壌は石礫の多い、痩せた土壌であるが、秋に1回刈取るだけで1トン・乾物/10a/年もの収量が得られる。この収量はこの地域の牧草地の収量とほぼ等しい。これだけ高い収量が得られるのは、ススキ根に寄生したVA菌根菌を介して、難溶性無機態リンが可溶化していることや、

第2章　我が国における草地生態系の特徴と牧畜の多面的機能

写真2　刈取った野草を小積みにして自然乾燥する
（谷沿いに農家と安家川が見える）

マメ科植物のクズによる空中窒素固定などが関与していると考えられる。刈取った野草は小積にしておくが、谷底から山頂に向かって上昇気流が発生するので、斜面は風通しが良く、良質の乾草が得られる（**写真2**）。乾草を搬出するには、小積した乾草を押し倒すと、谷底の道路脇まで転がり下るので、搬出作業は省力的である。

（2）昭和40年代以降

　草地農業が国の施策として本格的に開始されるようになったのは、昭和36年に制定された旧農業基本法以降である。現在、牧草地面積は78万haにまで拡大したが、そのうちの72％は北海道であり、都府県では耕地内草地の面積割合は少ない。このため、都府県では、戦後に入植した地域を除けば、放牧草地は主として山地の公共牧場の利用であり、放牧草地が農地の輪作体系の中には組み込まれることは少なかった。草地開発によって造成された牧草地の牧養力は、準自然草地よりも3〜5倍も高く、家畜の成長は明らかに改善された。これに対して、準自然草地は1990年には6.9万haにまで減少し、阿蘇久住地域を除いては小規模な準自然草地が全国に分布するだけになり、その利用度も低く、半自然草地に生息す

4. 野草と牧草の施肥反応

　一般に、牧草と野草の生育に及ぼす施肥反応は逆の関係にある。小川らはシバとイネ科牧草のオーチャードグラスを混播し、5年間、施肥条件を変えて放牧管理した（図2）（小川ら，1994）。その結果、多肥区では牧草の生育が良く、高い収量が得られるが、その収量は経年的に低下することが明らかとなった。この低下には、オーチャードグラスの密度が経年的に減少することが影響している。少肥区の収量は多肥区の30～50％と低いが、経年的な収量の低下はみられない。これは、少肥区では多肥区ほどオーチャードグラスの密度は経年的に減少しないためである。しかし、多肥区はもとより、少肥区でもシバは定着・拡大せず、常に牧草が優占種であった。これに対して無施肥区ではシバが年々拡大し、5年目にはシバが優占種となり、また収量も少肥区よりも高くなった。

　このように、シバと牧草の施肥反応特性を利用することによって、草地の安定的利用管理が可能である。例えば、牧草地に施肥せずに放牧利用を続けると、牧草が衰退し、降雨や融雪にともなって土壌が流亡し、特に急傾斜草地では深刻な

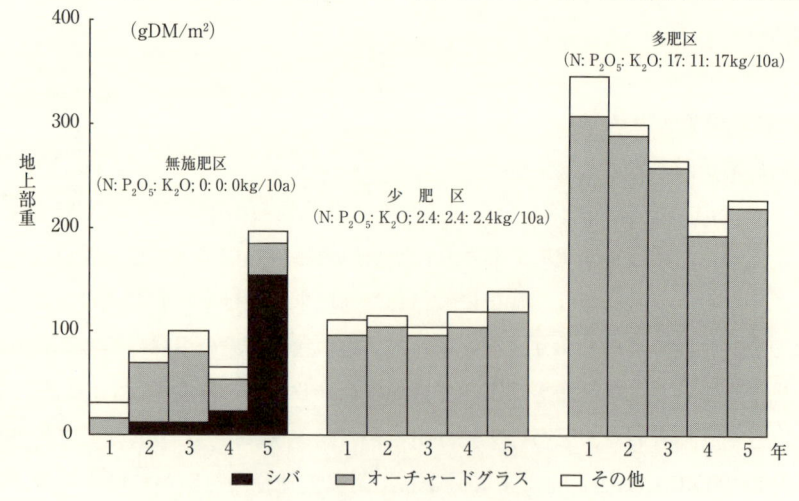

図2　播種後の利用年数

表1 ミヤコザサ型草地とシバ型草地の地下部重（DM.g/m^2）の垂直分布と地下茎の長さ（m/m^2）

	土層 cm	地下茎重	根重	地下茎長
ミヤコザサ型草地	0〜10	536.4	197.2	56
	10〜20	884.5	165.2	84
	20〜30	193.0	81.9	18
	30〜40	85.9	35.7	9
	合計	1,699.8	480.0	167
シバ型草地	0〜5	550.3	107.2	418
	5〜10		51.4	
	10〜15		23.3	
	15〜20		13.6	
	20〜25		8.6	
	25〜30		0.8	
	合計	550.3	204.9	418

土壌侵食が発生するため、牧草地を安定的に維持するには施肥を継続しなければならない。しかし、施肥せずに利用する場合には、無施肥条件で拡大することが可能なシバの積極的な導入・拡大を図らなければならない。またシバは、その地下茎が表土層に密に張っていることから土壌侵食防止に効果が高いため（**表1参照**）、傾斜草地におけるシバの導入は有効である。

第2節　牧畜の多面的機能

　人類が生きていく上で欠かせないさまざまな便益を、われわれは生態系から享受してきた。しかし、近年の人間活動によってこのような生態系サービスの悪化が懸念されているため、アナン国連事務総長は、その変化を検証する必要があるとして、2001年に「ミレニアム生態系評価」を提案した。これを契機に、地球規模で生態系サービスの重要性の認識と評価が組織的に行われるようになった（大黒ら，2009a）。

　農業生態系においてもさまざまなサービスが存在し、農業が市場を経由することのない多様なサービスを国民に提供している（外部経済）。このサービスを多面的機能と呼ぶが、永木は農業のもつ多面的機能の特性を次の3点に要約している（永木，2009）。(1)農業生産が行われていることにより発生し、(2)農産物の供給

以外の機能の発現である、(3)その殆どが市場で取引されず（できない）、経済的価値評価が困難な無形サービス（環境価値や社会・文化的価値）が多い。この農業から生まれる無形のサービスには、その地域における人間の生産活動の営みを通して生まれるサービスも含まれ、地域の農業生産活動が消失すると、これらのサービスも消失する。このため、農業の多面的機能の対象範囲には、単なる生態系からもたらされる自然科学的側面のサービスばかりでなく、社会科学的側面のサービスも含めなければならない。

また永木は、牧畜の多面的機能の特性[3]を以下の8項目に分類している。

(1) 農地が狭隘な我が国にあって、耕作困難な土地を草地は利用可能であり、しかも草地の利用方式は適応性が高く、耕種作物よりも柔軟に土地利用が可能（以降、「柔軟な土地利用機能」と呼ぶ）
(2) 草地生産によって自給飼料型畜産業を可能にし、購入飼料価格変動による畜産経営の不安定要因を緩和する（以降、「畜産経営不安定要素緩和機能」と呼ぶ）
(3) 生物多様性の維持機能
(4) 地球温暖化の抑止機能
(5) 水源涵養、水質浄化機能
(6) 土壌浸食、表土流亡、国土崩壊防止の機能（国土保全機能）
(7) 開放的な景観の人々への保養、情緒形成、観光、動物愛護、農業理解等の機能（以降、「開放的な景観の保養機能」と呼ぶ）
(8) 耕種農業不利地域に畜産経営を成立させることによって、雇用機会の提供、地域社会の維持、地域文化を伝承する機能（以降、「雇用機会の提供並びに地域社会の維持機能」と呼ぶ）

以上の分類に沿って、牧畜の主な多面的機能について次に述べる。

1．生物多様性の保全機能

農業活動を全く行わない場合よりもある程度、農業活動を行うことによって、生物多様性は高まる。しかし、農業活動をさらに高めると、生物多様性は逆に低

第2章　我が国における草地生態系の特徴と牧畜の多面的機能

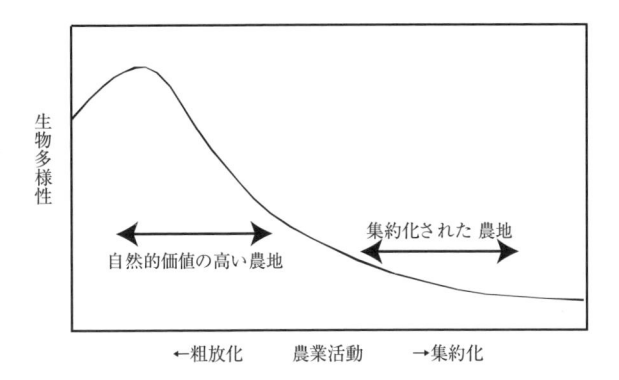

図3　農業活動の強度と生物多様性の一般的関係（EEA/UNEP 2004を一部改変）
出典：大黒ら（2009a, pp.44-45）

下する（図3）。シバ型草地やススキ型草地における植物の出現種数は、森林よりも多く、とくに放牧されているこれらの準自然草地の出現種数は多いことが明らかにされている（小路, 2009）。また、草地には、森林にはない開放性と見晴らしの良さがあり、準自然草地には多くの種類の植物が生育し、美しい花を咲かせている。しかし、シバ型草地の生産を高めるために施肥を行うと、3年後に収量は3～4倍に高まるが、草丈の高い従属種のシバスゲが繁茂し、シバが衰退する。また、美しい花を咲かせるウメバチソウなどの象徴種が消失し、出現種数も15種から8種に減少し、シバ型草地固有の植生を維持することができなくなる（三田村, 1985）。さらに、準自然草地を牧草地化して集約度を高めると、生産性が高まるが、播種牧草以外の草種は耕地雑草が主であり野草の出現種数は著しく低下する。

　準自然草地には固有の生物が生息しており、日本にいる約230種のチョウ類の内、4割が草原性の種である。今日、絶滅が危惧されているチョウ類の6割が草原性種であるといわれている（井村, 2009a）。このような個体数の著しい減少は、生息地である草地が減少したためといわれる。放牧草地にはダイコクコガネなど、49種の糞虫類が生息しており、この内、41％は絶滅の恐れ、あるいは保存すべき種として記載されている。これらの糞虫は放牧牛の糞を食べ、有機物分解を促進する上で重要な役割を果たしている。さらに、草地には、ヒバリ、セッカ、オオ

ジシギなど特徴的な鳥類が生息するが、なかでもアマサギは放牧草地で牛が草から追い出すバッタなどの昆虫やカエルを食べ、また牛に集まる害虫のアブやハエをついばんでいることから、アマサギは放牧牛との間に共生関係が成立している（井村, 2009b）。

　EUでは野草地や林間放牧地の生産性は低いが、生物多様性保全機能が高いことから、このような自然的価値の高い草地を維持するための支援を行っており（第4章1節5項参照）、EU市民はこのような草地の中を散策して、山野草を愛で、野鳥を観察して自然を満喫している。我が国でも草地に生息するネズミをフクロウが捕獲するために夜間、隣接の林地に現われ、同様に牧草を採食するためにニホンジカが草地に夜間、出没するが、これらの野生動物を夜間観察するエコツーリズムが行われるようになってきた（塚田, 2009）。

2．土壌保全／土砂災害防止機能

　草地は畑地と異なり、牧草が地表を密に覆い、また、多くの細根が表土層に分布するので、土壌の侵食を防ぎ、表層崩壊や風食・飛砂を防止し、さらに、雨水の浸透による地下水の浸透効果が高く、洪水の発生を抑制する。とくに、膨大な地下茎をもつササ型草地の水保全機能が高い。シバ型草地の水保全機能はササ型草地よりは低いが（表2）、0～5cmの土層に地下茎が密に分布しているので、土砂流出防止能力が高い（表1参照）。

表2　ミヤコザサ型草地とシバ型草地の人工散水による水の流出量

	平均散水量 mm/hr	総散水量 mm	総流出量 mm	流出率 %
ミヤコザサ型草地	149.8	74.9	0.7	0.9
シバ型草地	129.0	64.5	40.1	62.2

　林地から草地を造成すると、不耕起法で造成した草地における放牧利用1、2、3年目の流出率はそれぞれ0、11、18％であるのに対して、耕起造成草地の流出率はそれぞれ、47、69、50％であった。不耕起草地は放牧を行うと年々、流出率は高まるものの、不耕起草地の土水保全能力は、耕起造成草地よりも常に高い（三

田村ら,1980)。また、放牧強度を高めると、蹄圧によって土壌が固くなり、流出率が高まる。さらに、牧草地では適切な施肥を行わないと、裸地率が高まり、土壌浸透能が低下し、表土が流亡するようになる（山本,2009）。このように、牧草地においては適正な放牧並びに施肥管理を行わなければ、土壌保全機能や土砂災害防止機能が低下する。

しかし、草地には地下水の硝酸態窒素の流出を抑制する効果があり、とくに、施肥を行わない準自然野草地は、その効果が高く、牧草地と野草地を組み合わせて放牧利用することは、水質保全上からも有効な利用方法である（波多野,2009a）。

3．温暖化防止機能

土壌中の炭素は、植物遺体が土に還ってできたものであり、植物が光合成で吸収した炭酸ガスに由来しているから、土壌中の炭素量を高めれば、その分、大気中の炭酸ガスを減少させることになる（波多野,2009b）。このため、気候変動に関する政府間パネル（IPPC）は、適切な土地利用管理を行い、土壌中の炭素含量を高め、温室効果ガス排出抑制することを目指している（IPPC,2000）。とくにIPPCは、世界の陸地面積の29％を占める草地には大量の有機炭素が土壌中に蓄積されており、耕地から草地やアグロフォレストリー[4]に転換することによって、土壌炭素の蓄積を高めることが可能であることを報告している。このように、草地は温暖化抑制効果も含めて、多面的機能が高いことから、EUでは草地を維持、さらには積極的に耕地から草地への転換する施策を既に実施している。

全国の草地及び周辺林地において有機炭素量含量を調査した結果、黒ボク土壌では、草地が19.3kg/㎡/50cm、林地が16.8kg/㎡/50cmであり、我が国の草地の炭素含量は、林地よりも高いか、あるいは同程度であることが報告されている（Nakagami et al., 2009）。林地を伐採し、耕起を続けると、15年間で2.28kg/㎡/50cm消失するといわれ、耕起しないことが土壌炭素蓄積量を高めることに結びつく。したがって、不耕起草地造成法は土水保全ばかりでなく、温暖化防止の面からも好ましい造成法である。

第1部　草地農業の多面的機能と支援政策

４．開放的な景観の保養機能／柔軟な土地利用機能

シバ型草地の草高は10cm程度と低く、シバ型草地を吹き抜ける風は爽快感があり、遠くまで眺望がきく。しかも、シバ型草原では、マツムシソウ、ウメバチソウ、モチズリなどが可憐な花を咲かせるので、多くの訪問者を魅了し、北東北でもシバ型草地の再生に向けたボランティア活動が行われるようになった（大橋, 2009）。

林間放牧地では放牧家畜が小木の樹葉を採食し、適度に間引き、他方、蹄によって表層土を攪乱するため、植物の発芽定着を促進する働きがある。かつての北上山地の林間放牧地の林床には矮小なササとスゲ類が生育し、明るく、美しい景観が形成されていた（写真3）。しかし、放牧されなくなった今日のブナ林の下層はササが鬱蒼と繁茂するか、あるいは中層にブナの小木が密生した植生に変わっている。

以上、草地生態系のもつ多面的機能について述べたが、単に草地内ばかりでなく、その周辺部の植生も多面的機能を保全する上で重要な要素になる。例えば、道路沿の刈取らずに残した野草帯や低灌木帯は、鳥類や昆虫類を保護する機能が

写真3　北上山地の早春の林間放牧地（林床の手前の列状の植生は放牧牛に採食され、矮小化したササ、ササの列の後ろに積まれた薪はブナやダケカンバの倒木を利用）

第2章　我が国における草地生態系の特徴と牧畜の多面的機能

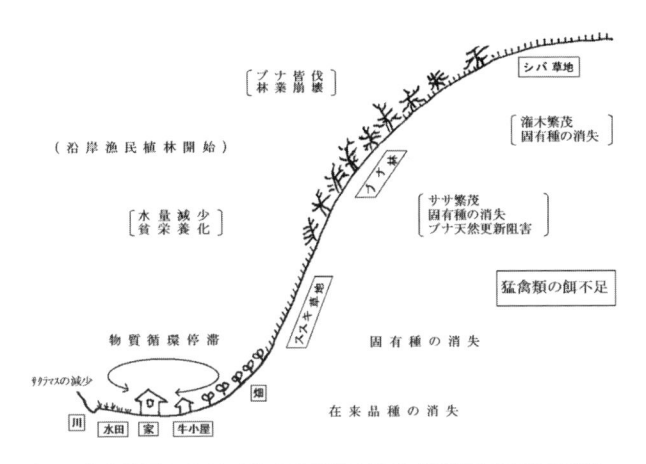

図4　安家地区における牧畜の崩壊が生物多様性に及ぼす影響

ある（コリドー）。また、害虫の天敵昆虫が好む生息環境となる草本帯を畑の中に設け（ビートルバンク）、農薬の使用量を減らすことが可能であり、EUではこれらの植生を維持するための支援施策を積極的に行っている（大黒ら、2009b）。

さらに、多面的機能の高い農村生態系[5]を構築するには、地目別の多面的機能の向上のみに注目するのではなく、耕・草・林の一体的土地利用による農村管理が必要である。

図4に、安家地区における牧畜の崩壊によってもたらされる生物多様性への影響を整理して示した。安家森を源流として安家川がこの集落沿いに流れている。草地開発以前、この集落では安家森のシバ型草地とその周辺のブナ林に放牧していた。当時、安家川は夏でも水量が豊富で大きなサクラマスが遡上していたが、このサクラマスにヤスを突き刺して捕まえたという[6]。しかし、草地開発にともない、広葉樹林への放牧利用は行われなくなった。ブナは耐雪性があり、保水能力が高いといわれているが、これらの広葉樹は伐採され、その跡地にはアカマツが植林された場所が多い。そのことが安家川の水量を減少させたと地元住民はいう。この安家地区の土地利用形態は、機械力を持たない先人の農業者が長年月をかけ、山地の地形連鎖を上手に利用して作りあげてきた牧畜システムであり、このシステムの機能は永木の分類による「柔軟な土地利用機能」および「開放的

な景観の人々への保養機能」にあたる。

5．雇用機会の提供並びに地域社会の維持機能

日本短角種は在来の南部牛に明治以降、ショートホーンと交配して品種改良を行ってきた。日本短角種は黒毛和種と異なり、泌乳量が多く、耐寒性及び放牧適正に優れ、野草など粗飼料の利用性が良い品種であるが、霜降りになりにくいため、1991年の牛肉輸入自由化以降、市場価格が急速に低下し、それまで2万4千頭飼養されていた繁殖牛は、2005年には、5千頭を下回った。しかし、近年、赤身肉に対する関心が高まり、回復傾向にある。

表3　地域資源を活用した日本短角種の肥育効果

飼料給与量と枝肉量（kg/頭）	粗飼料制御区	粗飼料多給区
濃厚飼料	2,700	2,370
牧草・イナワラ	850	1,650
米ヌカ・フスマ給与量	0	400
枝肉重量（kg）	413	410
ロース面積（cm^2）	45	47

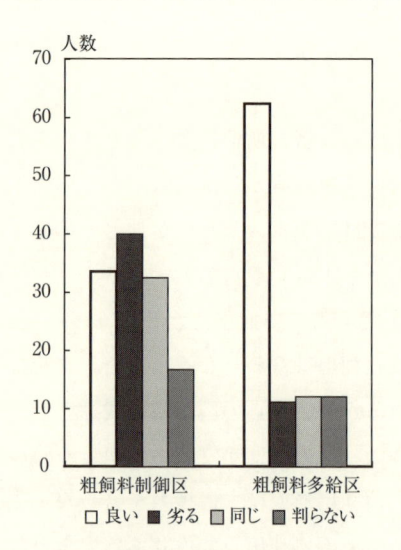

図5　粗飼料多給した日本短角牛肉の販売・加工・調理従事者による食味テスト

第2章　我が国における草地生態系の特徴と牧畜の多面的機能

　日本短角種の肥育試験を行った結果、濃厚飼料の給与を減らして粗飼料を多給し、さらに米ぬか・フスマを給与して肥育した区は、粗飼料の給与を抑制し、米ぬか・フスマを給与しなかった区よりもロース面積は広かった（篠田ら, 2001）（表3）。両者の牛肉をレストランなどの調理人に食味テストしてもらったところ、粗飼料多給区の牛肉は粗飼料抑制区よりも明らかに味が良かった（図5）。

　その後、村元は日本短角種のうま味成分はリノール酸であることを明らかにしている（村元, 2009）。また、岩手県では国産飼料100％の肥育システムを確立し、完全な地域内物質循環型肉牛生産を可能にした。さらに、個人牧場やレストランから美味しい牛肉として評価されるようになり、日本短角種生産はスローフード運動として全国紙にも紹介されるまでに発展しており、地域資源を活用した日本短角種の牛肉生産は、永木の提案する雇用機会の提供ならびに地域社会の維持機能を有するまでになった。

6．畜産経営不安定要素緩和機能

　日本短角繁殖牛は夏山冬里放牧によって飼養されている。1995年に調査した繁殖牛6頭飼養の農家では、ススキ型草地から収穫した野乾草は、畜舎近くに野積みにする（写真4）。この野乾草を冬期間、繁殖牛に給与するが、その他にマメガラやイナワラなど、田畑から得られる全ての飼料資源を給与する。硬い茎類は食い残されるが、残渣物は全て敷き料として利用する。敷き料にしたこれらの硬い残渣は水はけが良く、ふん尿がついても敷き料はべたつかない。このため、糞で汚れた部分のみを堆肥置き場に捨てる。堆肥は排汁が少なく、孔隙が多いため、切り替えしをせずに積み上げても嫌気的発酵が少なく、良質の堆肥が得られる（写真4）[7]。このような冬期飼養は、小規模飼養農家では可能であるが、飼養頭数が増えれば、それに対応した畜舎ならびに堆肥施設が必要となる。しかし、山間地域では大規模飼養農家数を増やすことは困難であるため、高齢者による小規模繁殖牛飼養は、地域社会の維持機能を高めるための重要な構成要素になる。

　以上のように、繁殖牛の夏山冬里方式の飼養は、放牧期間中は牛舎からふん尿が排出されないので、周年舎飼方式に比べて年間のふん尿の貯留量が大幅に

写真4　小規模飼養農家の野積みされた堆肥（右）と野乾草（左）（堆肥の周りの雪は汚れていない。蓑傘をつけた野乾草は雨が降っても中まで濡れない）

削減され、ふん尿による環境負荷量を減少することが可能である。さらに、慣行の肥育方式では大量の濃厚飼料を使って飼養されるため、年間のふん尿排出量は、繁殖牛の飼養の場合よりもさらに増加するが、畜舎に貯留した堆肥や尿は、十分に切り返しあるいは撹拌しなければ、嫌気的発酵が進みメタンや悪臭の発生が増加し、環境負荷のリスクが高まる。そこで篠田らは育成牛を放牧し、さらに粗飼料多給した肥育した試験を行い、慣行の肥育方式で黒毛和種を肥育した場合のふん尿の排泄量と計算した結果、濃厚飼料の使用量は4分の1、ふん尿の排出量は2分の1にすることができた。これらの結果から、このような日本短角種の飼養方式による肉牛生産は、畜産経営不安定要素緩和機能の高い生産方式であるといえる。

おわりに

　2050年には、世界の農業部門における温室効果ガス発生の中で反芻家畜からの発生割合が66％に達し、とくに、肉牛生産分野では44％を占めると推測されている。地球温暖化は高温と干ばつをもたらすが、牛肉1kgを生産するのに20トンの仮想水が必要とあり、また、牛肉1kg生産するのに10kgの穀物を必要とする

といわれている。このように地球規模でみると、肉牛生産のおかれた環境条件は厳しい。しかし、牛は人間が利用することができない粗飼料やフスマや米ぬかなど、穀類の副産物を利用して乳・肉・皮に変えることが可能であり、また、牛は大量の粗大有機物を効率的に分解することができるから、物質循環を促進するための駆動力として重要な役割を担っている。そのため、膨大な穀物を輸入し、それを国土で効率的に分解し、土壌に還元するためには乳肉牛の飼養が欠かせない。とくに傾斜地が多く、耕作可能地の少ない我が国においては、自給飼料生産を行わずに、飼料の多くを輸入飼料に依存した従来の加工型畜産システムでは多面的機能が発揮されず、むしろ環境負荷による外部不経済をもたらすので、加工型肉牛生産は持続可能な生産システムとはいえず、今後は地域の飼料資源を活用した肉牛生産システムの構築が必要である。このため受益者は、肉牛飼養が単に国産牛肉生産という市場取引財としての評価だけではなく、その農村生態系において発揮される多面的機能の価値に対する正当な評価と負担とを行わなければならない。しかし、農林業者はあまりにも安価に多面的機能を国民に提供してきたし、消費者も農畜産物の価格のみに関心を払い、安いことは良いことだという意識が社会全体に広まった。しかし、農産物価格の低下は農業者の生産意欲を減退させ、やがて生産が縮小し、農村が崩壊すると、当然、多面的機能の発現量も減少する。結局、国民はその農村生態系からこれまで得てきた公共財を失うことになる。この問題を解決するためには、農村のもつ多面的機能の価値についての社会認識を高めるとともに、直接支払等によって、生産者に多面的機能の供給への刺激を与えることが必要であり、同時に農村生態系の全ての景観構成要素について、多面的機能を最大限発揮させて、農村振興を図るシステムの構築とこのシステムを促進するための政策を強化することが今後の課題である。

注
（1）牧畜とは牧場で草食家畜を飼育繁殖させ、その乳、肉、皮毛を生活の糧とすることをいう。
（2）野草地とは自然草地と準自然草地を区別せずに広義の意味で使用されることが多い。しかし、ここで示されている野草地面積の数値はほとんどが準自然草地の面積であ

るとみなすことができる。
(3) 草地という1つの地目から発生する多面的機能をここでは草地の多面的機能と定義し、牧畜は農業の1つの生産形態であり、その牧畜を営む農業者が住む農村から発生する多面的機能を牧畜の多面的機能と定義する。
(4) アグロフォレストリーとは樹木または果樹やヤシ類などの木本植物を植栽し、それらの樹間に家畜や農作物を飼育・栽培し、農業収益と林業収益を可能にする農林複合生産システム。
(5) 多面的機能の高い農村生態系とは地目別の生態系でなく、農村を1つの生態域とした空間であり、経済活動水準が環境容量内であれば、生物多様性の高い生態循環系並びに資源循環系を保持し、人間社会に有益な貢献をしてくれるエコリージョンとここでは定義する。
(6) 当時、使用していたヤスは、5mの木製の棒の先端に、鉄製の尖った4本の刃先幅20cmの刺し具が付いた大きさであった。このヤスを使って遡上してくるサクラマスを突き刺して捕まえたといわれることから、如何にサクラマスが大きかったか、また、如何に安家川が深かったのかが推察できる。このヤスによる漁法は、当時の安家地区の伝統的漁法であったが、現在は使用が禁止されている。
(7) 現在、牛10頭未満の飼養農家は家畜排せつ物の管理の適正化及び利用の促進に関する法律の管理基準が適用されないものの、その家畜排泄物について適正な管理が行う必要がある。

参考文献
IPPC（2000）「気候変動に関する政府間パネルの特別報告書（GISPRI仮訳）」23、http://www.gispri.or.jp/kankyo/ipcc/pdf/srlulucf.pdf（2013年11月9日アクセス）。
井村治（2009a）「草地の生物多様性に係わる機能―昆虫―」『草地管理指標―草地の多面的機能編―』日本草地畜産種子協会、pp.135-145。
井村治（2009b）「草地の生物多様性に係わる機能―鳥類―」『草地管理指標―草地の多面的機能編―』日本草地畜産種子協会、pp.145-151。
小椋純一（2006）「日本の草地面積の変遷」『京都精華大学紀要』30、pp.160-172。
大黒俊哉・小柳知代（2009a）「農業が二次的自然を形成するメカニズム」『草地管理指標―草地の多面的機能編―』日本草地畜産種子協会、pp.44-45。
大黒俊哉・小柳知代（2009b）「景観生態学からみた草地ランドスケープの特徴」『草地管理指標―草地の多面的機能編―』日本草地畜産種子協会、pp.49-53。
大橋めぐみ（2009）「CMV等による放牧飼養の環境便益評価と放牧飼養システムの解明」『地域先導技術総合研究「地域内資源を用いた日本短角種による良質赤肉生産・流通システムの開発」（平成14～18年）研究成果集』東北農業研究センター、pp.71-77。
小川恭男・三田村強・福田栄紀(1994)「Ⅲ　落葉広葉樹伐採跡地におけるシバ・オーチャー

ドグラス型草地の成立過程に関する生態学的研究」『日本草地学会誌』39（4）、pp.441-419。

小路敦（2009）「草地の生物多様性に係わる機能―植物相―」『草地管理指標―草地の多面的機能編―』日本草地畜産種子協会、pp.124-132。

篠田満・長谷川三喜・渋谷憲・三田村強（2001）「寒冷地の公共草地を基盤とした肥育素牛の低コスト生産と良質赤肉生産システムの確立」『東北農業試験場研究報告』98、pp.131-140。

スプレイグ D. S.（2003）「関東平野における草地の機能と空間構造―「平野草地」は存在したのか？―」『日本草地学会誌』48（6）、pp.531-535。

塚田英晴（2009）「野生哺乳類の保全と獣害管理」『草地管理指標―草地の多面的機能編―』日本草地畜産種子協会、pp.151-161。

波多野隆介（2009a）「草地の土・水・大気の保全にかかわる多面的機能―環境に対する負荷を除去・緩和する機能―」『草地管理指標―草地の多面的機能編―』日本草地畜産種子協会、pp.114-121。

波多野隆介（2009b）「草地の土・水・大気の保全にかかわる多面的機能―地球温暖化抑制機能―」『草地管理指標―草地の多面的機能編―』日本草地畜産種子協会、pp.102-108。

Nakagami, K., M. Hojito, S. Itano, K. Kohyama, T. Miyaji, A. Nishiwaki, S. Matsuura, M. Tsutsumi and S. Kano（2009）"Soil carbon stock in typical grasslands in Japan," *Japanese Society of Grassland Science*, 55（2）, pp.96-103.

永木正和（2009）「農畜林業全体の視点からの多面的機能分析」『草地管理指標―草地の多面的機能編―』日本草地畜産種子協会、pp.1-21。

三田村強（2009）「EUにおける農業の多面的機能に係わる行政施策の概要」『草地管理指標―草地の多面的機能編―』日本草地畜産種子協会、pp.66-76。

三田村強・小川恭男・岡本恭二・手島道明・縣和一・鎌田悦男（1985）「Ⅵ　シバ草地に関する研究」『草地試験場研究報告』30、pp.91-104。

三田村強・加甲艶照・豊田広三（1980）「Ⅸ　山地傾斜草地の環境保全に関する研究」『日本草地学会誌』第26巻別号、pp.123-124。

村元隆行（2009）「放牧で仕上げた日本短角種の牛肉品質」『地域先導技術総合研究「地域内資源を用いた日本短角種による良質赤肉生産・流通システムの開発（平成14～18年）研究成果集』東北農業研究センター、pp.41-44。

山本博（2009）「草地の土・水・大気の保全にかかわる多面的機能―土壌保全／土砂防災／水源涵養機能―」『草地管理指標―草地の多面的機能編―』日本草地畜産種子協会、pp.108-114。

吉田重治（1950）「わが国牧野の草原型と植生遷移に関する研究」『東北大学農学研究所彙報』2（3）、pp.349-370。

第3章　EUにおける草地農業のもつ多面的機能の特徴と支援政策

三田村　強

はじめに

　EU-27の農用地面積は19,021万haであり、全土地面積に占める農業用地面積（Utilized Agricultural Area：UAA）の割合は44％である（第4章の表2を参照）。同様に永年草地の面積は6,941万haで、農業用地面積に占める割合は36％と高く、総じて牧畜が盛んである。EUの農業は集約化が進み、永年草地の面積が減少する傾向にある。とくに英国、ドイツ、フランスの乳肉牛生産では大規模周年舎飼形式が増加し、しかも、特定の地域に生産が集中する傾向にあり、農業環境に悪影響を及ぼしている。このため、EUでは2003年の共通農業政策（CAP）の改革では、これまでの生産支持政策から、環境に配慮した政策に変更し、環境重視の政策を今日まで拡大してきた。EU-27はCAP関連に530億ユーロ/年（2008年）を支出し、多くの関係機関を介して農業に公的支援を行っている。また、2014～2020年の多年次財政計画では3,732億ユーロもの膨大な予算を見込んでいる（平澤，2013）。このように、EUが農業の環境政策に重点を置くようになったのは、WTOの国際ルールに適合するために、貿易に最も歪曲的な農産物価格支持政策から、環境政策などへの直接支払制度に移行することが1つの理由であった（是永，2012）。他方、このような公的支援を直接享受していない市民からは、「なぜ、農業政策措置のために、このような多額の公的資金を使うのか」という疑問がもち上がってきた。この疑問に答えるために、欧州委員会農業・農村開発総局次長は普及冊子の冒頭において、「農業は単に食料を供給するだけではなく、水、大気、土壌そして野生生物の生息環境など、人間の生活に欠かせない公共財を提供して

第3章　EUにおける草地農業のもつ多面的機能の特徴と支援政策

いるが、これらの公共財は市場に届けることが不可能であり、評価もされていない。そのため、このような公共財を供給している農業を公的資金によって支援する必要がある」と述べ、その重要性を広く社会全体に理解を求めている（Baldock et al., 2011）。さらには2014年のCAP改革において、農業による公共財供給を促進するための政策措置に一層、予算を重点配分する計画である（Allen et al., 2012）。

以上のようなEUの農業政策の取組の背景から、また、我が国における貿易の自由化や農業の第6次産業化など、今後の農業を取り巻く情勢の変化を念頭に置いて、それでは、「我が国の草地農業から公共財供給を促進するために、どのような取り組みが必要であるか」という問題を解決する糸口を見つけることを本章と次章の達成目標に設定した。

本章では「EUは何故、農業からの公共財供給促進政策に重点を置いているのか、また、EUの草地農業は公共財供給にどのような役割をはたしているのか」ということを理解することを主眼において記述した。そのため、EUの多種多様な政策措置の内容そのものの詳しい説明は行わず、本章の中で必要とする措置のみを簡潔に記述するにとどめた。

本章の第1節と2節では、EUの農業が供給する主な公共財の種類と農業活動との関係および農業活動が環境に及ぼす影響、そして、第3節から第5節では、草地農業に焦点をあて、EUにおける草地農業の構造の変化、草地農業システムからの環境公共財供給の特徴、および環境公共財の供給に及ぼす草地農業活動の影響についてそれぞれ述べる。さらに、第6節から第8節では、公共財供給促進のためのEU政策に焦点をあて、政策作成プロセス、2014年のCAP改革計画、およびこの改革計画の問題点について、草地農業を中心に述べる。

第1節　EUの農業が供給する主な公共財の種類と農業活動との関係

本節ではEUにおける農業が関係する公共財の種類と農業活動とのかかわりを述べる。農業活動は景観、生物多様性、水質、水利用の可能性、土壌の機能性、

第1部　草地農業の多面的機能と支援政策

気候の安定性（土壌への炭素貯留を含む）、洪水と火災に対する防災力などの環境的公共財、そして農村の活力、食糧の安全保障、アニマルウェルフェアなどの社会的公共財など、さまざまな公共財の供給に影響を及ぼしている。HartらはEUの農業活動と公共財の関係を要領よく説明しているが、その概要を表1に示した（Hart et al., 2011）。

このように、農業が供給する公共財は環境的公共財から社会的公共財まで多岐

表1　農業と公共財供給との関係

公共財	公共財供給に対する農業のかかわり
気候の安定性	土壌に多くの炭素を蓄積し、温室効果ガスの排出を削減して、大気中の CO_2 濃度を減らすことは、世界の気候を安定させるために重要である。植物は土壌中に非常に効果的に CO_2 を蓄積するが、常に土壌を植生で被覆し、廃棄した植物体を土壌に戻す農法は、大気中の炭素を減らす早道である。実際、永年草地は森林とほとんど同程度の多量の炭素を貯留し、炭素の貯留を改善すると共に、地球温暖化の原因になる CO_2 だけではなく、メタンと亜酸化窒素などの温室効果ガス（GHG）の排出を減少するのに重要な役割を果たすことが可能である。
生物多様性	多くの野生動植物は歴史的に食糧生産と共存してきたが、農業が集約化した今日では、農業用地の生物多様性は、低集約的管理の農業用地、または作物を栽培していない植生帯、石垣、生垣、農場内の小道、溝と池などの農場内の構成要素の機能に依存している。これらの構成要素は野鳥、哺乳動物、昆虫の食物、避難所や繁殖地そして野生の草花が生育する環境条件を提供している。
水資源の水質と利用可能性	水資源から汚染されていない、きれいな水を安定供給することは、人の健康と生態系の安定性に有益である。農業生産を高めるための肥料、除草剤および殺虫剤の使用が普及し、地表水と地下水のいずれの水質にも強く影響を及ぼしている。川や帯水層に入る硝酸塩、燐酸塩および農薬の含量を削減することは、上水道の水源を保護し、川と沼沢地の生物多様性に貢献する。農業はとくに作物栽培用の灌漑水の大口使用者であるので、一層、効率的に持続可能な水の利用を確保する取り組みが重要である。
土壌の機能性	土壌はほとんどの食糧生産の礎である。よく機能している土壌は、良好な構造と十分な有機物質を保有し、風食や水食に対して抵抗力がある。ほとんどの農作業は土壌の機能性に何らかの形で影響を与えるが、適切な農業方法を使用することによって、土壌の機能性を保有することが可能である。
大気質	汚染物質のない空気は、人の健康と生態系が良好に機能するために有益である。農業はアンモニアや粒子状物質のような大気を汚染するいくつかの反応性ガスの排出源である。特定の土地管理活動を採用することによって、大気質の悪化を最小にすることができる。
洪水と火災に対する防災力	家畜がよく放牧されている場所、とくに欧州の中央部および南部の加盟国では、山火事の拡大に対して重要な防火帯になり、オリーブなどの植樹園で火災の危険を減少させることができる。気候変動が都市部での氾濫の危険性を高めているが、それに対応して農業用地が余分な降雨を吸収し、洪水の水を格納する能力はますます重要になる。
文化的に価値のある農業景観	農業は何千年もの間、ヨーロッパの固有の農村景観を形成し、今も作り続けている。これらはアルペンの放牧地から、テラス景観、デヘッサ、果樹園、氾濫原そして畑と牧草地のモザイク的景観までさまざまである。このように、大切にされてきた多くの土地利用形態と地域固有の景観の特徴的要素は、現代の農業経営上は、もはや重要性をもたないが、それでも、これらの種類の文化的景観を維持しようとすると、引き続き管理が必要である。農業景観の継続的管理は、そこで生活する場を維持し、または農村地域の魅力を保護することによって、観光のためにも重要な役割を果たすことが可能である。

第3章　EUにおける草地農業のもつ多面的機能の特徴と支援政策

農村の活力	ヨーロッパの農村地域は土地利用、人口、繁栄、言語、文化的遺産および伝統において、大きな違いがある。農村の活力を発揮にする方法はいろいろあると考えられるが、一般に、一定水準のビジネス・チャンス、最低水準のサービスおよび生活基盤の利用が可能であることが基本である。また、生活し、働き、訪問者のための場として機能し、農村地域が長期的に存続可能な魅力を支える人の能力や機能的なソーシャル・ネットワークの利用が可能であることも基本である。土地、景観の構成要素、気候と他の自然因子は、すべて農村地域の習慣、伝統およびアイデンティティを形成するのに役立つ。農業人口、関連の農村の活動および伝統が農村地域で果たす役割を介して、農業は農村の活力を支えるために役立っている。さらには農村の観光やレクリエーションなどの経済分野に依存している環境公共財を供給することにおいても重要である。
農場のアニマルウェルフェア	農場のアニマルウェルフェアは健全な家畜と畜産物製品に関連しているので、ある程度、個人的利益でもあるが、個人より広い社会においては、個人的利益のための水準よりも高い水準が求められている。そのため、不要な苦しみまたは傷つけることを避け、動物の生理的で行動のニーズを配慮することがこの課題の中心である。
食糧安全保障	食糧は個人的利益であるが、市場はいつでも、どこでも食糧を利用できることを保証してはいないので、食糧安全保障は公共財である。したがって、長期的にヨーロッパおよび地球規模のレベルで十分な食糧供給を保証するために慎重な行動が必要である。これを達成するためには、農業に関する研究への投資、発展途上国における生産基盤の整備、食糧の十分な備蓄など、様々な活動が必要である。また土地管理に関して、土地とその他の資源の適切な管理および必要な技能を維持することによって、持続可能な食糧生産能力を今後も保持し続けることもヨーロッパの優先事項になる。

出典：Hart et al.（2011；p.21）より筆者編集・仮訳

にわたるが、農業用地の種類、農業システム及び農業活動が供給する公共財は1つとは限らず、複数の公共財を供給することもある。しかも、農業生産と公共財供給の間にトレードオフの関係が存在することが多いため、公共財の供給を高めることは単純ではない。そのため、行政者は政策の明確な目的および達成目標を定め、「どんな農業システムがどのような種類の公共財を供給するのか、また、どんな農業活動が公共財供給との間にトレードオフ関係にあるのか」ということに注目し、統合的視点から調査を行い、費用対効果の高い農業政策に反映させなければならない（Allen et al., 2012）。なお、草地農業における両者の関係は第5節3項でさらに詳しく述べる。

第2節　EUの農業が環境におよぼす影響

農業活動はEUの農業環境にさまざまな影響を及ぼしている。その主な影響の概要をHartら（2011）とPeeters（2012）の報告を基にまとめ、表2に示した。

表2　EUの農業が環境に及ぼす主な影響

公共財	農業環境の特徴的状況
気候の安定性	農業からの温室効果ガスの主要な排出源は、土壌からの CO_2 の排出、土地利用の変化、土壌有機物含量の減少などであるが、とくに泥炭土壌における排水改良工事は、土壌有機物の分解を促進し、土壌からの CO_2 排出を著しく高める。これらの農業活動にともなう CO_2 排出量は、20-40 トン/ha/年に達すると見積もられている。さらに、土壌からの N_2O 排出、反芻家畜の消化器官からの CH_4 の放出、堆肥管理からの N_2O と CH_4 の排出、そして水稲栽培からの CH_4 排出も大きな排出源になっている。
生物多様性	2004年の欧州の共通の農業用地の野鳥指標（European Common Farmland Bird Indicator）によると、1990年以降、農業用地における野鳥の減少が一定水準で続いており、農業用地の野鳥の数は減少し、絶滅が危惧される状態がかなり継続されていることを示している。けれども、農業用地の鳥類の減少は、より敏感なその他のグループの種の減少ほど厳しくないと思われる。例えば、草地の蝶類に関するデータは1990年から50%を上回って減少していることを示している。さらに、それらの種と生息地の保護状況は、農業活動、とくに草地に関連している生息地が非常に不十分な状態であることを加盟国からの報告で指摘されている。2008年の生息地指令（Habitats Directive）の目標にある「共同体の利益（Community Interest）」の草地の生息地が良好な保護状態であったのは 10%より少なく、また農業用地全体の生態系に関連する生息地が好ましい保護状況にあったのは、たった7%であった。これに対して、農業生態系以外の生態系における生息地では17%であった。この両者の違いは、EUの農業の一部が集約的農業に移行し、また、他の地域では管理が減少し、非常に極端な場合には農業放棄が組み合わさっていることがその理由である。
水資源の水質	農業分野への窒素負荷は高いまま、短期的に続くことが予測されるが、窒素とリンの農業栄養物バランスは、多くの加盟国で近年、改善した。実際、2009年以前に刊行された流域管理計画における窒素の面源および/または点源の汚染調査によると、137の流域の内、124の流域で汚染が報告され、リンの場合は123の流域、殺虫剤の場合は95の流域で、それぞれ汚染されていた。窒素と燐酸塩の主な汚染の起源は、無機肥料、有機肥料、スラリー、家畜の飼料とサイレージの排汁である。
水資源の利用可能性	農業部門はEUの水資源の量に重要な影響を与えている。農業部門はEUで最大級の水の消費者であり、自然の降水量、帯水層および地表水から汲み上げた水、潅漑および家畜の使用のために貯水漕と貯水池に貯蔵された水を組み合わせて利用している。農業部門は平均的に、EUの水の汲み上げ総量の24%を占める。けれども、農業用水の使用は不規則に拡大している。また、一部の南欧地域では、水の汲み上げの80%に達している。気候変動の関係では、水のリスク問題の懸念が高まり、数年間わたって季節的干ばつ、または長期の干ばつに遭遇している加盟国の数が増加している。
土壌の機能性	地域によって土壌劣化の程度はかなり異なるが、土壌の劣化はEU全域にわたって問題が残ったままである。1億1,500万ha、すなわち全面積のおよそ12%は水食を受け、また4,200万haが風食の影響を受けている。農業用地の約5,770万haは1トン/ha/年を上回る土壌侵食のリスクがあり、また、4,720万haは2トン/ha/年を超える土壌侵食のリスクがあると見積もられている。ヨーロッパの土壌の約45%は、有機物含有量が少ない土壌であるが、これは加盟国間でかなり異なる。南ヨーロッパの約75%の土壌は有機物含有量が少ないが、これは土壌のタイプ、生物気候的環境の変化、および耕作期間の延長などがある程度、影響している。
大気質	農業からの大気質に与える主要な脅威は、アンモニアと粒子状物質である。大気中の窒素の蓄積は重大な問題であり、いまでも蓄積が続いている。現在、陸地と淡水の生態系の40%以上が臨界荷重以上に大気中の窒素蓄積にさらされている。EU全体の NH_3 排出の内、94%は農業由来である。大気へのアンモニアの排出はかなり収束したが、EU全体にわたって問題が続いている。この有害な酸性沈殿物と富栄養化を避けるために、さらなる削減が必要である。また、アンモニアは大気粉塵（細塵）の形成にかなりの原因になっている。

洪水への防災力	この公共財に関するデータは限られている。洪水のリスクに対して農地管理が貢献していることを示すEUレベルのデータはないが、ヨーロッパの洪水発生の発生が増加する可能性があることを証拠は示している。
火災への防災力	火災に対する農業生息地の防災力に関するデータはわずかしかないが、ポルトガル、スペイン、フランス、イタリアおよびギリシアで、合計1,400万haの森林が1980年から2008年までの期間に焼失したといわれている。また、山火事は気候変動の結果、かなり増加することが予想されている。
農業景観	農業景観は栽培と飼養のパターン、土地利用度、一筆の大きさ、境界、耕作されない構成要素、文化面、現代ならびに歴史的な両方の建物及び社会基盤など、さまざまな要素の相互作用によって、景観の特徴が鮮明になり、また、これらの要素が景観に影響を及ぼしている。家畜の放牧は、とくに限界地域と山地において一般的に行われ、ヨーロッパの牧畜システムの景観と生息地の多様な特徴を生み出している。しかしEUにおける永年草地の割合および1ha当たりの家畜頭数は、両方とも過去10年間において減少した。このような牧場の家畜の減少はこの独特の景観特長にマイナスの影響を与えている。
農村の活力	農村の活力は多面的特性があるため、農村の活力は測定することが難しいが、ヨーロッパで観察された社会・経済的動向から推論することが可能ないくつかの徴候がある。これらの徴候は地域レベルで様々である。農村地域、特に遠隔地の活力は、人口と経済活動の両方の関係で一層、枯渇している。
食糧の安全保障	EUの家畜が消費する全飼料の3分の1を輸入しており、その輸入量はドイツの農業用地面積の約2倍、3,500万haに相当する。なかでも、EUは家畜のタンパク質飼料が不足しているので、全輸入飼料の半分以上を大豆が占め、ほとんどがブラジルの大豆栽培に依存している。そのため、安定確保上に不安があり、食糧安全保障上問題である。

第3節　EUにおける草地農業の構造変化

　近年、EUの農業は農業所得の向上、農業生産の効率化を求め、農業の集約化、大規模化および専業化さらには特定の農業が特定の地域に集中するなど、農業構造に大きな変化が生じ、これによって、農業を取り巻く環境にも大きな影響を及ぼしている。とくに畜産はその構造変化ならびに環境への影響が顕著である。そこで、本節ではEUにおける草地農業構造の変化の概要を述べる。

1．乳肉牛生産の動向

　EU-25の牛乳生産額は農業生産総額の約18％であり、農業分野の中で最も高い割合を占める。肉牛の生産額（肉用繁殖牛と食肉用子牛の合計額）は農業分野の中で2番目に高いものの、2005年には10％まで減少している（Baldock et al., 2007）。EUの牛の総頭数は低下しているが、乳牛頭数の減少が長期間わたって続いている主な要因は、品種改良および給与する飼料の改善の結果、個体乳量が高

まったことと、クオータ制度によって牛乳生産が一定水準に制限されたことである（Baldock et al., 2007）。これに対して、肉用牛飼養頭数の減少傾向は1990年代後半以降の傾向である。2001年の口蹄疫の大発生の結果、2002年に牛の頭数はとくに大きく低下した。乳肉牛飼養農場総数は1989年の約150万戸から、2004年に100万戸まで減少したが、平均の農場規模は拡大し、農場レベルの生産システムが専門化し、大規模な企業型農場も出現し、さらに、生産が特定の地域に集中する傾向にある（Baldock et al., 2007）。EU-27の家畜総頭数は約134百万家畜単位、その内、放牧されている家畜頭数は78百万家畜単位で、全飼養頭数の59％を占める（Peeters, 2012）。EU-27における放牧家畜頭数（家畜単位）の内、82％は牛で、14％は反芻中家畜（羊とヤギ）である。乳牛は全放牧家畜の31％で、その他の牛（主に繁殖雌牛）が16％占めている。このように、牛の3分の2は乳牛、3分の1はその他の牛である。牛、子牛、羊およびヤギの肉の総生産額は、総農業生産額の11％を占め、乳生産額は14％に達する。放牧家畜専門農場は2007年のEU-27の総農業労働力の約21％を雇用している（Peeters, 2012）。

2．草食家畜の飼養形態の変化

これまでの乳肉牛の飼養形態は、春から秋の期間は放牧し、冬期は舎飼するのが一般的であったが、牛の生産能力の向上に伴って、栄養要求水準も高まり、その栄養要求を満たすことが可能な周年舎飼システムに移行している。また、このシステムは大規模集約飼養管理を可能にし、一頭当たりの生産性および土地面積当たりの生産性を高め（Baldock et al., 2007）、高栄養要求の高い乳牛や肥育牛の飼養農場では、永年草地から一時的草地、1年生飼料作物、とくにトウモロコシサイレージの利用に移行している（図1）。この結果、この50年間で永年草地の面積は約15％以上も減少した（Peeters, 2012）。また、草地管理にかかわる農業活動においても大きく変化している。当初、窒素の化学肥料を草地に施用することはほとんどなかったが、北欧や西欧の非常に集約的な酪農場では、有機質と無機質の総施肥量は今では300kgN/ha/年以上に達している（Peeters, 2012）。家畜飼養密度（LU/ha）は農業用地面積（UAA）および永年草地面積当たりでか

第3章　EUにおける草地農業のもつ多面的機能の特徴と支援政策

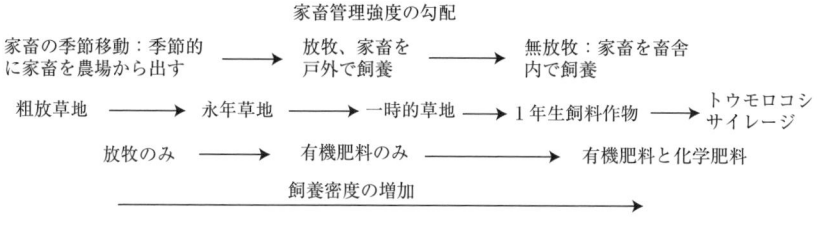

```
                        家畜管理強度の勾配
家畜の季節移動：季節的    放牧、家畜を      無放牧：家畜を畜舎
に家畜を農場から出す  →  戸外で飼養    →   内で飼養

粗放草地  →  永年草地  →  一時的草地  →  1年生飼料作物  →  トウモロコシ
                                                            サイレージ

放牧のみ  →  有機肥料のみ           →      有機肥料と化学肥料

            飼養密度の増加
         →
```

図1　EUにおける農場活動移行の3事例

出典：Baldock et al.（2007; p.75）より筆者編集・仮訳

なり高まった。これは肥料と濃厚飼料の使用量が増加したためである（Peeters, 2012）。飼草の貯蔵技術は大きく変わり、乾草調製からサイレージ調製に移行している。このように、草地は高品質の飼草を生産するために早刈りされ、また、頻繁に刈取られるようになった（Peeters, 2012）。湿原は排水を行うことによって、集約生産を可能にし、イネ科牧草とマメ科牧草の改良品種による追播と表面播種は草地の生産性を改善した。除草剤の使用によって、集約的草地の広葉雑草を除去し、生産性並びに品質の高い植生が維持されるようになった。一時的草地の潅漑は西欧と他の夏の干ばつ区域の南部で一般的なっている。永年草地の大部分は飼料用のトウモロコシや禾穀類の畑に転換している（Peeters, 2012）。

　以上のように、農業システムは農場レベルはもとより、地域レベルでも専業化が進み、これによって、栽培部門と飼養部門が切り離されるようになった。他方、限界地域では小規模の肉用繁殖牛の放牧飼養システム経営が難しくなり、利用放棄された土地面積が増加し、さらには農場と圃場の大きさの拡大、草地農業から畑作農業への転換、生物エネルギー作物栽培面積の拡大、放牧家畜頭数の減少が生じている（Baldock et al., 2007、Cooper et al., 2009）。

3．牧草生産の動向

　HopkinsとWilkinsの報告書を参考にして、本章と次章で使用されている草地の用語の説明を表3に示した（Hopkins, 2008、Wilkins, et al., 2003）。

　2007年の調査結果によると、EU-27の永年草地面積は5,700万haを超え、一時的草地の面積は約1,000万haに及ぶ。これらの草地面積はEUの全面積の約15％で、

表3　草地のタイプとそれらの定義および属性

草地のタイプ	定義および属性
自然草地 natural grassland	自然草地は気象や土壌条件の影響によって森林が成立せずに草本が優占する草地をいう。ヨーロッパの自然草地は我が国と同様に局所的に成立し、準自然草地ほど広くはない。
準自然草地 semi-natural grassland	準自然草地は森林を伐採し、火入れ、放牧、刈り取りなど人為的攪乱を行うことによって、草本が優占した草地をいう。これらの人為的攪乱を中止すると、準自然草地は森林に戻る。
永年草地 permanent grassland/pasture	生態的解釈では永年草地は少なくとも10～20年といった長期間、利用・管理され施肥も行われている草地を指し、良く管理された草地にはペレニアルライグラスやシロクローバなどが生育し、高い生産が得られる草地である。しかし、EUではCAPの直接支払上の区分のため、5年以上、耕起せずに継続使用している草地を指している。次期CAP計画において粗放放牧地（rough grazing）を直接支払の永年草地の中に含めるか否か、そしてその支払に低減率をどの程度にするのかは現在、検討中である。
一時的草地 temporary pasture	5年以内に耕起され、輪作される草地(ley; rotational grass)を一時的草地(temporary pasture)と行政上、区分している。
粗放放牧地　rough grazing	草地改良せずに準自然草地をそのまま放牧草地として個人が利用している個人所有の放牧草地をいう。
入会放牧地 common grazing	複数の人が共同で利用している放牧地であり、その多くが準自然草地や、湿原、低木が混生した草地、デヘッサなどの林間放牧地などである。限界地域に多く分布している。欧州の入会放牧地は数千年の歴史をもつ放牧地が多く、それらの入会放牧地は貴重な生物を保全している自然価値の高い土地でもある。
播種草地 sown pasture	品種改良された牧草を播種して造成した草地であり、長年使用した播種草地は播種せずに利用してきた永年草地と区別しにくい。

ヨーロッパの農業用地面積の約39％を占めている（Peeters, 2012）。これらの草地は約540万戸の農業事業体、すなわち全ヨーロッパの農場経営者の約40％によって管理されている。永年草地を管理するこれらの農場の多くは、小規模であり、約41％は経済規模単位（Economic Size Unit）が1以下である。科学技術の進歩、CAP改革などの農政の変化、農村の過疎化、東欧諸国のEU加盟にともなう農業構造の変化などの社会経済状況の変化は、ヨーロッパの草地農業に大きな変化をもたらしている。その現状をWilkinsら（2003）の論文を基に以下に要約した。

(1) 草種

　北西ヨーロッパの主要な牧草はペレニアルライグラスであり、適切な施肥管理を行えば、ペレニアルライグラスの生育は良好であり、永年草地の主要草種になる場合が多い。英国では播種草地の80％はペレニアルライグラス型草地である。チモシーとメドーフェスクは、フィンランド、スウェーデン、ノルウェー及びバルト海諸国で主要草種になっている。オーチャードグラスは干ばつが発生しやす

い内陸部を除けば、その利用は最近、著しく減少している。トールフェスクはフランスで利用されている。イタリアンライグラスは長年にわたって一時的草地の主要草種として広く使用されていたが、最近では、一時的草地の利用は減少傾向にある。

永年草地ではヌカボ類（*Agrostis spp.*）、シラケガヤ（*Holcus lanatus*）、ケンタッキーブルーグラス（*Poa trivialis*）が主要草種であり、その他にペレニアルライグラスやオーチャードグラス、チモシーも生育している。シロクローバは北・中央ヨーロッパの大部分で、古くから使われ、永年草地においても普通にみられる。北西ヨーロッパではアカクローバとアルファルファも使用されているが、近年、漸減傾向にある。最近では、集約利用草地においてはクローバー類を混播せずにイネ科牧草のみを播種した草地もよくみられるようになった。

（2）草地の利用管理

ヨーロッパ全地域において1970年代前半から1990年代までの間に貯蔵粗飼料生産が増加し、また、周年貯蔵粗飼料給与方式も増えている。しかし、サイレージ調製面積がここ十数年、減少している国もある。これらの国では、コスト削減のために放牧方式などへの転換が行われている。とくに英国では、従来よりも貯蔵粗飼料生産面積が15％も減少した。また、草地の生産を高めるために無機質の窒素肥料の施用量が高まっている。窒素施肥量は、英国ではこの半世紀の間に5 kgN/ha以下から135kgN/haにまで増加しており、とくにオランダ、ベルギーおよびデンマークで増加している。また、窒素肥料の施用量の増加にともない、マメ科牧草の構成割合は低下するが、マメ科牧草の構成割合が低く、窒素施用量も少ないことが原因でも、牧草生産が著しく低下している草地も多くみられる。

第4節　草地農業システムの公共財供給の程度

草地農業システムが供給する公共財がその他の農業システムと比較して、どの程度であるかを認識しておくことは、草地農業が供給する公共財の特徴を明らか

表4　EU全体にわたって特定された13の農業システム

家畜飼養	畑作	複合経営	永年作物の栽培	特殊な圃場作物と園芸作物の栽培
周年舎飼い集約的な乳牛/肉牛/羊の飼養	集約的畑作	集約的畑作/牧畜複合	集約的永年作物栽培	園芸作物の温室栽培 園芸作物露地栽培
粗放的野外飼養と林間放牧	粗放的畑作	粗放的畑作/牧畜複合	粗放的永年作物栽培	稲作 マメ科作物、豆類、露地野菜の栽培

出典：Cooper et al. (2009；p.213) より筆者編集・仮訳

にする上で必要である。CooperらはEU加盟8ヶ国の現地調査地域から、13の農業システムを表4のように分類した（Cooper et al., 2009）。この表は環境公共財の供給する農業活動を評価することを目的にしていることから、「その農業システムが集約的生産形態であるか否か」が大きな区分として設定されている。集約の程度を判断する尺度としては、各農業システムで使用した資材の投入水準、単位面積当たりの生産量、または両者を基準にし、また、家畜飼養システムにおいては粗飼料生産面積当たりの家畜の飼養密度を基準にしている。

　8ヶ国の現地で調査を行った8人の専門家がそれらの結果ならびに関連資料に基づいて、この13の農業システムで行われている農業活動の内、10種の環境公共財の中から供給する可能性のある農業活動を特定した。公共財供給の可能性のある農業活動総数は66種に及んだ。それぞれの農業活動は1つまたは複数の環境公共財を供給する可能性があるが、もし10種の環境公共財すべてについて供給する可能性があれば、10点が得点される（Cooper et al., 2009）。得られた66種の農業活動が供給する環境公共財の得点を各農業システム別および環境公共財別に集計し、各農業システムにおける公共財供給の可能性のある農業活動総数と、13の農業システムの中での主要な公共財供給の順位をそれぞれ表5に示した。

　環境公共財供給の可能性のある農業活動総数は、粗放的畑作/牧畜複合システム[1]が最も多く、次いで粗放放牧や林間放牧システムであり、周年舎飼システムは13の農業システムの中で最少であった。また、13の農業システムの中の公共財供給の順位も温室効果ガス（GHG）排出抑制を除いて粗放的畑作/牧畜複合

第3章 EUにおける草地農業のもつ多面的機能の特徴と支援政策

表5 各農業システムにおける13の農業システム内の主要環境公共財供給度数の順位

農業システム	総数	13の農業システムの中の各環境公共財の順位						
		景観	生物多様性	水質	土壌の機能性	GHG排出抑制	炭素貯留	全環境公共財
集約的周年舎飼い	11	12	13	13	13	5	11	13
集約的乳牛/肉牛/羊の飼養	37	4	5	4	4	1	3	4
粗放的野外飼養と林間放牧	46	2	2	4	2	1	2	2
集約的畑作	27	7	7	6	11	7	3	7
粗放的畑作	34	5	4	3	3	5	5	3
集約的畑作/牧畜複合	40	6	6	2	8	1	6	5
粗放的畑作/牧畜複合	57	1	1	1	1	4	1	1
集約的永年作物	25	8	8	11	7	9	5	8
粗放的永年作物	29	3	3	9	5	13	5	6
園芸作物の温室栽培	11	13	12	10	12	9	13	12
園芸作物露地	22	10	11	8	5	9	10	10
稲作	19	8	8	12	8	9	11	11
マメ科作物、豆類、露地野菜	25	11	10	7	8	8	9	9

注：総数とは環境公共財の供給の可能性のある農業活動総数をいう。
出典：Cooper et al. (2009, p.223) の付属表5より筆者が編集・仮訳した。また各環境公共財の順位についても付属表5の数値を使って筆者が独自に計算した。

システムが第1位であり、粗放放牧や林間放牧システムは水質を除いて第2位あるいは第1位であり、周年舎飼システムはGHG排出抑制を除いて、下位グループに入っている。なお、集約的乳牛/肉牛/羊の飼養システムは集約的農業システムのグループではあるが、畑作、稲作、園芸作物と比較すると、13の農業システムの中では上位のグループに入っている。

しかし、13の農業システム全体を通してみると、粗放的農業システムの環境公共財供の程度は集約的農業システムよりも高い。このことから、集約的農業システムは生産効率の面からは有利であるが、環境公共財供給の面では粗放的農業システムより低いことから、農業の集約性を高めることと、環境公共財供給量を高めることとの間には総じてトレードオフの関係が存在する。

第5節　EUの草地農業が環境公共財の供給に及ぼす影響

本節では草地農業が環境公共財の供給に及ぼす影響について、得られた主要な科学的知見の概要を述べる。

第1部　草地農業の多面的機能と支援政策

1．草地農業構造の変化が環境公共財の供給に及ぼす影響

　EUでは乳肉牛の頭数並び飼養戸数は減少しているものの、大規模・集約化した周年舎飼システムは、水系の富栄養化、土壌侵食、生物多様性の消失および温室効果ガス排出量の増加など、環境に悪影響を及ぼしている（Cooper et al., 2009）。乳肉牛頭数が増加し、集約的生産を行っている農場および地域では、とくに水質汚染の影響が拡大している（Baldock et al., 2007）。肉牛飼養密度は1988年以降、EU-15でかなり安定しており、草地・飼料作物畑当たりの飼養密度は約0.55家畜単位/haである。条件不利地域における牛の過少放牧は、生物多様性や草地景観に対して悪影響を及ぼすが（Baldock et al., 2007）、飼養頭数を持続し、適切な管理の下で放牧が継続されていれば、生物多様性や景観にプラスに作用する（Cooper et al., 2009）。

　乳肉牛の集約的生産システムは、土壌侵食と圧密および土壌有機物含有量の減少の面でマイナスの影響を及ぼし（Cooper et al., 2009）、放牧圧が高まると、土壌構造に悪影響をもたらす可能性があり、また、飼料作物の生産は土壌の保全に影響を及ぼす。ヨーロッパの草地の土壌侵食による土壌流出率は、0.3トン/ha/年であり、耕地の3.6トン/ha/年よりもはるかに少なく、草地は土壌を常に被覆し、緊密な根系をもつ草地は土壌侵食と土壌流出を緩和する機能が高い（Peeters, 2012）。

　乳肉牛生産にかかわる温室効果ガス（GHG）は、二酸化炭素（CO_2）、メタン（CH_4）、亜酸化窒素（N_2O）の３種類であるが、牛自体から排出されるGHG、糞尿の排出処理過程から排出されるGHG、飼料生産に係わるGHGなど、さまざまである。しかも、これらのガスは温室効果の大きさとしては同一ではなく、CO_2を１とすると、CH_4は23倍、N_2Oは298倍の悪影響を及ぼす。乳肉牛生産に係わるGHG排出量は、牛の種類、年齢、体重、飼養管理の方法、飼養規模と飼養方法、廃棄物が処理方法および飼料生産方法などによって影響されるので、牛の飼養頭数とGHGの排出量の関係は単純な直線関係でない（Baldock et al., 2007）。このため、牛の飼養システムの違いにともなうGHGの影響を解明するには、飼料生

第3章　EUにおける草地農業のもつ多面的機能の特徴と支援政策

産システムと反芻家畜生産物に関するライフサイクル・アセスメント（LCA）の面から調査する必要があるが、これらのデータは今のところ十分に得られていないので、今後、一層の研究蓄積が必要である（Laidlaw et al., 2012、日本草地畜産種子協会, 2010）。けれども、牛は消化器官から大量のCH_4を排出するので、牛の飼養に伴うGHGの排出の程度を地球レベルで検討する場合、各国の牛の飼養頭数の年次的推移は、GHGの排出量の大凡の動向を知る上で、最も利用しやすい代用（proxy）指標になる（Baldock et al., 2007）。

　肉牛飼養における牛1頭で生産された温室効果ガスを検討すると、生産システムを集約化して生産性を高めれば、肥育期間が短縮することが可能になるので、生産物単位当たりのGHG排出を削減することが可能である。酪農においても、集約化して生産強度を高めると、個体乳量も増加するので、単位牛乳生産量当たりのGHGの排出量は減少すると考えられる（Baldock et al., 2007）。

　粗飼料の種類や品種とGHGの排出量の関係を検討すると、グラスサイレージを使うよりもトウモロコシサイレージを使用し、高栄養で高生産の品種を選定し、搾乳頻度を高くするような飼養システム、すなわち、より少ない頭数で同じ生産が得られるような飼養方式にすると、牛からのメタン排出量を減すことが可能であり（Laidlaw et al., 2012）、高栄養飼料給与の集約システムは、温室効果ガス排出の面では粗放的飼養システムよりも悪影響を軽減することが可能である。

　以上のように、GHGの排出量の評価は単位家畜当たり、あるいは家畜生産量当たりで評価しているのに対して、生物多様性、土水保全機能などの環境公共財の機能評価は面積ベースの評価であり、評価の基準が異なるので、取扱いに注意が必要である。このことは表5に示す集約的舎飼システムにおける環境公共財供給の評価の結果にも反映されている。すなわち、このシステムではGHGの抑制評価の順位は5位で13の農業システムの中で、上位に入っているが、生物多様性、土水保全機能など、面積ベースの環境公共財供給評価の順位はいずれも下位グループに入っていることからも推察することができる。

　酪農部門における糞尿やスラリー貯蔵施設の大型化、そして特定地域に生産が集中する傾向は、堆肥並びにスラリー撒布の投入量を高め、飼料作物栽培の集約

管理を行うことになり、それにともなって、水系などの環境への悪影響を一層、拡大させている（Baldock et al., 2007）。酪農専門農場の飼料面積の約20％が飼料用トウモロコシ畑で構成され、大部分が集約的に管理されるので、飼料畑面積の増加は環境悪化を拡大させている。トウモロコシ生産は土壌侵食に対して脆弱であり、無機質肥料と堆肥の施用は土壌の有機物に影響する。また放牧地での不適切な補助飼料の給与や野外で牛を飼養することなどは、土壌構造にマイナスの影響をもつ可能性があるので、土壌構造への悪影響は、放牧密度によって、大きく左右される。さらに、スチールサイロやスラリーストアーなどの近代的構造物や牧草地から飼料用トウモロコシ畑への転換は、牧歌的景観の価値を低下させている（Cooper et al., 2009）。

集約的周年舎飼方式の酪農場の集団が特定地域に集中すると、アンモニアの揮散量が増加し、大気質にマイナスの影響を与えるが、堆肥やスラリーの貯蔵と散布を適切に管理すれば、アンモニアの揮散量の軽減が可能になる。他方、非集約的放牧システムでは生産が分散されるため、大気質に重大なインパクトをもたらしそうにはない（Baldock et al., 2007）。

永年草地から畑地への転換は、土壌の炭素貯留の減少、水質汚染、土壌侵食、および生物多様性の減少など、環境にマイナスの影響がある。他方、畑地から草地に転換すると、土壌の有機物含量は1.44炭素トン/ha/年のオーダーで増加する。既存の草地では土壌中に炭素を0.52トン/ha/年の割合で有機物として蓄積するが、耕地では反対に炭素0.84トン/ha/年の割合で減少したと報告されている（Peeters, 2012）。

２．草地農業の活動が環境公共財の供給に及ぼす影響

集約的な周年舎飼生産システムからの公共財供給は少ないが、集約的な酪農場であっても、若い雌牛を飼養していれば、生物多様性に良い影響をもたらす可能性がある。その理由は、搾乳牛よりも若雌牛は、高い栄養価の飼料に依存せず、しかも放牧によって、より粗放的に草地を管理することが可能であるからである（Cooper et al., 2009）。また、飼養密度がやや低い低地において繁殖牛や乳牛を

飼養する農場では、牧区の境界に沿った生け垣や石垣、そして小樹林地がある場合が多いが、これらの農場の構成要素は、野生生物の生息地を提供し、生物多様性を高めることが可能である（Cooper et al., 2009）。

永年草地では土壌は耕起と侵食のリスクにさらされず、結果として、永年草地は土壌の機能性を維持する能力が高く、土壌有機物含有量も比較的高く、地中生物相、浸透能力および炭素貯留に有益な影響を与える。そのため、水質汚染の高い脆弱地域では、畑作物生産から永久草地への転換することが望ましい。

放牧圧の低い広大な放牧システムは、農村景観の主要な構成要素であり、またEUの自然的価値の高い（High Nature Value）草地（詳細は第4章1節5項を参照）の維持のために、この放牧システムは重要である（Cooper et al., 2007）。放牧された低木林地、ヒース、低灌木、森林、そして採草地や飼料畑が組み込まれた放牧地主体の農業景観は、EUで最も特徴的な景観である。さらに、スペインのデヘッサなどの林間放牧やスウェーデンからスペイン南部やギリシアまでEUの様々な場所で行われている入会放牧システムは、何世紀もの間、貴重な生物の生息環境を提供している（第4章2節を参照）。

草地は他の作物よりも水資源の水質と利用可能性に良い影響を与える。永年草地は硝酸塩溶出の高いリスクがある地区内の地下水面を保護することが可能である（Peeters, 2012）。永年草地は土壌有機物含量が高いため、有機質窒素を貯留することが可能であり、水中へのN流出のリスクを低減させる。土地利用強度が高まることによって、多くの貴重な植物の種が特定の普通種に置き換えられ、生物多様性に悪影響をもたらしている（Peeters, 2012）。洪水氾濫域の草地は河川の水量が高まれば、水を貯留し、洪水防止に寄与する。また、この草地はオープン景観を維持しているので、火災の危険を低減することが可能である（Cooper et al., 2009）。

準自然草地は多くの場合、自然的価値が高いことが明らかにされているが、農業用地の集約化と放棄の両方向への脅威によって、準自然草地は消失する可能性が最も高い。集約的に管理されている草地は、生物多様性の保持は劣るが、その

他の農業土地利用、例えば、畑作物よりも生物多様性に良い影響を与えると考えられている。

3．草食家畜の生産活動と環境公共財供給との間のトレードオフ

草地農業システムは土壌保全、栄養循環の改善、野生動物の生息環境の提供、美しい農村景観や伝統的農文化、さらに、バイオ燃料生産などの新たなサービスを提供している。しかし、草地農業システムはその他の農業生産システムと同様に、農業者の経済持続性を満たすために必要な生産レベルに達成すると、トレードオフが生じるといわれている（Sanderson et al., 2010）。乳肉牛の生産強度を高め、集約化することは、総じて環境にマイナスの影響を及ぼすことを述べたが、プラスの側面もある。また、個別の農業活動においても、ある環境公共財の供給にはプラスに作用し、別の環境公共財の供給にはマイナスに作用する場合があり、まだ不明な点も多く、今後、さらに事例調査を重ねて行く必要があるが、これまで得られた草地畜産に係わる生産と公共財供給とのトレードオフの主な結果、そして両者のバランスを達成するための研究成果について次に述べる。

（1）乳肉牛生産と廃棄物のトレードオフ

大規模酪農場での集約的生産は、汚染関係でマイナスになることが多いが、プラスの可能性もある。とくに小面積に集中した農場は畜産廃棄物からの汚染リスクを高める可能性があるが、大型施設での作業は廃棄物と他の汚染災害を管理する際に、より効率的になる可能性がある。また、飼料管理活動や堆肥などの栄養物管理の改善は、GHGの排出量を減少させるのにも役立ち、水質と生物多様性にとっても有益な側面もある。しかも大型の施設や機械は、環境への悪影響を低減させるので、投資効果が高いといわれる（Baldock et al., 2007、Sanderson et al., 2010）。このように、大規模酪農場における廃棄物処理やGHGの排出による環境影響の程度は、大規模酪農場での集約的生産にともなう、その他の環境汚染へのマイナスの影響との間にトレードオフの関係がある。

乳牛からのGHGの排出量は肉用牛の排出量の約2倍であり、しかも糞尿など

第3章　EUにおける草地農業のもつ多面的機能の特徴と支援政策

廃棄物量も肉牛よりも多いといわれているので、クオータ制度の下で牛乳生産制限が行われている場合には、個体乳量を高めて、飼養頭数を減らすことは、酪農部門のGHG排出量削減に有効な手段になる（Baldock et al., 2007）。けれども、個体乳量が高まるほど、個体当たりの堆肥中の窒素総量が高まるので、GHG削減と水質などの環境汚染との間にトレードオフが存在し、個体乳量の増加に伴う環境負荷総量は汚染の点では、概ね変わりがない可能性がある（Baldock et al., 2007、Sanderson et al., 2010）。

Sandersonらの報告によると、夏の放牧と冬の舎飼いを組み合わせた酪農の飼養方式は、全期間舎飼いまたは周年放牧をベースにした酪農よりもGHGの排出量は少ない。また、周年放牧方式は周年舎飼方式よりもCO_2の排出量は低いが、N_2Oの排出量が高くなったため、周年放牧方式のGHGの排出量は、周年舎飼方式よりも、若干、低下するだけであったと報告されている。けれども、放牧ベースのシステムは、周年舎飼システムと比較すると、GHG排出量を最小にすることが可能になるが、周年舎飼よりも農場の収益性が減少するので、GHG排出量と収益性の間にトレードオフが存在するといわれている。

（2）粗飼料生産活動と温室効果ガスのトレードオフ

粗飼料のタイプの違いと牛の消化器官からのメタン発生量の関係を検討すると、セルロース含有量の高い粗飼料を採食した反芻家畜は、セルロース含有量の少ない粗飼料を採食するよりもメタン発生量が高まる。この結果から、粗放放牧される準自然草地は、集約的に放牧される改良草地よりも飼草のセルロース含有率が概して高く、また、生育も進むため、準自然草地に放牧された乳肉牛の単位生産量当たりのGHG排出量は、改良草地に放牧された乳肉牛よりも高まることが報告されている（Cooper et al., 2009）。

次に草地のタイプの違いや農業活動が土壌への炭素蓄積量に及ぼす影響を検討すると、ヨーロッパの準自然草地の優占種は、我が国の準自然草地の優占種のススキやシバのように、大量の地下茎を有するタイプが少ないため、改良草地と比較して、土壌炭素蓄積量が少ないことが多い（Cooper et al., 2009）。この理由は、

改良草地のバイオマス生産速度が準自然草地よりも高いため、地下部生物量と土壌有機物の蓄積量も準自然草地より高くなるためである。このように、欧州の改良草地の炭素貯留能力は準自然草地のそれよりも優れているが、生物多様性保持能力は準自然草地の方が高いので、両者の関係は逆転し、トレードオフが存在する。また、草地はいずれのタイプにおいても、耕地よりも土壌への炭素貯留能力が高いが、草地を耕起すると、耕起直後に土壌から急激に炭素が放出され、炭素蓄積量は大きく減少する（Laidlaw et al., 2012）。そのため、草地を全面耕起法で更新したり飼料畑に転換して粗飼料の生産性を高める農業活動は、土壌の炭素蓄積量との間にトレードオフが存在する。

（3）同一草地管理活動内における環境公共財供給のトレードオフ

Keenleysideらは参入レベルの農業環境スキーム（Agri-environment Scheme）の中の63の農業管理活における各環境公共財供給の程度について調査した（Keenleyside et al., 2011）。その中で草地と準草地の区分における管理活動

凡例
++：直接貢献の可能性あり
+：間接貢献の可能性あり
□：貢献の可能性なし
■：悪影響を与える可能性あり

管理活動区分	管理活動	生物多様性	農業景観	水質	水の利用性	土壌の機能性	気候変動緩和	気候変動適合	洪水防止	火災防止
草地と準自然草地の管理	永年草地の維持	++	++	+	+	++	++	++	++	++
	伝統的管理（草地）	++	++	+	+	+	+	++	++	+
	放牧システム	++	++	++	□	+	+	++	+	□
	泥炭採取規制	++	++	++	□	++	++	++	++	□
	無放牧	++	++	+	□	+	++	++	+	■
	機械の無使用	++	++	+	□	++	+	++	□	□
	低木と侵入植物の制御	++	++	□	□	□	■	++	□	++
	火入れの制御	++	++	■	□	■	□	++	□	++
	管理日の規制（草地）	++	+	+	□	+	□	++	□	□
	放牧看視	++	++	□	□	□	+	++	□	+
	乾燥調製	++	++	□	□	□	□	++	□	□
	無刈取り	++	++	□	□	□	□	++	□	■
	刈取り方法	++								
	特定の牧草または播種方法	++					++			

図2　永年草地と準自然草地における管理活動と環境公共財供給の関係

出典：Keenleyside et al., (2011, p.9) より筆者編集・仮訳

第3章　EUにおける草地農業のもつ多面的機能の特徴と支援政策

と公共財供給の関係を図2に示した。同図に示すように管理活動によって公共財供給の程度は異なり、また同一の管理活動であっても環境公共財の種類によって供給がプラスの場合とマイナスの場合があり、環境公共財の種類間でトレードオフが生じる。

（4）トレードオフを緩和し、費用効果の高い草地管理技術を開発する

　EUの絶滅危機種の蝶に指定されているゴマシジミは、採草地に生育するワレモコウに産卵し、幼虫期を草地で過ごすが、ゴマシジミの産卵と成長を保護するために刈取り時期を遅らせると、牧草の栄養収量が低下し、農業者は収益が減少する。そのため、ゴマシジミを保護しようとすれば、その収益の減少分を補償しなければならない。このトレードオフの関係に基づいて、Sandersonらは補償費の範囲内でゴマシジミの個体数を最も効果的に保全する採草地の刈取り時期を決定し、環境保護と経済の調和を図る生態経済学モデルを開発している（Sanderson et al., 2010）。

　このように、環境公共財の供給と農業生産の収益性を調和させ、費用対効果の高い管理技術を構築するために、今後、その他の事象についても、このようなモデルの開発が必要であり、また、このような様々なレベルにおけるトレードオフと経済的利益を考慮に入れた総合的評価が必要である（Cooper et al., 2009、Laidlaw et al., 2012）。

第6節　環境公共財供給の高い農業活動を支援するための政策作成プロセス

　冒頭のべたように、「農業は農畜産物を生産するばかりでなく、市民にとって重要な、きれいな水と大気、そして美しい景観などを提供している。しかし、一般市場ではこのような公共財の供給に対して評価が行われていない。そのため、このような農業活動を行っている農業者を農業政策として支援する必要がある」ということを根拠に、欧州委員会などEU組織は農業活動が環境ならびに公共財

第1部 草地農業の多面的機能と支援政策

供給に及ぼす影響を科学的データに基づいて支援政策に反映させようと、欧州環境政策研究所（Institute for European Environmental Policy：IEEP）などの研究機関に調査を依頼している。本節では環境公共財供給の高い農業活動を支援するための政策作成プロセスを調査したIEEPの報告書を基に、その概要を紹介する。

1．公共財の需給関係

　一般市場での商品の需給関係とは異なり、市場での売買が行われない公共財の需給関係は理解しにくい。第1節で述べたように、公共財は環境的公共財と社会的公共財に分類されるが、いずれにおいても、公共財の供給は経時的に変化し、さまざまな要素が農業生産と土地管理に影響を及ぼすので、それにともなって、公共財の供給にも影響を及ぼす。そのため、公共財供給の高い農業システムや農業活動を導入しようとする農業者は、それによって農産物から得られる収益が減る可能性があるので、農業者は直ちに、その新たな農業システムや農業活動を受け入れようとはしないであろう。そのため、行政機関は公共財を供給する農業者への政策介入を行うとともに、その損失を補償する直接支払による誘因が必要である（Cooper et al., 2009）。他方、公共財を求める社会的需要の規模も経時的に変化し、公共財の需要は経済的、政治的、社会的および文化的な要素、さらには

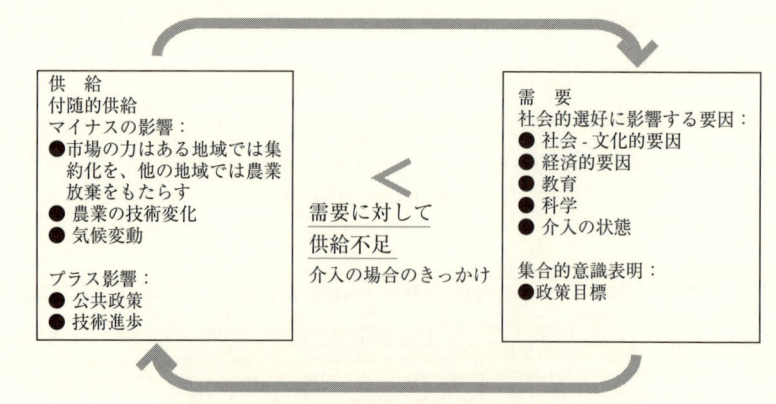

供　給		需　要
付随的供給 マイナスの影響： ● 市場の力はある地域では集約化を、他の地域では農業放棄をもたらす ● 農業の技術変化 ● 気候変動 プラス影響： ● 公共政策 ● 技術進歩	需要に対して 供給不足 介入の場合のきっかけ	社会的選好に影響する要因： ● 社会 - 文化的要因 ● 経済的要因 ● 教育 ● 科学 ● 介入の状態 集合的意識表明： ● 政策目標

図3　環境公共財の供給と需要に影響を及ぼす要因

出典：Cooper et al.（2009, p.64）より筆者編集・仮訳

環境に対する社会的選択に影響を及ぼす制度上の要素がさまざまに結びついている。これらの社会的選好（social preference）は、国や地方の文化に組み込まれた価値体系が反映されているが、個人個人で異なる。そのため、公共財の供給量とその公共財に対する社会的需要量の関係は動的関係にあり、また、地理的・文化的にも固有であるが、Cooperらはこのような農業にかかわる環境公共財の需給関係を図3に表わしている。なお図3は社会的公共財についても同様に適用可能と考えられるが、社会的公共財の供給に関する調査事例は少ないので、Cooperらは環境公共財のみに止めて報告している。

2．農業活動が環境公共財の供給不足をもたらしている証拠

農業全体および草地農業が環境公共財の供給に及ぼしている状況については、第2節および第5節にそれぞれ説明したように、農業活動が環境公共財の供給に影響を与えている状況証拠はかなりある。しかし、これらの状況証拠を数値として示さなければ、EU社会全体からの理解が得られにくい。このため、EUでは加盟国共通のモニタリングと評価の枠組み（Common Monitoring and Evaluation Framework：CMEF）や欧州環境庁の環境指標（Indicator Reporting on the Integration of Environmental Concerns into Agricultural Policy：IRENA指標）を開発し、環境公共財供給の程度を示す多くの指標を提出している。また、環境公共財供給の状態に関するデータベースも組織的に整備され、環境公共財の供給の状態を示す数量化が進展している（Cooper et al., 2009）。これらの環境指標とデータベースから、EUの農業によって受けた多くの環境媒体の状態は大規模に劣化し続けており、環境公共財に対する社会の需要の規模に比べると、環境公共財の供給は多くの場合、不足していることが明らかにされている（Cooper et al., 2009）。

EUの農業構造変化が公共財供給不足をもたらしている状況をHartらは次のようにまとめている。「かつては、農業生産と並行して多くの公共財がかなり容易に供給されたが、その後の農業技術の進歩、市場および政策の発展は、EU-27の多くの地域で農業用地を、より一層、集約的利用に変化させた。その原因は農場

第1部　草地農業の多面的機能と支援政策

の規模拡大で、より一層、生産性の高い効率を求めるようになり、他方、非生産的な地域では農業経営の一層の悪化や労働力不足にともない、土地利用の限界地化あるいは土地利用の放棄の現象が認められ、農村地域生態系の景観に大きな構造変化が同時並行的に進んでいる。このような構造変化は、生物の種数の減少と生息地の価値に悪化をもたらし、また、農業景観の均質化、多くの地域の水不足、土壌侵食や土壌有機物の消失などによって、重大な問題を増幅させている（詳細は本章第5節を参照）。さらに遠隔地では、農村から都市に人口流出が一層、進み、しかも高齢化によって、地域サービスと生活基盤を得ることが難しくなり、農村社会と、地域の文化的遺産や伝統への活力に打撃を与えている（Hart et al., 2011）。」

　このように、EUの農業は、環境公共財の供給ばかりでなく、社会経済的公共財の供給にも悪影響を与えている、すなわち供給不足をもたらしている証拠を提出している。

3．EUにおける公共財の需要の証拠

　農業が供給した公共財に対してEUの需要の規模を評価することは難しい。公共財の非排除性の特性は市場形成を難しくしているので、市民としての消費者は特定の公共財の需要規模を表現することができる政策プロセス以外に正式な手段がない（Cooper et al., 2009）。その他の需要の規模を示す証拠の1つの情報源としては、個人的選択または環境への態度を調査する方法がある。例えば、国立公園への訪問者数や環境保護団体の会員数などのような、態度調査と仮想評価調査を通して需要を捕える方法であるが、この方法は「公共財に対する社会全体（common）の需要規模を表す手法として、個人的選好を集計した結果を採用することは非常に問題が多い」とHartら（2011）は述べている。これに対して、前述の政策プロセスに基づく方法は、EUレベルの農業景観、生物多様性、水質、水資源の利用性、土壌の機能性、気候の安定性、大気質などの環境公共財に係わる国際協定、EU指令およびEU行動戦略などの文書の中に正式の目標、目的が明確に記述されているので、これらの目標、目的からEUや国レベルの環境公共財

表6　EUの公共財供給に関係する法規および政策措置の目的

公共財	法的/政策的目的の概要
気候の安定性	EUの温室効果化ガス排出を2020年までに1990年レベルの少なくとも20％低いレベルまで削減することに貢献する（EU 気候とエネルギーのパッケージ、2008）。EUレベルで農業に対する特定分野の量的目標はない。
生物多様性[2]	2020年までにEUの生物多様性の……消失を止め、そして可能な限り生物多様性を回復する（2010年3月15日の欧州理事会決定）。
水資源の水質	水質の状態を改善し、水域生態系と関連沼沢地の更なる劣化を防ぐために……、水質汚染を低減し、そして2015年までに、全ての水域の良好な生態的状態を達成する（水枠組み指令（Water Framework Directive）2000/60/EC）。
水資源の利用可能性	水の持続可能な使用を促進し、干ばつの影響を緩和する（水枠組み指令2000/60/EC）。
土壌の機能性	正式なEUの目的はない。派生目的：侵食、劣化、汚染、および砂漠化など、さらなる土壌劣化を防ぐことによって、土壌の持続可能な利用を保護し、確実にする（土壌保護に関するテーマ別戦略（Thematic Strategy for Soil Protection）COM（2006）231決定、6EAP1600/2002/EC より）。
大気質	酸性化、富栄養化および地表面オゾン汚染の原因となる4つの汚染物質（二酸化硫黄、酸化窒素、揮発性有機化合物およびアンモニア）の総排出量に対する各加盟国が2010年に定めた規制に順守する（国別排出上限指令（National Emissions Ceiling Directive2001/81/EC）。 すべての媒体（空気、土地および水）への排出を防止するまたは最小にすることによって、全体で環境を保護する（産業排出指令（Industrial Emissions Directive）2010/75/EU）。
洪水と火災に対する防災力	洪水の確率と洪水の潜在的影響を減少させる（洪水指令（Floods Directive）2007/60/EC）。
文化的に評価された農業景観	正式なEU目的はない。派生目的：EUの伝統的な農業景観を保護・向上させ、景観の構成要素の特徴を維持する。また景観価値の高い地区を保存し、適切に回復する（6EAP1600/2002/EC より）。
農村の活力	経済的、社会的および地域的に結束を強化し、また様々な地域の発展レベルと条件不利益地域の後進性の間の不一致を少なくする。当該地域の間では、とくに農村地域に注意を向けなければならない（EUの機能に関する条約（Treaty on the Functioning of the European Union）の統合版の第174条）。
農場のアニマルウェルフェア	EUと加盟国がとりわけ農業政策を参照して、「家畜の福祉要件に対して十分に配慮すること」を要求しているTEU（リスボン条約：Lisbon Treaty）の第13条以外の正式な目的はない。派生目的：農場アニマルウェルフェアについての市民の関心に沿って保護のレベルを達成する（アニマルウェルフェア戦略草稿）。特定の法的必要条件が豚、子牛、および産卵鶏に対して存在している。
食糧安全保障	正式なEU目的はない。派生目的：将来持続可能な食糧生産のためのしっかりした資源ベースを維持する。

出典: Hart et al.（2011, p.26）より筆者編集・仮訳

の需要に対する規模がわかる。したがって、「政策決定プロセスによって決定される政策の目的や目標は、社会の集合的な需要表現の代用として使用可能であり、そのため公共財の供給の社会的に望ましいレベル、あるいは社会的に最適のレベルを特定することに使用できる」と、Hartらは述べている。その主要な法的または政策的な目的または目標のイメージをつかむために、それらの目的や目標のいくつかを圧縮して表6に示す（詳細はCooperら（2009, pp.273-276）を参照）。

第7節　2014年CAP改革―グリーニング措置―

第5節で述べた環境公共財供給の高い農業活動を支援するために、欧州委員会は第6節の政策作成プロセスならびに農業活動と公共財供給の関係を示すデータベースを活用して、2014年から2020年までのCAP改革について提案している。その中核的達成目標は、EU全体を通して農場に関する環境上の土地管理の質を大きく高めること、すなわち、これまで以上に農業から環境公共財の供給を高める「グリーニング（greening）」が目的であり、そのために直接支払を受け取る

表8　欧州委員会のグリーニング措置による考えられる効果の評価

グリーニング措置	生物多様性				水	
	植物	野鳥	哺乳動物	無脊椎動物	流水	水質
永年草地の維持						
準自然草地	+++	+++	+++	+++	+++	++
集約的に管理された永年草地		+/++	+	+	++	++
環境重点用地：以下の用地要素の組み合わせで構成される資格のある面積を7％、設ける						
休閑地－刈り株/再生した被覆	+	++	+	+	−	++
休閑地－植被				+	++	+
圃場角/未耕作のパッチ	+	+	+	+	+	++
準自然植生の生息地のパッチ	+++	+++	+++	+++	+++	+++
植林地	+/−	+/−	+/−	+/−	+++	+++
排水路	+	+	+	+	+++	
テラス	+	+	+	+	++	++
樹木（孤立樹木、線状樹林地）		+	+	++	+++	++
野草植生帯	++	+	+	++	++	+++
緩衝帯（牧草）	(+)	+	+	+ (++)	+	++

注：+++ 効果の可能性が高い、++ 効果の可能性が中程度、+ 効果の可能性が小さい、空白 効果がない、− マイナスの効果の可能性がある、−− かなりのマイナスの効果の可能性がある。
出典：Hart ら（2013, p.7）より筆者抜粋・編集・仮訳

第3章　EUにおける草地農業のもつ多面的機能の特徴と支援政策

表7　欧州委員会が提案するグリーニング措置

措置	欧州委員会の提案で述べている要件
作物の多様化	－3種類の異なる作物を3ha以上の畑地で栽培する －この3種類の作物は5%以上の被覆がなければならない、しかも、主要作物は耕地面積の70%以上を被覆してはいけない
永年草地(3)	－2014年に申告するときの農場の永年草地面積の95%を維持すること
環境重点用地	－環境重点用地として農場の（永年草地を除いた）7%を管理しなければならない。 －その7%は、以下のことを含めて様々な要素で構成することができる。 ・休耕地 ・テラス ・景観構成要素、例えば、生垣、池、側溝、線状樹林、孤立樹または小樹林地、圃場の縁 ・緩衝帯――緩衝帯では農業生産を行わない ・欧州農業農村振興基金（EAFRD）から資金を供給する造林区

出典：Hart et al.（2013；p.5）より筆者編集・仮訳

要件として、すべての農場は「気候と環境に有益な農活動」を提供しなければならないことである（Allen et al., 2012）。欧州委員会の提案は、EUの気候と環境の環境目的に寄与するために、第1の柱の直接支払のグリーニングを目的にした3つの措置が入っている（表7）。同表の措置の中に永年草地の維持の項目があるが、EU域内で公共財供給の優れている永年草地の面積が減少していることから、

（表8の続き）

	土壌		気候変動	景観
侵食防止	肥沃度	土壌有機物	気候変動緩和	多様性と特徴
+++	+++	+++	+++	+++
++	+	++	+	++
+	+	+	+	+++
++	+++	++	++	+++
+	+	+++	++	+++
++	+++	+++	+++	+++
++	+/?	+++	+++	+++
				+++
+++				+++
+++	+	+++	++	+++
++	++	++	++	+++
++	+	++		+++

それを阻止することが背景にある（詳細は後述）。

この措置において重視していることは、畑地と永年作物の対象となる面積の7％の面積に環境重点用地（Ecological Focus Areas: EFA）を設けることであり、農村のさまざまな環境問題の取組に対して最も大きな可能性があると述べている。しかし、牧場内にもこれらの構成要素や飼料作物畑が入っているが、現時点では支払を受ける対象になっていない。そのため、この点に関してEUの関係研究者からも疑問が出されているので（Peeters, 2012）、今後どのような取扱いになるかは、現時点では明らかではない。けれども、これらの構成要素は公共財供給にプラスに作用すると思われるので、我が国の草地や飼料作物畑に関係のある要素について、欧州委員会が提案した永年草地と環境重点用地の中から抜粋して、表8に示した。

表8を活用すると、我が国のように、小規模な畑地、草地、林地などの複数の農業用地がモザイク的に構成されている地域では、環境公共財供給の高い永年草地や準自然草地、さらには環境重点用地に示す公共財供給機能の高いこれらの農業構成要素を適切に組み合わせることによって、地域全体として環境公共財供給を高めることが可能になる。

第8節　2014年CAP改革における主な指摘事項

表7に示したように、2014年CAP改革の中核部分はグリーニング措置であるが、グリーニング措置は第1の柱の直接支払を受けるためのクロスコンプライアンス要件の上に、第2の柱の農村振興政策の農業環境関連事業から支援を受け取るために実施する農業活動要件を積み上げたものになっている。これによって、第1の柱に移行した農村振興政策の中の農業活動要件は第2の柱から除外され、農村振興政策はこれまでよりも、さらに高度な農業環境便益を提供し、全体として農業から環境公共財の供給を一層、高まることが想定されている（Allen et al., 2012）。このため、農村振興政策における農業環境施策の対象になっていない集約的農業生産地域における環境基準強化の意義が大きいといわれている（平澤,

2013)。しかし、条件不利地域など非集約的生産地域の農業者にとってはあまりメリットがなく、草地農業に係わる関係研究者や、「自然保護と牧畜に関する欧州フォーラム（European Forum on Nature Conservation and Pastoralism：EFNCP）」[4]などのNGO組織からも問題が指摘されている。それらの内容を要約して下記に示した。

1．準自然草地に対する支援

　欧州委員会は当初、永年草地の中に準自然草地を支援の対象にしていなかったが、準自然草地である粗放放牧地も、歴史的放牧地（historical pasture）という名称の下で維持の対象として提案している。けれども、補助金支給率に削減係数を設けることができるという条項が加えられている（平澤, 2013）。しかも、同じ粗放放牧地であっても、個人所有の土地でなく、入会放牧を利用する農業者への支援は定かではなく、2014年以降のCAP計画では現在よりも、さらに入会放牧地の維持管理にとって不利になることが懸念されている（EFNCP, 2011）。しかし、入会放牧地（common grazing）は欧州には少なくとも8千万haもあるといわれ、スウェーデンからスペインの南部とギリシアまで何世紀もの間、ヨーロッパの様々な場所で使用されており、貴重な生物が生育・生息し、生物多様性に富んだ生態系である（Peeters, 2012）。

2．自然的価値の高い農地への支援

　グリーニングの構成要素には個人的土地への支援ではなく、自然的価値の高い（High Nature Value：HNV）農業システム[4]など、環境公共財とサービスを提供するような農業システムを優先的して支援する必要がある（第4章1節5項を参照）。これらの自然的価値の高い農地（High Nature Value farmland）を維持することは、低収益性によって脅かされており、HNV農地は小規模農場主が管理しているが、彼らを支援する必要がある。けれどもECの計画では、HNV農地に対する支援は十分に考慮されていない。EUで生物多様性の速い侵食を与える場合、「永年草地と準自然草地」への支援は、伝統的に放牧されている低木そ

して/または、樹木が優占している生態系を含める必要がある。具体的には、Natura 2000[2]地区内外の準自然草地の維持と回復そして、それらの存続を保証するHNV農業システムを支援する必要がある（Peeters, 2012）。

3．公共財供給のための新たな市場パラダイムの構築

これまでのCAP制度は農業者のための補助金を支給するための基準を公共財を市民に供給するという大義の下に制度を構築してきたが、限界があり、従来のCAPの農家個人への補助金制度から公共財供給のための新たな市場パラダイムを構築することが必要である。そのためには、第2の柱の農業環境政策を民間主導、創造性、および効率をベースにしたシステムを開発し、農村の環境保全機能を向上させ、田園生活を刺激し、さらには、新しい雇用を創出する政策に改変する必要がある（Peeters, 2012）。

4．CAP政策措置の簡素化

EUは2003年以降、多額の予算を使い、農業から公共財供給を高めるために、さまざまな政策措置を行い、これらの政策措置を実施する農業者に対して多くの補助金を支払っているが、担当行政機関はこれらの支払金額に見合うだけの適正な価値の農業活動を行っているか否かの判定を行う必要がある（Cooper et al., 2009）。そのため、EUは多くの経費ならびに要員を投入して、これらの判定を行ってきた長い歴史がある（是永東彦, 2012）。ちなみに、フランス、アイルランド、オランダおよびスペインのこれらの環境に係わる農業者の活動が適正に行われているか否かを判定し、それによって補助金を支給する事業制度数は、1ヶ国平均で17件にも達する（Hart et al., 2013）。また、農業者が適正農業活動規範（Good Agricultural and Environmental Condition：GAEC）を適切に実施するためには、農業者に研修と助言も不可欠であり、これもまた多くの要員と経費を必要とするため、CAP政策の簡素化が求められている。現在、農業環境スキームの環境に係わる事業制度の一部を第1の柱のグリーニングとして利用可能であるか否か（同等性）を検討しているのも、その簡素化に向けた一環としての調査である

(Hart et al., 2013、Keenleyside et al., 2011)。しかし、いずれにしてもEUのような補助金支払の制度の実施および補助金支払の際に、適切に農業活動を行ったか否かを判定する業務を我が国において導入することは、一朝一夕では達成できるものではない。

おわりに

　草地農業は様々な公共財を供給するが、農業活動の違いによって環境および公共財供給に及ぼす影響も異なる。また、農業システムあるいは農業活動が供給する公共財は1つではなく複数であることが多く、しかも、ある公共財供給にはプラスに働くが、他の公共財供給にはマイナスに働く場合がある。さらに、公共財供給にはプラスに働くが、経済的利益の点ではマイナスになる農業システムや農業活動があり、いわゆるトレードオフの関係があるので、単一の農業システムあるいは農業活動だけで解決できるものではない。そのため、より広い範囲の生態系において、農業システムおよび農業活動の最適なバランスをとることが求められる。

　準自然草地は生物多様性の保全機能など、公共財供給機能の高い生態系であり、畜産物や遺伝資源などの財を供給する機能、土壌形成、炭素固定などの生態系維持機能、温室効果ガス排出軽減などの調整機能、グリーン・ツーリズムなどの文化的機能などさまざまな機能を有する生態系である（Hopkins, 2009）。このように準自然草地は公共財供給にとっては極めて重要な土地資源であるにもかかわらず、2014年CAP改革計画におけるグリーニング措置では集約的農業を営む農業者にはメリットがあるが、粗放的農業を営む農業者にとって、どのような影響があるのか定かではなく、とくに入会放牧地を利用している農業者にとっては不利になることが懸念されている。さらに、このCAP改革によって、市民が農業から供給される公共財を享受できるのか、農業者への所得支援のためだけの改革に終わるのではないかといった懸念が持たれている。このことは、公共財供給の高い農業活動を支援するために、第6節で述べた政策作成プロセスとは違った視点、

第1部　草地農業の多面的機能と支援政策

すなわち市民の目線からみた農業のもつ多面的機能の評価とそれを支援の取組が必要になると思われる。そこで、次章ではこの点を入会放牧地の多面的機能に焦点をあてて明らかにする。

注
（1）調査した粗放的畑作/牧畜複合システムは、ルーマニアにおける小規模な畑作と伝統的牧畜を組み合わせたモザイクのHNV農地であり、そのHNV農地の景観とそこから供給される環境公共財の内容については、この調査報告書のFig.3.5に簡潔に説明されている（Cooper et al., 2009；p.42）。
（2）生物多様性の減少を阻止する政策措置として、CAPの措置の中にNatura 2000ネットワークを設け、現在、EU-25の加盟国に23,685のサイトを指定した。その面積は陸地面積の79万km^2に達する。EU-25のNatura 2000指定サイトの中の約15万km^2は農業管理下にあり、これらのサイトは放牧地が優占し、植樹園作物または潅漑された耕地の面積は僅かであり、EU-27の全草地面積に占めるNatura 2000の草地地面積割合は18％を上回り（Cooper et al., 2009）、粗放的利用の草地は生物多様性の保全にとって重要であることを示している。
（3）欧州委員会が提案する永年草地とは、自然（自生）または栽培（播種）したイネ科草またはその他の草本を育てるために使用した土地を指すが、これらの飼草の栽培は輪作、すなわち耕起しないで5年間以上、利用を続けている草地である。また牧草と他の草本の飼草とは、草食家畜に使用されるか否かに関係なく、通常、自然放牧草地または加盟国の放牧地または採草地の混合種子を含む、在来の草本植物の全てと広く捉えている（Allen et al., 2012）。
（4）自然的価値の高い農地に関する政策は、農業環境技術研究所の月刊ウェブマガジン「農業と環境」のNo.58「欧州環境庁と国連環境計画欧州地域事務所の共同報告書（自然的価値の高い農地―その特徴、動向および政策課題―」で詳しく説明されている。また、本資料には「自然保護と牧畜に関する欧州フォーラム」などの関連組織や、ここで使用している農地（farmland）の定義なども記述されており、本政策を理解する上で参考になる。(http://www.niaes.affrc.go.jp/magazine/mgzn058.html)

参考文献
Allen, B., A. Buckwell, D. Baldock. and H. Menadue (2012) Maximising environmental benefits through ecological focus areas. Institute for European Environmental Policy, http://www.ieep.eu/assets/949/IEEP_2012_Delivering_environmental_benefits_through_ecological_focus_areas.pdf（Retrieved November1, 2013）.
Baldock, D., K. Hart and M. Scheele (2011) Public goods and public intervention in agriculture, European Network for Rural Development, http://www.ieep.eu/

assets/740/Public_Goods_Brochure_231118_-_FINAL.pdf (Retrieved November1, 2013).

Baldock, D., J. Bartley, M. Farmer, K. Hart, V. Lucchesi, P. Silcock, H. Zobbe and P. Pointereau (2007) Evaluation of the environmental impacts of CAP (Common Agricultural Policy) measures related to the beef and veal sector and the milk sector., IEEP and Oréade-Brèche Sarl, http://www.ieep.eu/assets/375/beef_dairy_eval.pdf (Retrieved November1, 2013).

Cooper, T., K. Hart and D. Baldock (2009) Provision of public goods through agriculture in the European Union. Institute for European Environmental Policy, http://ec.europa.eu/agriculture/analysis/external/public-goods/report_en.pdf (Retrieved June 8, 2013).

EFNCP (2011) Common grazing - more disadvantage for HNV farmland in the new CAP? http://www.efncp.org/download/sibiu/common-grazings-poster.pdf (Retrieved September 12, 2013).

Hart, K. and H. Menadue (2013) Equivalence mechanisms used for complying with greening requirements under the new Common Agricultural Policy (CAP), Institute for European Environmental Policy, UK, http://www.eeb.org/EEB/?LinkServID=1D70708B-5056-B741-DB848681D1030288&showMeta=0 (Retrieved September 12, 2013).

Hart, K., D. Baldock, P. Weingarten, B. Osterburg, A. Povellato, F. Vanni, C. Pirzio-Biroli and A. Boyes (2011) What tools for the European agricultural policy to encourage the provision of public goods european parliament policy department B., http://www.ieep.eu/assets/835/PG_FINAL.pdf (Retrieved December 16, 2012).

Hopkins, A. (2009) Relevance and functionality of semi-natural grassland in Europe-status quo and future prospective. International Workshop on the SALERE-Project 2009, http://www.salvereproject.eu/downloads/workshop_may_2009/SALVERE_May_2009_hopkins.pdf (Retrieved September 11, 2013).

Hopkins, A. (2008) Country pasture/forage resource profiles: United Kingdom (Retrieved September 12, 2013).

Keenleyside, C., B. Allen, K. Hart, H. Menadue, V. Stefanova, J. Prazan, I. Herzon, T. Clement, A. Povellato, M. Maciejcza and N. Boatman (2011) Delivering environmental benefits through entry level agri-environment schemes in the EU, Institute for European Environmental Policy, http://www.ieep.eu/assets/896/IEEP_Entry-level_AE.pdf (Retrieved September 12, 2013).

Laidlaw, A. S. and L.B.J. Šebek (2012) Grassland for sustainable animal production, *Grassland Science in Europe*, 17, Proc. 24th, European Grassland Federation,

pp.47-58, http://www.europeangrassland.org/fileadmin/media/EGF2012.pdf（Retrieved August 13, 2013）.
Peeters, A.（2012）Past and future of European grasslands - The challenge of the CAP towards 2020. *Grassland Science in Europe*, 17, Proc. 24th, European Grassland Federation, pp.17-32, http://www.europeangrassland.org/fileadmin/media/EGF2012.pdf（Retrieved February 24, 2013）
Sanderson, M.A. and F. Wätzold（2010）Balancing trade-offs in ecosystem functions and services in grassland management, *Grassland Science in Europe*, 15, Proc. 22th, European Grassland Federation, pp.639-648, http://www.europeangrassland.org/fileadmin/media/EGF2010_GSE_vol15.pdf（Retrieved March 15, 2013）.
Wilkins, R. J., A. Hopkins and D. Hatch（2003）*Grassland in Europe*（Review）, *Grassland Science*, 49（3）, pp.258-266.
平澤明彦（2013）「CAP改革を巡る議論の現状と方向」『平成24年度海外農業情報調査分析事業（欧州）報告書』農林水産省、http://www.maff.go.jp/j/kokusai/kokusei/kaigai_nogyo/k_syokuryo/pdf/eu_cap.pdf（2013年9月12日アクセス）。
是永東彦（2012）「2014年以降のCAP改革の動き」『海外農業情報調査分析事業欧州地域事業実施報告書（平成23年度）』農林水産省、http://www.maff.go.jp/j/kokusai/kokusei/kaigai_nogyo/k_syokuryo/h23/pdf/europe1.pdf（2013年9月12日アクセス）。
日本草地畜産種子協会（2010）「自給粗飼料生産による温室効果ガス削減—環境に配慮した草地飼料畑の持続的生産体系調査事業（普及版）」http://souchi.lin.gr.jp/skill/pdf/jikyuusoshiryo.pdf（2013年7月28日アクセス）。

第4章　EUにおける入会放牧地の多面的機能の特徴と地域的支援の取組

三田村　強

はじめに

　第3章の冒頭で述べたように、EUは2003年以降、多額のCAP予算を使って、環境に配慮した農業活動を行う農業者を支援してきた。しかし、このような公的支援を直接、享受していない市民からは、「なぜ、多額のCAP予算を使って農業者を支援するのか」という疑問がもち上がり、この疑問に答えるために、欧州委員会は「農業は単に食料を供給するだけではなく、水、大気、土壌、そして野生生物の生息環境の保全など、人間の生活に欠かせない公共財を提供しているが、これらの公共財は、市場に届けることが不可能であり、評価もされていない。そのため、このような公共財を供給している農業者に対して公的支援を行わなければならない」と主張し、広く社会に理解を求めてきた（Baldock et al., 2011）。さらに、2014年のCAP改革では、農業による公共財供給を促進するための政策措置に予算を一層、重点配分する計画である。しかし、この支援計画は集約農業を行う農業者にはメリットがあるが、条件不利地域における粗放的土地利用の農業者にとってはメリットが少なく、とくに、入会放牧地を利用している農業者への補助金の受給率が低いため、この入会放牧地の維持管理が難しくなることを関係者は懸念している。また、市民からすると、「この改革によって公共財供給が促進され、環境の改善が実感できるのか、単に農業者を支援するための理由づけにしか過ぎない改革ではないか」という疑問も生まれている（平澤, 2013）。このような疑問が生まれたのは、Hartらが第3章6節3項で述べているように、「公共財への需要の程度を判定する尺度として、国立公園への訪問者数、環境保護団体

の会員数などのデータを集計する個人的選好を集計する方法は、公共財の社会全体（common）の需要規模を表現する方法として使用することには非常に問題があり、国際条約やEUレベルの環境目的や目標に照らして判定する方法の方が社会全体の需要規模を表している」としたことが原因である（Hart et al., 2011a）。確かに、Hartらのこの公共財需要の尺度は、EU全体、あるいは国全体の需要量を判定する際の根拠としては論理的であるが、グリーン・ツーリズムなどのように、農業・農村から癒しを求める場合には、個人的選好を集計する方法、いわゆる市民の目線からみた公共財への評価がより重要になる。

そこで、本章の第1節では、かっての英国市民が田園から癒しを求める、そのルーツともいえる入会放牧地（common grazing）の利用状況と、その多面的機能の特徴と、それを支援するプロジェクト研究を紹介し、第2節では、EUの山地に展開する入会放牧地システムを核とする山地草地農業の持つ多面的機能の特徴を、第3節では、EUの入会放牧システムが山地の地域社会の活性化に果たす役割を明らかにする。そして第4節では、第3節までにおいて検討した、EUにおける入会放牧地のもつ多面的機能の結果を参考にして、我が国における公共草地の多面的機能強化の必要性について考察し、前章の冒頭で述べた、前章と本章の達成目標「我が国の草地農業から公共財供給を促進するために、どのような取り組みが必要であるか」という問題を解決する糸口とした。

第1節　英国の入会放牧地の多面的機能の社会的評価と地域的支援の取組

ロンドンオリンピックの開会式のメイン会場では、英国の牧歌的な風景を楽しんでもらおうと、羊や馬が放牧された田園風景を演出した。このことからもみられるように、英国の国民にとって田園は、野生生物の生息地の提供や景観を保全し、国民のレクリエーションの場を提供する癒しの場でもある。他方、現在の英国の農業経営規模はEUの中でも大きく、多くの肥料や農薬を使って集約的農業を行ってきた。その結果、水質汚染などの環境問題、そして口蹄疫やBSEなどの

家畜衛生・飼養管理上の問題をもたらし、市民からも牛や羊の赤身肉の消費が敬遠され、鶏や豚の白身肉の消費量が増加している（Peeters, 2012）。このように、集約的な乳肉牛生産に対する英国市民のマイナスイメージが高まり、反対に非集約的な乳肉牛生産、特に粗放放牧地を維持することに理解を示す市民が増えてきた。このため、行政機関も経済効率重視の集約的畜産への反省から、このような市民の農業に対する評価を支援するプロジェクトも行われるようになってきた。

以上のことから、本節では英国市民が田園からもたらされる癒しを生みだした歴史的背景、田園への受け止め方、そして、その癒し場の核になった入会放牧地の多面的機能の特徴とそれを支援する取組について紹介する。

1．英国農業の歴史的概観

（1）第2次世界大戦以前

英国で始まった産業革命は、西ヨーロッパにも波及し、それにともなって都市住民が急速に増加した。このため、都市住民は食糧の安定供給を農村に求め、周辺の農村では農業生産を高める必要があった。17世紀ごろ、西ヨーロッパの農業は二圃式農法から三圃式農法に変わり、18世紀に入ると、ノーフォーク農法が英国で生まれ、西ヨーロッパにも普及した（三俣, 2009）。この農法は耕地内にマメ科牧草を導入し、牧草地と畑地を組み合わせた輪栽式農業であり、畜舎からの堆肥を農地に還元することによって、畑作物生産を飛躍的に向上させた。

（2）第2次世界大戦後

英国の20世紀中葉までの農業は、概して集約度が低く、環境と調和した農業が営まれていた。このため、農場は多くの野生生物が生息する場所でもあった。第2次世界大戦後、都市人口はさらに増加し、これによって、都市住民への食糧供給、農業者の所得向上及び労働条件の改善などの必要性から、戦後の農業は化学肥料の使用が普及し、大型機械を用いた大規模経営に変わった。

この結果、70年代に入ると、牧場の家畜飼養頭数は必然的に増加し、家畜廃棄物が大量に農地に戻され、さらに、飼料生産の向上を図るために化学肥料も多量

に施与されるようになった。80年代に入ると、投入された窒素量は流域全体の環境容量を超え、河川の窒素濃度は1 mg/ℓ/年の割合で増加し、地表水だけでなく、地下水さらには地中海や北海などの海水でも富栄養化が進行した。これによって、硝酸塩窒素の水質汚染が一層、深刻となり、メトヘモグロビン血症、いわゆるブルーベビー症候群が発症し、河川で大量の魚が死に、社会に衝撃を与えた。このことから、EC閣僚理事会は水質保全のための硝酸塩指令を1991年に発令し、加盟国は法的規制に基づいて農業活動を行なわなければならなくなった。

さらに、2001年に、英国では口蹄疫の感染が拡大し、少なくとも650～850万頭/年もの反芻家畜が屠殺され、その直接的な経済損失は85億ポンドにものぼった。また、BSEが英国で猛威を振るい、1986年に最初の症例が発見されてから2001年までに、計181千頭がBSEに冒され、530万頭が焼却処分されたといわれる。

このように、悪化する農業環境ならびに家畜衛生問題に対処するために、2003年に第2弾のCAP改革を行い、硝酸塩指令（Nitrate Directive）などの環境に関する指令や口蹄疫指令などの家畜衛生や病虫害防除に関する指令や規則などを順守することを農業者に求め、この法令に順守（コンプライアンス）する農業者を支援し、さらに、これらの他に、行政機関が定めた環境改善のための基本的な適正農業活動規範（Good Agricultural and Environmental Condition：GAEC）に従う農業者に対しても支援することになった。これらの支援は、CAP予算の中の第1の柱の直接支払の経費で支払われるが、GAEC以上に環境にやさしい農業活動に取り組んだ農業者への契約支払（農業環境スキーム）や条件不利地域の農業者への支払など、各国ならびに地域の実態に合わせた各種の政策措置をもつ農村振興政策（第2の柱）の3通りの政策措置を設けた。そして、EUは第1の柱の予算を年々、削減し、第2の柱に予算を増額する計画を立てた（是永, 2012）。

2．英国市民の田園の受け止め方

英国市民は定年後に田園地域に住みたいとあこがれ、行政機関もそれを支援するためのさまざまな施策を行っている。このあこがれの理由を知るには、17世紀まで遡る必要がある。このころ、英国の農業においては、三圃式農法が行われ、

作物の収穫から次の播種までの休閑地や圃場と圃場の間の共有地（common land）として農民に開放され、農民は主に放牧地として利用していたが、18世紀にノーフォーク農法が発達すると、領主はその共有地を囲い込んだ（三俣, 2009）。そのため、農民は共有地を利用することができなくなり、都市に移り住み、都市労働者となった。その後、産業革命によって、都市住民の人口は爆発的に増加し、水質および大気の汚染、伝染病の蔓延、そして自然環境の破壊によって、都市はきわめて劣悪な環境になった。そのような中で、都市住民は田園環境の重要性を認識し、かつて利用していた共有地の保存運動が高まり、1865年には共有地保存協会が設立された。この協会を母体に、1894年にはナショナルトラストが創設された。現在、英国のナショナルトラスト会員数は約350万人にものぼり、253千haの土地を所有し、グリーンスペース（緑地）の保存活動を行っている。

　彼らの活動の一例を次に紹介する。イングランド東部は農業が盛んであるが、近年、大規模な穀物生産を中心とした集約化農業に変貌しつつある。このため、彼らは田園景観が損なわれることを危惧し、イングランド東部にある5ヵ所のナショナル・トラストサイトと、それを取り巻く田園地区の多面的機能についての調査をエッセックス大学に委託した。委託を受けたエッセックス大学のHineら（2008）は田園地域からもたらされる生態系のサービスを8項目に分けて評価している（表1）。とくに注目すべきサービスは、田園のもつ健康へのサービスである。

　このサービスには肉体的効果ばかりではなく、精神的効果もあることが認められており、グリーンケア農場の開設を促す施策が紹介されている。また8項目のサービスを科学的数値で総合評価する手法を開発した（図1）。この方法は各区のサイトを1,000haにゾーニングして、その中の構成要素を調査するというものである。この手法を用いることにより、ウェブサイトに掲載されている既往のデータを使って誰もが目的地にアクセスすることができる。図1はこれらのサイトの1つ、Flatford Mill区についての結果である。このサイトの中には農地が903haあり、その内274haは低湿地の放牧草地である。同図では8項目のサービスを総合評価し、それをダイヤグラムにして表わした。この方法を用いると、さまざまな生態系の多面的機能の特徴が一目瞭然であり、これを総合的に評価することが

第1部　草地農業の多面的機能と支援政策

表1　田園地域がもたらす主要なサービス

サービスのタイプ	主な事項
1．農業サービス	農場及びその他の土地（例えば、森林）管理からの食料、繊維、油脂およびその他の一次生産品
2．生物多様性	農場の圃場内の野生生物と非農地の生息地及び生態系内の野生生物
3．歴史・遺産	指定記念物の存在（場所と考古学的・歴史的な重要建造物）
4．水のサービス	1）雨水の吸収及び沿岸域管理による洪水防止 2）河川及び帯水層中への水の貯留
5．気候変動緩和	1）土壌または地表バイオマスの有機物質としての炭素隔離 2）化石燃料使用量の削減によって節約された炭素量 3）炭素放出を避けるためにバイオマスベースの再生可能エネルギーによって蓄積された炭素量 4）大気汚染を減少させる植生の効果 5）微気候への緑地の効果
6．景観の特徴	特定の地域景観の固有の自然及び人工的構成要素；例えば、石垣、轍のある小道、生け垣、湿原及び農舎など
7．レジャー・レクリエーションサービス	ウオーキング、サイクリング、釣り、ボート遊び、および乗馬など農村が主催する活動
8．健康サービス	緑地浴または肉体的作業に参加することでもたらさせる精神的・肉体的な恩恵

注：Hine et al.（2008, p.11）より筆者編集・仮訳。

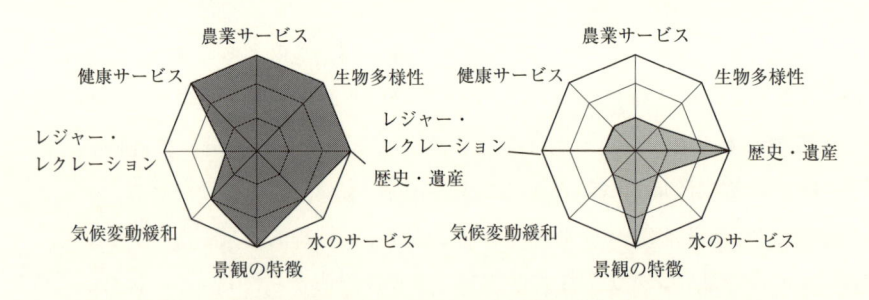

図1　Flatford Mill 地区における多面的機能評価ダイヤグラム

（左）Flatford Mill 地区の多面的機能計算値　　（右）Flatford Mill 訪問者の受け止め方

注：Hine et al.（2008, p.74）より筆者編集・仮訳。

可能である。

　この結果の情報を会員に提供し、会員はこれらの情報をもとに、サイトの散策に役立てることができる。さらにHineらは、サイトを訪れた人々から8項目のサービスの受け止め方を調査した。訪問者の受け止め方は5つの調査サイトで、ばらつきがあるが、全体的にみると、生物多様性に対する関心は高く、農業サー

ビス、水のサービス及び気候変動緩和のサービスに対する訪問者の関心が低かった。また、Flatford Mill区を除けば、他の地区における生物多様性の訪問者の受け止め方は高いことから、科学的データに基づく田園のもつ多面的機能評価と、市民の受け止め方、すなわち、これらのサービスに対する価値評価にはかなりの食い違いがあることに注目すべきであり、前章で述べた行政者が公共財供給の高い農業を維持・向上させている農業者を支援する政策の他に、このような市民レベルの目線からみた公共財供給の評価も政策に加味することが必要であることをこの調査結果は示唆している。また、この市民目線の公共財供給に対する評価はグリーン・ツーリズムを盛んにする際にもこのような評価が重要になる（Cooper et al., 2009）。

3．英国の地理的特徴

EU-27の国土面積に占める農用地面積の割合は44％であり、英国のその割合は72％にも達する。英国の農業用地面積比率が高いのは地形が影響している。スコットランドのベン・ネビス山（標高1,344m）が最高峰であり、ウェールズは山が多いが、最高峰は標高1,085mである。イングランドでは1,000を超えるような山はない。このように、英国は高地でもなだらかな丘陵地が続き、低地は平坦な地形であり、古くから畑作や牧畜を可能にしてきた。EUの農用地面積に占める永年草地の面積の割合は36％、特に英国では65％にも達する（表2）。

これに対して、EUの森林面積の割合は30％程度である。西ヨーロッパでは中世まで森林が多かったが、その後、修道士による東方植民活動によって、大規模な森林破壊が行われ、その跡地に家畜が放され、牧畜が営まれるようになった。

表2　ヨーロッパ主要国の国土、農用地、草地面積（万ha）

	EU	ドイツ	英国	フランス	スイス
国土全体	43,293	3,571	2,436	5,492	413
農用地	19,021	1,695	1,764	2,942	156
耕地	10,856	1,188	609	1,843	41
永年作物地	1,223	20	5	109	2
永年採草地・放牧地	6,941	488	1,151	990	113

英国はそれより早く、紀元1世紀ごろからローマ帝国によって、森林が破壊され、北方民族の侵入に備えるため、積極的に伐採を行い、見通しを良くしたといわれ、今日の英国の森林面積割合の低さ（11％）は、その時代の伐採の影響が今でも残っている。

4．英国の草地農業の概要

英国の耕地は大部分がイングランドに集中し、とくに南西部は平坦地が多く、小麦などの穀物単作地帯であり、北西部に行くにつれて、酪農そして丘陵地では牛や羊の放牧地帯となっている。さらに、スコットランドやウェールズは低温で地力の低い丘陵地帯が多く、条件不利地域に指定され、粗放的な肉用繁殖牛や羊の放牧が行われている。英国の農業事業体当たりの平均経営面積は84ha(2010年)で、チェコについで2番目に広く、大規模で、かつ効率的な農業が行われている。2007年の英国の牛の飼養頭数は、約1,010万頭でEU-27全体の11％を占め、フランス（1,910万頭）そしてドイツ（1,270万頭）に次いでEUで3番目に多い。羊はEU域内で、英国が最も多く飼養し（2,370万頭）、25％を占める（Bartley et al., 2009）。

(1) 酪農

英国の酪農部門は、乳牛頭数並びに乳製品と牛肉の生産額の両面で、EU諸国の中では突出して高い。乳牛生産は英国では集約的な生産であり、酪農全体では低投入型生産システムの形態は比較的少ない。乳牛生産は主に英国の西部地区に位置し、そこの肥沃な土地で酪農が盛んである。酪農部門における飼養形態の基調は個体当たりの産乳量を高めることであり、少数の大規模牧場による生産の集中化がみられ、個体乳量も増加する傾向にある。2006年の平均個体乳量はEU-15が6,661kgであったのに対し、英国では7,095kgであった（日本は7,867kg）。平均的に高い泌乳能力をもつ牛群は、高エネルギーの飼料を供給する必要があり、牧草などの粗飼料の割合が高まると、全体の餌のエネルギー量が低下し、個体乳量は低くなることが推察される。このため、高泌乳牛の牛群では大豆やその他の油

糧種子のような高タンパク質・高エネルギー作物を多く使用する傾向がある（Bartley et al., 2009）。

（2）肉牛

英国の牛肉は、肉用繁殖牛群と乳用泌乳牛群の両方の子牛を育成肥育して生産している。肉牛子牛の約35％は肉用繁殖牛群からの子牛であり、残りの65％は酪農牛群からであると推定されている（Bartley et al., 2009）。肉牛部門の生産は酪農部門よりもバラツキが大きい。肉牛生産の集約度は、放牧を行わずに購入飼料や貯蔵飼料をベースにした高投入型生産システムから、放牧をベースとした低投入型生産システムまで非常にさまざまである。高投入型生産システムでは、肉牛は畜舎内で飼養されるが、標準的集約的システムでは、牛は放牧されるものの、摂取養分量の多くは穀類、タンパク質作物、油糧種子、トウモロコシサイレージなどの補助飼料に依存している。また、低投入の放牧ベースのシステムは、条件不利地域のような限界地域や、低地の一部の地域に多い。しかし、英国では肉用繁殖牛の分布はかなりバラつきがあり、イングランドでは、2005年における肉用繁殖牛頭数の69％は低地に分布し、残りの31％が条件不利地域で飼養されている（Bartley et al., 2009）。

スコットランド、ウェールズ、および北アイルランドでは、肉用繁殖牛のかなりの割合が条件不利地域で飼養されている。最近の英国の生産の動向は、全体として近年、比較的安定を保っているが、英国の肉用牛及びその他の牛の頭数は、2004〜2015年の間に8％低下するであろうと予想している（Bartley et al., 2009）。

（3）羊

英国の羊生産は高地でも低地でも、比較的限界地域の農地で飼養される傾向にある。羊の餌の大部分はグラスベースであるが、いくらか補助的飼料の給与する農家も多い。とくに牧草が不足する冬季間は、補助的飼料を給与する飼養形態である。2001年の口蹄疫の発生の影響もあって、2001〜2007年の間の英国の羊とラムの頭数は7.5％減少した。また、2005年の生産と切り離した単一支払を導入し

てからは、過少放牧または肉牛と羊の混牧から、羊のみの放牧に移行した。このことは、草地の維持管理にも潜在的な問題になった（Bartley et al., 2009）。

（4）英国における草地のタイプ別面積と利用状況

英国の草地のタイプ別の面積を表3に示した。同表の各草地のタイプの定義は第3章の表3で説明したが、粗放放牧地は利用形態の違いによって、粗放放牧地（rough grazing）と入会放牧地に細分される。入会放牧地（common grazing）とは、粗放放牧地を複数の利用者が共同で放牧利用する放牧地を指し、粗放放牧地は所有者個人だけで放牧利用する草地である。入会放牧地は私有地/共有地あるいは国有/公有地の農業用地であり、さまざまな所有形態がある。

摂取する飼料のかなりの割合を草地に依存する家畜飼養システムは、羊と肉牛部門そして一部の酪農部門においてみられる。一方、豚、家禽そして、やや少ないが、酪農部門においては、作物残渣はもとより飼料作物及び栄養補助飼料からの餌に大部分を依存している。粗放放牧地を除いて、2007年の英国の永年草地は、農業用地面積（Utilized Agricultural Area：UAA）の32%（600万ha）を占め、羊、牛肉、および乳牛の放牧、乾草またはグラスサイレージなどの牧草生産のために主として使用される。2007年の粗放放牧地はUAAの6%（120万ha）を占め、このタイプの草地における生産は、低投入型生産または粗放放牧として特徴付けられ、放牧家畜は主として羊と肉牛部門からの繁殖牛である。粗放放牧地は通常、限界地域の生産の低い土地や高地に多く、湿原や準自然草地に分布する。

利用期間が5年間未満の草地を一時的草地として分類されるが、2007年の一時

表3　英国の草地およびその他の農地面積（千ha）－2006年

	イングランド	ウェールズ	スコットランド	北アイルランド	英国合計
耕作地	3,840	66	1,566	187	5,659
一時的草地	590	115	325	136	1,166
永年草地	3,330	982	910	676	5,898
粗放放牧地	640	221	3,340	149	4,350
入会放牧地	395	180	598	29	1,202
農業用地面積合計*	8,795	1,564	6,739	1,177	18,275

注：1）＊農場内の林地および休閑地は除外。
　　2）Hopkins（2008, p.17）より筆者編集・仮訳。

草地面積は120万ha（UAAの6％）であった（Bartleyら, 2009）。通常、一時的草地の土地利用は飼料用作物と牧草の輪作体系を採用し、主に酪農と集約的牛肉生産の飼料として使われている。

2007年、英国の全草地の66％は窒素肥料を施与し、草地全体の施与量は65kg/haであったが、これは耕作地の約半分（148kg/ha）である。一般に、化学肥料及び堆肥またはスラリーの施与量は、酪農並び集約的肉牛生産システムで比較的高く、肉用繁殖牛と繁殖羊の生産では、その施与量が低いことが推測される。集約的管理の放牧地は英国の在来種でなく、栽培品種のペレニアルライグラスで構成され、他方、粗放放牧地の草種構成は準自然植生の割合が高い傾向にある（Bartley et al., 2009）。

5．自然的価値の高い農地を保全するための支援措置

（1）CAPの第1の柱と第2の柱の予算配分

前章ではEUの草地農業に対する支援政策をCAPの第1の柱の予算を対象にして議論してきたが、本章では国または地方の農村振興計画を介した経費に関連する第2の柱の農村振興政策事業、そして、それを推進するための調査研究事業を対象にして検討する。

EU-27の2007年の第1の柱の下での予算は421億ユーロであった。その内、直接支払が370億ユーロを占め、第2の柱の予算は123億ユーロであった。これに対して英国では、第1の柱の下での予算が40億ユーロであり、その内、直接支払が38億ユーロであった。第2の柱の予算は国の共同融資を加えて、2億6千万ユーロであった（Bartley et al., 2009）。このように、英国はEU-27と比較して直接支払への予算配分比率が高く、第2の柱の予算配分が低いことが特徴的である。また、2014～2020年の7年間のCAPの総予算額は3,732億ユーロ、その内第1の柱（直接支払と市場施策）は2,779億ユーロ、第2の柱（農村振興政策）の予算額は837億ユーロであり、第2の柱の予算配分率はこれまでとあまり変わりがないが、これまで直接支払経費の割合が高かった英国では、第1の柱から第2の柱への財源を移して、環境政策を充実させる計画であるといわれている（平澤, 2013）。

（2）自然的価値の高い農業用地の保全政策措置

「自然的価値が高い（High Nature Value：HNV）」という概念は、人為的攪乱の加わらない自然生態系よりも、人為的攪乱がある程度加わった生態系の方が生物多様性保全機能は高いという考え方から（Cooper et al., 2007、および第２章の図３を参照）、HNV農地（farmland）を保全し、消失が懸念される生物種や生息地を保護することから生まれた（詳しくは第３章：注（４）を参照）。この概念はHNV農業システム、HNV農地および、それを構成する特徴的要素が組み合わさった概念であり、HNV農業システムは伝統的農業など、土地利用強度の低い、低投入型の農業システムを指し、家畜による準自然な植生の利用は、この農業システムの重要な要素である。HNV農地はNHV農業システムから生み出される農業用地であり、多くの場合、その他の伝統的農業用地においてみられる特徴的な景観構造を有している。その後、自然林および二次林もHNV農地の中に含まれ、多様な植生構造を寄せ集めたモザイク的な、より広い景観がHNV農地に加えられた（Cooper et al., 2007）。

以上のHNVの概念の経緯から、HNV農地は、下記のような３つのタイプの農業用地であると定義されるようになった。

タイプ１：準自然植生の割合が高い農業用地

タイプ２：低集約農業または準自然植生、耕地そして圃場の周縁の野草植生帯、生垣、石垣、樹林または低木林のスポット、小川などの構成要素を含むモザイク的な農業用地

タイプ３：希少種が確認されている農業用地、またはその農業用地において欧州や世界のかなりの野生生物の個体数が確認されている農業用地

以上の３のタイプに分類することは、HNVの概念とさまざまなHNV農地を特定する場合に理解しやすいが、タイプ２とタイプ３は厳密に区分することが難しく、むしろ重複していることが多いので、実際にはタイプ２とタイプ３を一緒にして土地区分されている（Cooper et al., 2007）。

EUでは2006年までにすべてのHNV農地を特定する作業を完了し、2008年まで

に経済的、生態的に適切な保全措置をとることが2003年のキエフでの欧州環境閣僚会議で決定された（大黒ら，2008）。この決定に基づいて、HNV農地の保全に重点を置く行動計画（2007～2013年）が農村振興政策の中に取り入れられ、HNV農地の持続的管理すなわち集約化を抑制し、管理放棄の防止の政策措置に取り組まれるようになった。

(3) 自然的価値の高い地域における農業収入調査の事例紹介

英国のHNV農地は主に北部と西部の高地に分布しており、これらの土地は準自然草地であることが多く、また入会放牧地の地理的分布とも重複している（Beaufoy et al., 2012）。このことから、入会放牧地を利用している農業者の農場経営状況は、自然的価値の高い地域における農場経営を知ることによって理解することができる。Beaufoyらの報告書の中で、イングランドの南西部のHNV地域における農場の経営状況を調査したLobleyらの結果によると、酪農の総収入は76.4千ポンド/年であり、総収入に占める酪農生産そのものからの収入割合は68％、単一支払からの収入割合は28％のみであった。これに対して、低地の肉牛および羊の飼養牧場の総収入は17.7千ポンド/年であり、肉牛と羊からの収入はマイナスであり、単一支払から73％の支援、農業環境支払から18％、農外収入が20％であった。さらに、条件不利地域における肉牛および羊の飼養牧場の総収入は22.6千ポンドであり、低地と同様に、肉牛と羊からの収入はマイナスであり、単一支払による支援割合は73％、農業環境スキームによる支払の割合は33％で、低地の飼養システムよりも高かった。この調査結果からも明らかなように、自然的価値の高い地域における肉牛や羊の飼養牧場に対する支援は手厚く、直接支払ばかりでなく、農村振興政策の中の農業環境スキームによる支援もかなりあることがわかる。

6．英国における入会放牧地の概要

前述のように、18世紀に入り、英国では囲い込み運動によって、領主から追われた農民が都市に移り住み、都市労働者となったが、英国市民の田園に対するあ

こがれは、その後もナショナルトラスト運動として引き継がれてきた。その核となる入会放牧地に焦点をあて、現在、この放牧地がどのような役割をはたしているのかを次に検討する。

英国の入会放牧地は120万haであり、農業用地の7％を占め、スコットランドが60万ha、次いでイングランドが40万haとなっている。準自然草地の全面積の56％は入会放牧地であるといわれている（EFNCP, 2013）。環境食糧省（Defra, 2013）に登録されているイングランドとウェールズの入会放牧地の面積は約55万haであり、表3の数値とは若干、異なるが、その面積の80％は個人所有の土地であり、入会権をもつ複数の利用者が入会放牧し利用している（Defra, 2013）。また、市民が入会放牧地内の散策を可能にするために、土地所有者は遊歩道を整備しなければならないが、その管理経費は直接支払によって支援を受けることができる（Defra & Rpa, 2013、GAEC 8を参照）。英国の入会放牧地は、特別科学拠点地区（SSSI）、環境脆弱保全地域（ESAs）、特別自然美観地域（AONB）、そして野鳥の生息地の保護地域として指定され、入会放牧地面積に占めるSSSI面積は55％に達する（Short et al., 2011）。入会放牧地が適切に管理されなければ、例えば、水の流れと浄化に悪影響を与え、また、その他の生物多様性の保全はもとより、草地土壌の炭素貯留にも悪影響を与えることをShortらは懸念している。さらに、入会放牧地は国立公園の指定にもかけられ、Defraは放牧頭数を減らして、景観や特定樹種の維持回復することを農業者に迫っているが、現実は、逆効果であり、入会放牧地の植生には望ましくなく、劣化している入会放牧地が多いといわれている（三俣, 2009）。他方、入会放牧地の管理者が直接支払の受ける額も総じて低く、経済的に不利な状況におかれている（Short et al., 2011）。このように、入会放牧地は放牧頭数が多すぎても少なすぎても植生が劣化するので、適正な放牧圧で利用しなければならないし、放牧利用者への適正な所得支援も欠かせない複雑な課題を抱えている。

7．英国の入会放牧地に係わる調査プロジェクトの紹介

（1）入会放牧地の放牧に適した家畜の品種選定と管理法

　表3に示すように、イングランドとウェールズには、計58万haの入会放牧地があるが、これらの入会放牧地のほとんどが限界耕作地にある。最も価値の高い粗放放牧地の植生は、ヌカボ－ウシノケグサ（*Agrostis-Festuca.*）で、その収量は4トン/乾物/ha、牧養力は6～9頭/雌羊/haである（Hopkins, 2008）。その他、排水不良土壌には*Nardus sticta*、*Molinia caerulea*などのイネ科草本が優占する草地があり、その収量は2～3トン/乾物/ha、牧養力は3～5頭/雌羊/haであり、我が国の準自然草地の生産量の2分の1～4分の1と低い。しかし、これらの入会放牧地は適正な放牧管理が必要であり、過放牧であっても、また過少放牧であっても、牧養力並びに生態的価値が低下することから、Defraは1997年に「放牧家畜プロジェクト（Grazing Animals Project）」を開始し、ホームページを立ち上げ[1]、NGOがこれを管理運営している。このプロジェクトを運営するにあたっては、ナショナルトラストなどの関係組織とも広く連携しながら情報の共有化を図り、自然保護活動を行っている。このプロジェクトの目的は、入会放牧地での放牧を奨励することによって、これらの限界地域を活性化させ、同時に野生生物などの自然環境および残すべき文化的遺産を保護することである。その活動として、入会放牧地を利用している農業者や管理者にホームページで情報を提供している。このホームページには、保護している放牧地の地図、催し物や研修会の開催通知、草地管理、家畜飼養管理の現場技術、肥育方法、放牧牛肉の販売方法、および認証ラベルの作成方法まで、実用技術を解説した冊子を掲載している。放牧する家畜については、従来の経済効率重視の家畜飼養に関する情報ではなく、厳しい自然条件や立地条件にあるこれらの草地で飼養可能な家畜の品種の強健性、放牧適性、市場性などを解説している。掲載されている家畜の品種は牛20品種、羊26品種、馬9品種にも及ぶ。その他、豚および山羊を入会放牧地に放牧した場合の特性についても掲載されている。また、牛と羊については、地域特産物として販売するための肥育方法が記述される。英国では馬の飼養頭数が増加している

が、馬については、ツーリズムに訪れた市民に対して馴れやすいかどうか（friendliness）、そして犬に対しての過敏性はどうかなどについても記述されている。

（2）準自然草地の復元プロジェクトの紹介

　前述のように、農村振興政策では自然的価値の高い農地の保全を掲げている。これに基づき、欧州委員会環境総局では、環境と自然の資金プログラム（LIFE）を立ち上げた（EC, 2008）。このプログラムを使って、1999～2006年にかけて、EU加盟国内45地区における準自然草地に共同資金を供給し、Natura 2000ネットワーク[2]と連携して調査を行った。LIFEの調査は単に調査のみに終わるのではなく、このような活動を通して自然的価値の高い草地の保護と農業の両立を農村振興政策に反映させることを目的としている。この自然的価値の高い草地の復元プロジェクトでは、乾性草地と石灰質草地が全調査地区数の3分の2を占めている。これらの草地は絶滅危惧種のラン、鳥、および蝶の生息地になっているが、低木の侵入と人間活動によって、生息する個体数と種の多様性が脅かされている。これらの草地を復元するために、各調査地区とも概ね下記のような作業手順で調査を実施した。

①準備活動：生息地調査と草地における種組成、生息地のマッピング、管理技術の明確化を行った（これらの活動は草地の保全方法を改善するために役立つ）。
②土地の取得または権利の取得：草地に生息する種（例えば、無脊椎動物）を保護し、一定の区域を適正な管理によって生息地を保全するために行った。
③直接的な保護活動：草地内の生息地を支援する伝統的な農地活動の復元作業（樹木の伐採・除去、採草、荒廃地域の修復、生息環境の修復、外来生物の根絶、牧柵の設置）および放牧を再開した。これらの作業には放牧管理者や農業者が、その管理・実行を担当し、地域の自然保護協会のボランティアや小学生からも協力を得た（ドイツでは連邦政府の陸軍も協力した）。
④モニタリング：調査対象地の科学的モニタリングは、より長期的影響を評価するために本プロジェクト終了後も継続して行う場合もあった。これらの調査に

播種と生息地の監視（山火事、採集、放牧など）も含まれる。
⑤ネットワーク：地域の支援による準自然草地の管理と保護を進展させるために、農業者と農村の結びつきをより一層、強化するための組織化プロジェクトもあった。さらに、これらの企画のなかには、Natura 2000ネットワークの中で農業環境の施策としての財政メカニズムを組み込んでいるプロジェクトもあった。
⑥意識の向上：いくつかのプロジェクトでは、リーフレット、解説冊子またはマニュアルを作成、または訓練者の実習を行った。これらの活動は、その地域の関係者（農業者、環境エージェントなど）、学校、および一般市民の間で草地の意識の向上に役立った。
⑦この自然的価値の高い草地の復元を行うことによって、チーズ、牛肉、羊肉の特産物の販売やグリーン・ツーリズムが促進された。
⑧その他：LIFEは草刈り機、家畜避難所、輸送、および隔障物など草地保護活動に必要な設備の購入にも共同資金を提供した。

以上の準自然草地を保護するための行政機関による取組について、まとめると、欧州委員会は、EU各国における実際の現場で、担当行政機関が農業者、NPO、NGO、生徒と一体となって、自然的価値の高い草地の復元に向けたプロジェクト調査を行っている。そして、その成果をホームページや冊子を通して公開・普及するだけに終わるのではなく、調査終了後もNature 2000サイトに調査地を組み入れ、関係者が継続して維持管理することを目指している。さらに、英国では、自然的価値の高い共有地において牧畜を普及させるために、その草地に適した家畜の品種の紹介や、そこで生産された付加価値の高い畜産物製品の販売方法まで、具体的に指導普及を行っており、生物多様性の保全活動が単なる特定の保護活動団体のためのものではなく、持続可能な農村社会を構築するための取組であることがわかる。

第1部　草地農業の多面的機能と支援政策

8．スコットランドにおける新たな市場パラダイムの構築

　スコットランドの入会放牧地は60万haと英国で最大の面積を有している。これは19世紀半ば以降、「ハイランド・クリアランス」と呼ばれる、領主による大規模な囲い込みによって、農民たちが土地を追われ、アメリカ大陸などに流出していった歴史的影響が今でも土地利用面で残っている。入会放牧地面積の27％は国やEUの美しい景観の保全や生物多様性保全などの地域に指定されている。また、入会放牧地面積の49％が泥炭土壌であり、その面積の30％は、2ｍを超える深さまで泥炭が堆積している。スコットランドの土壌全炭素の10％は、入会放牧地の土壌に含まれているといわる（324Mt）。しかし、土地を所有して牧場経営の営む農業者よりも入会放牧を利用している農業者は、直接支払の受給率が低く、CAPからの支援に依存している農業者、とくに小作人の収入は低く、入会放牧地の経済状況は良くない（Gwyn, 2011a）。

　Huylenbroeck（2006）はヨーロッパの農業の新しい役割について、数多くの論文を調査分析した結果、農業は単に農産物を提供するだけではなく、公共財をも提供し、田園の豊かさに寄与していると結論した。また、この寄与は、観光活動部門の資産または経済的な利益に対して、その両方の価値を高めることによって、直接的に寄与することが可能であり、さらに、農村の文化的遺産または農業生態系の保護を介して間接的に寄与することが可能であると述べている。このことから、農業の多面的機能の役割を市場に反映させるための新たなシステム、すなわち、多面的機能が生産的機能と非生産的な機能に調和をもたらすためには、個人と公共の活動分野の間に新たな協定に基づく新農村との提携とネットワークを立ち上げ、新しい制度上の協定の開発と奨励金による大幅な改革が必要であると主張している。この考え方に基づき、EUの社会経済学者たちは「多面的機能農業と農村振興の政策モデルの構築（TOP-MARD）」のために、EU11ヵ国の衰退している農村を対象に調査研究するプロジェクト研究を2006～2008年に行った（Bryden, 2010）。これらの調査から、Bergmannらは農村振興のための政策モデル（POMMARD）を開発した（Bergmann et al., 2009）。このモデルは、農村振

第4章　EUにおける入会放牧地の多面的機能の特徴と地域的支援の取組

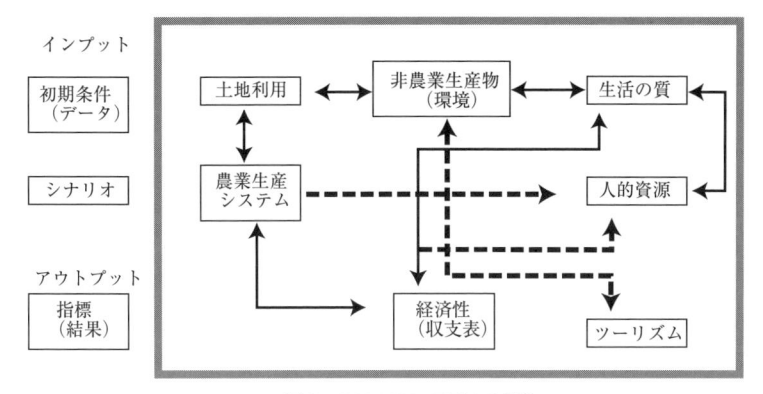

```
インプット
┌─────────┐         ┌─────────┐   ┌─────────┐   ┌─────────┐
│ 初期条件 │         │ 土地利用 │◄─►│非農業生産物│   │ 生活の質 │
│ （データ）│         └─────────┘   │ （環境） │   └─────────┘
└─────────┘              ▲         └─────────┘        ▲
                         ▼              ▲             │
シナリオ              ┌─────────┐       │        ┌─────────┐
┌─────────┐          │ 農業生産 │- - - -┼- - - - │ 人的資源 │
│ シナリオ │          │ システム │- - - -┼- - - ►└─────────┘
└─────────┘          └─────────┘       │             ▲
                         ▲              ▼             │
アウトプット              │         ┌─────────┐        │
┌─────────┐              └────────│ 経済性  │- - - - ┘
│  指標   │                        │（収支表）│   ┌─────────┐
│ （結果） │                        └─────────┘   │ツーリズム│
└─────────┘                                       └─────────┘
```

図2 POMMARDモデルの構造

注：Bergmann et al.（2009）より筆者編集・仮訳。

興政策の2つの事業、①農村生活の改善と農村経済の多角化、②LEADER事業における地域振興のノウハウの蓄積と官民連携の促進に基づき（Baldock et al., 2011）、CAPの直接支払制度と農村振興政策の予算の配分をどのようにすれば、農村が活性することができるかを、それぞれの農村がおかれた社会経済条件及び自然・立地条件を初期条件として入力して予想する政策モデルである。

POMMARDモデルの構成要素は、枠内の①農業生産システム、②土地利用、③非農業生産物、④生活の質（移住人口など）、⑤人的資源（年齢構成分布）⑥経済収支、⑦ツーリズム（ホテルのベッド数、訪問者数、特産商品）の7要素であり（**図2**）、それぞれの要素はサブシステムで構成され、それぞれのサブシステムを計算する。例えば、非農業生産物のサブシステムでは森林%、畑地%、草地%、永年作物%、シャノン指数（生物多様性指数）、化学肥料施与量、過剰窒素施用量、生物多様性（低投入農業の土地利用割合）、家畜飼養密度（単位土地面積当たり）、植被の変化、CO_2収支）などの要素を入力する。また、初期条件はその村の調査開始年の人口、土地利用、農業生産、財政などであり、シナリオはCAPの直接支払、農村振興政策などの予算配分率を変えてシナリオを設定し、求める結果は指標として計算されるようになっている。その一例として、Bergmannら（2009）がスコットランドのハイランド地方（ケイスネスとサザラ

ンド）で行った調査概要を次に紹介する。この地域は過疎、遠隔地、高齢化、雇用の機会、零細農家、社会問題（アルコール中毒、原子力発電所の解雇、交通などアクセス不良など）を抱えている。CAPの中間見直しに対応するために、直接支払（第1の柱）から農村振興（第2の柱）への予算配分について4つのシナリオを想定して、2020年までの期間に、この地域の全人口、移住人口、農村の経済収支、零細農家の0〜19歳の人口、農業部門の雇用、非農業部門の雇用、生物多様性指数などが、どのように変化するかを指標として計算し、それらをダイヤグラムで図示した。この図をもとに、ハイランド地方では農家への直接投資よりも非農業分野の農村振興（第2の柱）に予算を振り向ける方が農村の発展に望ましいと結論した。この政策モデルの精度を高めるには、さらなるデータの蓄積及びモデルの修正を必要とするであろうが、これまで不可能であった多面的機能の要素を組み入れ、数値化することを可能にした。

第2節　EUの山地における草地の多面的機能の特徴

1．山地における畜産の状況

　EUでは農村振興政策の中の自然的ハンディキャップ事業は条件不利地域（Less Favoured Area：LFA）の経済的支援を行うための政策措置であるが（Baldock et al., 2011）、LFAの中をさらに山地とその他のLFA地域を分けて定義している。この「LFA山地」とは、標高が500m〜1,000m、最低平均傾斜度が15〜25％、またはこの標高と傾斜度の最小値の組み合わせであると定義されている。しかし、スウェーデン、フィンランド、英国、アイルランドおよびベルギー加盟国はこれらの定義に該当する地区があるものの、行政上、「LFA山地」という区分を設けていない。EU-27の全面積に占める「LFA山地」の面積割合は平均で18.5％であるが、その割合は、例えば、オーストリアが71％、イタリアが48％、フランスが23％、ドイツが2％であり、国によって大きく異なっている（Santini et al., 2013）。

　家畜生産はEUの山地の主要な生産部門であり、山地農場の総取引高の54％は

畜産から得ている。酪農は家畜部門の中の主要部門であり、山地農業の総取引高に占める酪農部門の割合は28％であり、その3/4は牛乳生産に関係している。その次が放牧家畜の肉部門であり、総取引高の16％を占め、その2/3以上は牛肉と子牛の肉生産が関係している（Santini et al., 2013）。また、EUの羊とヤギの製品が山地で大量に生産されているが、その割合はEUの全ミルク生産の34％、全肉類の25％が山地でそれぞれ生産されている。さらに、牛の製品もかなり生産されており、EUの全牛乳の9.5％、牛肉の12％が山地で生産されている。

2．山地における草地の利用状況

「LFA山地」の農業用地面積構成割合は永年草地が優占し（59％）、耕地と永年作物の面積割合はそれぞれ32％、9％である。少数の加盟国を除くと、山地の農業用地面積に占める永年草地の割合は高く、例えば、低地での永年草地の占める割合はオーストリア、スロベニアで29％であるのに対して、山地では50％を上回っている（Santini et al., 2013）。また、フランス、オーストリア、ドイツなどのアルプス諸国の山地では70％を超える。

しかし、山地は低地よりも気温が低く、生育期間が制限され、急傾斜地の土壌は概して貧栄養であり、山地専用の農業機械や多くの作業時間を要するため、労働生産性ならびに土地生産性の両面で低くなっている。結局、山地の農場は低地の農場と比較して、平均的に規模が小さく、交通が不便なことが山地における農場経営の困難さを増幅させ、また、山地の食品産業においては牛乳などの生産物の収集と輸送コストを高め、小規模な生産構造が規模の経済を低下させる結果になっている（Hopkins, 2011）。

このような制約条件は、農業者が投資可能な生産部門の選択が少ないため、EUの山地農業は主として、その地方で生産された放牧草と乾草で飼養された反芻家畜に依存している。しかし、放牧地が光合成によって得た総生産量から、呼吸、消費量を差し引いた純生産量は低く、飼料価値も概して低い。また、生育期間ならびに放牧期間が短いため、夏は山地の草地に放牧し、冬は低地で生産された貯蔵粗飼料を使って、低地で飼養する、いわゆる夏山冬里方式の形態が大勢を

占める（Santini et al., 2013）。EUの「LFA山地」では、このような移動放牧方式によって400万haを超える山地の草地を利用しているといわれている。その移動中の家畜の制御には苦労が多いが、移動コースの景観形成にこの移動放牧が重要な役割を果たしているといわれている。

3．山地の立地条件が農業活動および環境公共財供給に及ぼす影響

　山地の農業が供給する公共財は、基本的に低地の農業と同様であるが、EUの山地は草地、耕地、樹園地、林地の組み合わせで構成され、全体的に調和のとれた固有の「美しいモザイク景観」を形成し、生物多様性保全機能も高い（Cooper et al., 2007、Hopkins, 2011）。傾斜地、高標高、小区画の圃場、および厳しい気候などの立地条件は、機械化と農場の規模拡大を抑制するため、集約的な土地利用と機械化の適用範囲が制限され、牧畜をベースにした粗放的な牛、羊、山羊の飼養および永年作物のような生産部門が優位であり、このようなモザイク生態系は、水と空気の汚染、GHGの排出、土壌侵食、砂漠化および火災などのマイナスの外部性を低下させているので、山地農業は生物多様性と自然的な景観の両方の保存において中心的な役割を果たしている（Santini et al., 2013）。また、山地は非常に多くの種類の植物と動物が生育・生息しており、山地で支配的な草地は、生物多様性のための重要な土地として重要である。しかし、伝統的な乾草用採草地を放牧地に転換すると、生物多様性価値の減少をもたらし、しかも、アクセスの悪い草地は利用が放棄され、生息地が消失し、生物多様性に悪影響を与えている（Hopkins, 2011）。

4．山地における入会放牧システムの形態

　欧州には入会放牧地が少なくとも8千万haもあるといわれ（Gwyn, 2011b）、スウェーデンからスペインの南部やギリシアまで、ヨーロッパのいろいろな場所で、何世紀もの間、多様な形態の放牧システムが用いられてきた。フェノスカンディア北部における冬季放牧地と夏期放牧地の間を長距離移動するトナカイの周年放牧、そしてアイルランド、英国などの高地における羊と牛の周年放牧、スペ

114

イン、ポルトガルなど、地中海諸国の草が不足する乾期にその他の放牧地に家畜を移動する周年放牧などがある（García et al., 2012）。さらに、中央ヨーロッパでは冬季は低地で舎飼し、夏季に山地に移動して放牧する舎飼を伴う季節放牧システム、そして、限界地域または/および粗放放牧地域において、村と農場に比較的近い場所で夏季に放牧する季節放牧システムなどがある（Hopkins et al., 2006）。これらの大規模移動システムはいずれにしても、移動の際には利用者が共同または協力的な組織によって、放牧家畜の管理を行っており、これらの家畜の移動を伴う放牧システムは、山地の入会放牧地ばかりでなく、移動中の生態系の景観やそこに生育する生物にも影響を及ぼし、それぞれ固有の景観を形成し、貴重な生物を育んできた準自然草地である。このことから、EUの大規模移動システムによって維持されてきた入会放牧地の地理的分布は、準自然草地/林間放牧地や自然的価値の高い農地の地理的分布とも重複しているといえる（Paracchini et al., 2008）。

第3節　EUの山地の入会放牧システムがもたらす社会経済的効果

　これまで述べたように、EUの草地は持続可能な農業システムの必須要素であり、草食家畜を飼育することで、乳肉産物を提供するばかりでなく、様々な公共財を市民に広く供給しているが、これらの公共財は、本来、備わっている価値に加えて様々な社会経済的効果をもたらしている。

1．山地の立地特性がもたらす社会経済的効果

　美しい景観、きれいな空気や水など固有の公共財が存在することによって、その農村にさまざまな二次的な社会経済的利益をもたらし、農村の生活の質と活力を高めることが可能である。多様な景観をもつ草地は、旅行者に付加価値を提供し、低地と山地のいずれにおいても、均一の農業地域よりも、一層、美しく、素晴らしいレクリエーションの場所であり、グリーン・ツーリズム促進のための最も重要な資源になるであろう。また、都市の人々は珍しい野生の生物や生息地が

ある場所に魅力があり、このような場所がある農村を訪問する、自然ベースの観光（エコ・ツーリズム）も農業者への重要な副収入源になる（Parente et al., 2012）。

２．入会放牧システムがもたらす社会経済的効果

魅力的な草地農業地域の景観や草地の生物多様性と史跡の存在は、新たな産業を創出するための特別な地域を提供し、そこで生産される固有の畜産製品が存在することは、観光やレクリエーションとの相乗作用によって、農村社会の生活の質とバイタリティーを高めることが可能である（EC, 2009；pp.14-16）。例えば、西フランスのピレネー山地では、約3万頭の肉用繁殖牛や混合ミルクチーズの目的のための乳用羊と少数の乳牛が一緒に移動放牧されている（Heitzmann, 2003）。また、フランス南部セヴェンヌ地方の山地には4千年の歴史をもつ羊の移動放牧によって、美しい準自然草地が形成され、世界遺産に登録されている。その入会放牧地内はトレッキングコースとして市民にも親しまれている[3]。さらに、セヴェンヌの西に広がるコース地方では、乳を搾る羊を飼育し、世界3大ブルーチーズの1つ、「ロックフォールチーズ」が作られている。スペインとポルトガルに

写真1　デヘッサの林間放牧地における豚や牛の放牧風景
（写真提供：山本勝利博士）

またがる約400万haの林間放牧地、デヘッサには常緑樹のトキワ樫、コルク樫が生育し、牛、馬、羊、山羊そしてイベリコ豚が放牧されている（写真1、Olea et al., 2006）。デヘッサでは、イベリコ豚がどんぐりの実、さまざまな果実、野草などを採食し、放牧された豚から有名な生ハムが製造されている。

このような牧畜文化は、生産される高品質の畜産物が「山地農業の心地よさ」を増幅させている。とくに均一化した人工的環境のなかで毎日を送っている都会の人々が、このような山地に滞在することは、彼らにとって極めて魅力なものになる。したがって、山地の農業生産と食品の処理加工に関係する伝統と技術情報が山間地に存在することによって、山地社会にとって観光による相乗作用として働き、一層強化される。そして、供給された環境公共財、社会的公共財、およびそこで生産される高品質の畜産物は、互いに影響し合い、分離することができない社会・経済的利益を生み出している（Hopkins, 2011、Santini et al., 2013）。

3．準自然草地から生まれる新たな産業

準自然草地は生物多様性などの公共財供給機能が高いことから、EUでは準自然草地を新たに造成あるいは修復するために、準自然草地において生育する植物が生産する様々な種類の種子を混合して播種されているが、このような混合種子はこれまで販売することが法的に認められていなかった。しかし、準自然草地の造成のために混合種子の需要が高まり、EUは種子指令に免除項目を新たに設け、混合種子の販売を可能にした[4]。これによって、山地では準自然草地で混合種子を収穫・販売する新たな産業が生まれている（Hopkins, 2011）。

Bullerは英国とフランスで多くの種類の野草が生育する準自然草地や自然的価値の高い草地で放牧肥育した羊や牛の肉を付加価値の高い有機肉として販売するとともに、自然草地/準自然草地の保全を図り生産—販売システムを農業者ならびに行政者と一体となって、準自然草地の保全するシステムを構築した（Buller, 2008）。現在、関係団体がホームページを立ち上げ、このような放牧草地で肥育した羊や牛の肉とそれらの加工製品の販売を拡大する普及活動が行われている。

4．山地草地農業への支援政策措置の必要性

　しかし、環境資産と経済発展との関係はいつも調和しているというわけではない。一般に、山地では飼草の生育期間が短く、生産速度も一般に低い。また、飼草の栄養価は、家畜の栄養要求を満たさないかもしれない。さらに、山地における飼草生産費は高く、労働投入量も多く、しかもアクセスが良くないので、生産的でない場所では土地利用の放棄がみられ、EUの多くの地域の農場に脅威を与えている。このようなことから、低地における酪農製品や肉製品の生産に比べて山地におけるそれらの製品の生産が経済的に競争できるケースはまれである（Hopkins, 2011）。

　山地社会は山地農業の資源に依存しているが、投資のなかには環境を破壊し、かなりの資源を劣化させる投資もある。このため、特定の農村の場所において、いろいろな環境的、社会的、文化的な資産を安全に管理するために、環境面で持続可能な方法で経済発展が行われることを保証することが必要である。そのため、Hopkins（2011）は「農業者が生産する山地製品にプレミアム価格を与え、または、山地の農業者が公共財を広く社会に提供していることに対して支援する必要がある」と主張している。さらに、社会的経済（social economy）の相乗作用が生じる場合、単に環境公共財の供給を奨励するだけではなく、それらの二次的な社会経済的効果を高めるための政策措置と統合して進めることも必要であるといわれている（Cooper et al., 2009）。

　以上、要約すると、EUの山地における大規模家畜移動システムは：①集約的な畜産システムでは供給できない公共財を供給するシステムであり、②とくに家畜移動に関連する伝統と技術情報提供において社会的貢献を行い、③地域的・社会的なアイデンティティにも影響を及ぼし、④このシステムによって、美しい景観や地域固有の畜産製品を生み出し、さらには観光などの地域産業にも影響を与えている（Caballero, 2007、Hopkins, 2006）。

第4章　EUにおける入会放牧地の多面的機能の特徴と地域的支援の取組

第4節　考察——我が国における公共草地の多面的機能強化の必要性——

　前章ではEUの草地農業が供給する公共財の特徴とそれを高める生産システムおよび農業活動について検討した。そして、本章のこれまでの検討の結果から、EUでは今でも入会放牧システムが単に家畜生産ばかりでなく、美しい景観の形成、貴重な生物の保全、さらには固有の畜産製品を生みだし、グリーン・ツーリズムなどによって、農村社会の活性化に貢献していることを明らかにした。
　それでは、我が国では「どのような牧畜システムを構築すれば、公共財供給を一層、高め、農村社会の活性化に貢献することができるのか」という問題について本節で考察する。
　我が国の農業は古くから稲作が中心であった。水田は灌漑水からの天然養分供給量が多く、イナワラや山野草の堆肥や屎尿を投入することによって、地力を維持することが十分可能であり、連作障害も生じないことから、牧畜と農地を組み合わせた輪栽式農業は、北海道や戦後、入植した酪農地区を除けば普及しなかった。それでも第2章に述べたように、明治前期頃の野草や小さな雑木が生育する山野と呼ばれる植生の面積は、1,360万haに達し（当時の森林面積は1,670万haと推測されている）、この広大な山野から粗飼料、緑肥及び柴（薪）を得ていた。そのため、戦前の役畜用牛馬の放牧または採草として利用した準自然草地面積は120万ha、放牧共用林野は50万haにも達した。このことは、役畜の飼料や主要な燃料の薪の確保が当時、低地では如何に困難であったことを物語っている。戦後、牛は役畜用から乳肉専用牛の飼養に変わり、それにともなって、牛の栄養要求も高まり、高度成長期に入ると、草地開発が全国の山地において行われた。これによって、全国の準自然草地や林間放牧の利用は急速に減少した。さらに、1985年のプラザ合意以降、円高の影響を受けて、乳肉牛の飼養は輸入飼料に依存した周年舎飼方式が主流となり、国内粗飼料生産においても、トウモロコシ栽培を中心にした集約的粗飼料生産方式に移行している。この輸入飼料用穀物量を耕地面積に換算すると、363万haに達し、我が国の耕地面積の79％に相当し、地球温暖化

や水質に悪影響を及ぼしている（日本草地畜産種子協会, 2010）。現在、採草や放牧に利用されている準自然草地面積は17万haであるとされているが、実際に利用されている面積はこれよりもさらに少ないものと推測される。また、牧草地面積も漸減し、現在、その全面積は62万ha、国土に占める面積割合は2％にしか過ぎない。さらに、放牧・採草利用されている野草地面積割合は1％に満たないので、EUの永年採草地・放牧地面積割合の10分の1以下である。

　これに対して、EUでは生物多様性保全機能は、人為的撹乱が加わらない森林生態系よりもむしろ、人為的撹乱が有る程度加わった準自然草地の方が高いことから（第2章の図3を参照）、農村振興政策のなかで自然的価値の高い農業用地の維持管理に多くの経費を支出してきた（Cooperら, 2007）。さらには準自然草地から採取した混合種子を新たな場所に播種して準自然草地を復元する取組も始まっている（Krautzer et al., 2011）。また、前述のようにEUでは多くの加盟国が行政、農業者、市民、学校などと一体となって、準自然草地の復元作業を行うLIFE+プロジェクトを立ち上げ、大きな成果を上げてきた（EC, 2008）。

　一方、予算面から検討すると、2014年のCAP改革の一環として、Hartら（2011b）は2020年に向けて、EUの農業用地の環境保全に必要な経費を見積もった。その結果、環境保全の社会基盤、研修および普及などの経費を含めない農業用地と植林地に係わる直接環境保全経費は340億ユーロ/年であり、その内、耕地の管理に関する経費が40-50％、草地管理に関する経費を30％と見積もっている。さらに、この草地経費101億ユーロ/年の内、53億ユーロ/年は粗放的管理に必要であると見積もっている。この報告書の中で、Hampickeらはドイツの生物多様性保護のための農業景観管理経費を1,500百万ユーロ/年と見積もり、この内、不耕起や部分耕起などによる半栽培的農業用地（semi-cultivated landscapes）と伝統的草地の管理のための経費を500百万ユーロ/年（500ユーロ/ha/年）、そして集約草地の生産を下げる経費[5]を400百万ユーロ/年（1,000ユーロ/ha/年）と見積っている（Hart et al., 2011b）。このように、予算計上の面からみてもEUでは如何に準自然草地の保全を重視し、集約草地の生産を下げで環境保全機能を高めようとしていることが伺い知ることができる。

これに対して我が国はどうであろうか。国立公園や世界遺産のように、人間の営みを排除した生態系を保護することには公的資金を支出しているが、放牧/採草/火入れという人間の営みの中で形成、維持されてきた準自然草地や林間放牧地に対する保護活動は、極限られた場所だけに残っているだけであり、公的資金の支出も極めて少ない。このため、人為的攪乱が中止された準自然草地の植生は衰退し、二次林に移行している。

　我が国の伝統的な牧畜を支えた準自然草地を保全することは喫緊の課題であるが、我が国では一般に、農業用地を粗放的に管理することは「良くないこと」であり、集約的に管理することが「良いこと」であるという考え方が定着してしまい（有田ら, 2000）、粗放管理で維持されている準自然草地や放牧共用林野は価値の低い生産システムとみなされている。このため、農業者に準自然草地を昔のように放牧や刈り取りを行うことを求めても、高い栄養要求を必要とする乳肉牛の飼料資源として準自然草地や放牧共用林野は受け入れられなくなってしまった。現在、準自然草地の保護活動は一部の保護団体によって細々と行なわれているが、準自然草地を復元するには、経費、要員が必要である。さらに、政策措置を行うには、行政者や農業者に任せていれば、目的が達成されるわけではなく、EUがLIFE+プロジェクトで行ってきたように、行政機関、農業者、市民、学校などが一体となって行う取組が我が国でも必要になるであろう。

　他方、寒地型牧草地は準自然草地や放牧共用林野よりも生産性が高く、栄養価も高いので、寒地型牧草地は比較的高い栄養要求を必要とする育成牛の飼料として適しているが、寒地型牧草地は、土壌侵食防止機能や土壌炭素貯留機能は高いものの、生物多様性保全機能は高くはない（Plantureux et al., 2005）。そこで、生物多様性保全機能の高い準自然草地や放牧共用林野と組み合わせて利用することによって、生物多様性保全機能が強化されるであろう。公共牧場周辺には、かって準自然草地や放牧共用林野として利用していた牧場が多いが、現在は利用されずに放棄されている。したがって、再放牧すれば、元の植生を復元することが可能であろう。また、預託頭数が減少している公共牧場においては、利用されなくなった牧区を利用してシバを播種あるいは移植して施肥せずに適正放牧圧で放牧

を継続すれば、シバ型草地に4～5年で復元させることも可能である（第2章1節4項を参照）。さらに、野草や牧草の植生帯、防風林、小樹林地などの公共財供給の優れた景観構成要素を牧場内に適切に配置し、維持・管理すれば、公共財供給機能を一層、高めることが可能になるであろう。

このような公共草地の再編整備を行えば、環境公共財供給が高まり、EUの山地農業で行われているような山地草地資源を活用したグリーン・ツーリズムを盛んにし、山地から固有の畜産製品を生み出し、農村を訪れる都市の旅行者にとって一層、魅力的なものになるであろう。

おわりに

EUの入会放牧システムは紀元前からの長い歴史があり、現在でもEUの入会放牧地面積は少なくとも8千万haもあるといわれ、その多くが準自然植生の草地や林間放牧地である。そこでは貴重な生物を保全し、美しい固有の景観を形成してきたばかりでなく、固有の畜産物を生産し、牧畜文化によるアイデンティティーを農村住民にもたらし、さらに、都市の市民が散策を楽しむグリーンスペースとしての機能を兼ね備えている。

このように、入会放牧地は農村社会にさまざまなサービスを提供しているが、「将来は、地球温暖化や地球規模の人口増加にともなう、食糧、水、エネルギーなどの安定確保の視点から土地利用システムの見直しという新たな問題が生まれてくるので、入会放牧地への将来への期待は単に特定の農村振興のためだけではなく、各国の経済的な農産物生産、環境公共財の供給、農村や地域社会の便益に対して重層的に価値を高めた土地資源として、入会放牧地が位置づけられることになるであろう」とHopkinsは推測している（Hopkins, 2009）。

我が国では入会権の解体とともに放牧共用林野を中心に全国的に展開していた入会放牧は衰退し、準自然植生が失われつつあるが、かつての共有地（common lands）の利用をめぐる錯綜した利害関係の歴史から脱皮して、農業者-行政者-都市住民が一体となって、準自然植生の土地資源を保全するために、新たな共有地

第4章　EUにおける入会放牧地の多面的機能の特徴と地域的支援の取組

(コモンズ)の考え方を醸成することが必要であろう。

注
(1) Grazing Animals Project (GAP) (http://www.grazinganimalsproject.org.uk/index)
(2) Natura 2000 network (http://ec.europa.eu/environment/nature/natura2000/index_en.htm)
(3) NHK総合テレビ「世界遺産100」に収録されている。(http://www.nhk.or.jp/sekaiisan/s100/stera/archives/archive121123.html)
(4) 欧州委員会は準自然草地に生育する様々な野生植物の混合種子の販売を可能にするために欧州委員会指令(2010/60/EU)を一部改正した。
(5) EU27の加盟国の土地面積の約39％は農業用地であり、環境に様々な影響を与えているが、特に畜産は長い歴史があり、水の硝酸塩汚染によるメトヘモグロビン血症、BSEおよび口蹄疫による人への被害が深刻であった。その反省から、EU理事会規則は農業生産の集約度を20％程度、集約度を下げることを目的にextensificationという言葉を用いた「Extensification payments (集約的農業生産縮小支払)」という支援措置を直接支払のなかで実施している (Baldock et al., 2007; pp.45-46)。なおextensificationを単純に粗放化と直訳すると、適切でない。研究社の英和辞典には既に「集約的農業生産縮小」と意訳されている。

参考文献

Baldock, D., K. Hart and M. Scheele (2011) Public goods and public intervention in agriculture, European Network for Rural Development, http://www.ieep.eu/assets/740/Public_Goods_Brochure_231118_-_FINAL.pdf (Retrieved September 12, 2013).

Baldock, D., J. Bartley, M. Farmer, K. Hart, V. Lucchesi, P. Silcock, H. Zobbe and P. Pointereau (2007) Evaluation of the environmental impacts of CAP (Common Agricultural Policy) measures related to the beef and veal sector and the milk sector., IEEP and Oréade-Brèche Sarl, http://www.ieep.eu/assets/375/beef_dairy_eval.pdf (Retrieved November1, 2013).

Bartley, J., K. Hart and V. Swales (2009) Exploring policy options for more sustainable livestock and feed production, Institute for European Environmental Policy, http://www.ieep.eu/assets/419/sustainable_livestock_feed.pdf (Retrieved August 31, 2013).

Beaufoy, G. and J. Gwyn (2012) HNV farming in England and Wales - findings from three local projects, European Forum on Nature Conservation and Pastoralism, http://www.efncp.org/projects/united-kingdom/hnv_eng_wales/ (Retrieved August 15, 2013).

Bergmann, H. and K.Thomson (2009) Regional development options on a local scale beyond 2013 - the case of Caithness and Sutherland (Scotland, UK), The 83rd Annual Conference of the Agricultural Economics Society, http://ageconsearch.umn.edu/bitstream/50935/2/Bergmann_Thomson67.pdf (Retrieved September 5, 2013).

Buller, H. (2008) Adding value in pasture based systems: reflections on Britain and France reflections on Britain and France. In Proceedings of the British Society of Animal Science: Adding Value in Meat Production, pp.11-14, http://www.esrc.ac.uk/my-esrc/grants/RES-224-25-0041/outputs/Download/53e0e2d9-a6a4-4695-8d81-420d4f4b25fa (Retrieved September 5, 2013).

Bryden, J.M. (2010) Using system dynamics for holistic rural policy assessments and data envelopment analysis for evaluation of comparative policy efficiency at regional level, Paper prepared for presentation at the 118th seminar of the EAAE (European Association of Agricultural Economists), pp.475-488, http://ageconsearch.umn.edu/bitstream/94618/2/118EAAE-CP9-3-Bryden%5B1%5D.pdf (Retrieved September 5, 2013).

Caballero, R. (2007) High Nature Value (HNV) grazing systems in Europe: A Link between biodiversity and farm economics, *The Open Agriculture Journal*, 1, pp.11-19, http://www.benthamscience.com/open/toasj/done-final%20pdf%202.pdf (Retrieved September 12, 2013).

Cooper, T., K. Hart and D. Baldock (2009) Provision of public goods through agriculture in the European Union, Institute for European Environmental Policy, pp.37-43, http://ec.europa.eu/agriculture/analysis/external/public-goods/report_en.pdf (Retrieved September 12, 2013).

Cooper, T., K. Arblaster, D. Baldock, M. Farmer, C. Beaufoy, G. Jones, X. Poux, D. McCracken, E. Bignal, B. Elbersen, D. Wascher, P. Angelstam, J. Roberge, P. Pointereau, J. Seffer and D. Galvanek (2007) Final report for the study on HNV indicators for evaluation, Institute European Environmental Policy, http://www.efncp.org/download/cooperreport.pdf (Retrieved July 24, 2013).

Defra & Rpa (2013) Guide to cross compliance in England, http://rpa.defra.gov.uk/rpa/index.nsf/293a8949ec0ba26d80256f65003bc4f7/6eb355ea8482ea61802573b1003d2469!OpenDocument (Retrieved August 19, 2013).

Defra (2013) Natural England owning common land, GOV.UK., https://www.gov.uk/owning-common-land (Retrieved August 19, 2013).

EC (2009) Peak performance - New insight into mountain farming in the European

Union, Commission staff working document, Bruxelles, European Commission, 31, http://ec.europa.eu/agriculture/publi/rurdev/mountain-farming/working-paper-2009-text_en.pdf (Retrieved August 29, 2013).
EC (2008) LIFE and Europe's grasslands - Restoring a forgotten habitat, 1, European Commission Environment D.G., http://ec.europa.eu/environment/life/publications/lifepublications/lifefocus/documents/grassland.pdf (Retrieved August 23, 2013).
EFNCP (2013) Common land in the United Kingdom, http://www.efncp.org/what-we-do/common-land/foundation-common-land-uk/ (Retrieved August 28, 2013).
García, M.C., E. Rodero and A. González (2012) La trashumancia actural en la provincia de Jaén. su contribución a la conserbasión del patrimonio natural y cultural, http://www.efncp.org/download/Living-transhumance-in-Jaen-Andalucia.pdf (Retrieved August 23, 2013).
Gwyn, J. (2011a) Common grazings in Scotland - assessing their value and rewarding their management. European Forum on Nature Conservation and Pastoralism (EFNCP), United Kingdom, http://www.efncp.org/what-we-do/common-land/common-grazing-scotland/ (Retrieved August 13, 2013).
Gwyn, J. (2011b) Common grazings - more disadvantage for HNV farmland in the new CAP?, EFNCP, United Kingdom, http://www.efncp.org/download/common-grazings-poster.pdf (Retrieved August 7, 2013).
Hart, K., D, Baldock, P. Weingarten, B. Osterburg, A. Povellato, F. Vanni, C. Pirzio-Biroli and Boyes (2011a) What tools for the European agricultural policy to encourage the provision of public goods, European parliament policy department B, http://www.ieep.eu/assets/835/PG_FINAL.pdf (Retrieved July 18, 2013).
Hart, K., D. Baldock, G. Tucker, B. Allen, J. Calatrava, H. Black, S. Newman, C. Baulcomb, D. McCracken and S. Gantioler (2011b) Costing the environmental needs related to rural land management, Institute for European Environmental Policy, http://www.ieep.eu/assets/822/Costing_Environmental_Needs_-_Final_Report_for_web.pdf (Retrieved December 16, 2012).
Heitzmann, H. (2003). La transhumance bovine en Béarn: aspects socio-economiques et sanitaires. La faculte de medecine de Creteil. Paris, École nationale veterinaire d'Alfort PHD, 109, http://theses.vet-alfort.fr/telecharger.php?id=390 (Retrieved July 18, 2013).
Hine, R., J. Peacock and J. Pretty (2008) Green Spaces – Measuring the benefits drawing on case studies from the East of England, University of Essex, http://www.nationaltrust.org.uk/main/w-green-_lungs.pdf w-green-_lungs (Retrieved August 25, 2013).

第1部　草地農業の多面的機能と支援政策

Hopkins, A. (2011) Mountainous farming in Europe, *Grassland Science in Europe*, 16, Proc. 23th, European Grassland Federation, http://www.europeangrassland.org/fileadmin/media/EGF2011.pdf (Retrieved February 28, 2013).

Hopkins, A. (2009) Relevance and functionality of semi-natural grassland in Europe-status quo and future prospective, International Workshop on the SALERE-Project 2009, http://www.salvereproject.eu/downloads/workshop_may_2009/SALVERE_May_2009_hopkins.pdf (Retrieved September 7, 2013).

Hopkins, A. (2008) Country pasture/forage profile: United Kingdom, http://www.fao.org/ag/agp/AGPC/doc/Counprof/PDF%20files/UnitedKingdom.pdf (Retrieved September 12, 2013).

Hopkins, A. and B. Holz (2006) Grassland for agriculture and nature conservation : production, quality and multi-functinality, *Agronomy Research*, 4 (1), pp.3-20, http://agronomy.emu.ee/vol041/p4101.pdf (Retrieved September 3, 2013).

Huylenbroeck, G.V. (2006) Multifunctionality of the role of agriculture in the rural future, The rural citizen: Governance, culture and wellbeing in the 21st century compilation, United Kingdom, The University of Plymouth, http://www.ifmaonline.org/pdf/congress/Huylenbroeck.pdf (Retrieved September 5, 2013).

Krautzer, B., A. Bartel, A. Kirmer, S. Tischew, B. Feucht, M.Wieden, P. Haslgrübler, E. Rieger and E. M. Pösch (2011) Establishment and use of high nature value farmland, *Grassland Science in Europe*, 16, Proc. 23th, European Grassland Federation, http://www.europeangrassland.org/fileadmin/media/EGF2011.pdf (Retrieved August 26, 2013).

Olea, L. and A. San Miguel-Ayanz (2006) The Spanish dehesa. A traditional Mediterranean silvopastoral system linking production and nature conservation. *Grassland Science in Europe*, Vol.11, Proc. 21th, European Grassland Federation, http://www.europeangrassland.org/printed-matter/proceedings.html (Retrieved July 15, 2013).

Paracchini, M. L., J. Petersen, Y. Hoogeveen, C. Bamps, J. Burfield and C. Swaay (2008) High nature value farmland in Europe, http://agrienv.jrc.it/publications/pdfs/HNV_Final_Report.pdf (Retrieved September 5, 2013).

Parente G. and Bovolenta S. (2012) The role of grassland in rural tourism and recreation in Europe, *Grassland Science in Europe*, 17, Proc. 24th, European Grassland Federation, pp.733-746, http://www.europeangrassland.org/fileadmin/media/EGF2012.pdf (Retrieved February 24, 2013).

Peeters, A . (2012) Past and future of European grasslands. The challenge of the CAP towards 2020, *Grassland Science in Europe*,17, Proc. 24th, European Grassland Federation, pp.17-32, http://www.europeangrassland.org/fileadmin/

media/EGF2012.pdf（Retrieved February 24, 2013）
Plantureux, S., A. Peeters and D. McCranken（2005）Biodiversity in intensive grasslands: Effect of management and challenges, *Agronomy Research*, 3 (2), pp.153-164, http://agronomy.emu.ee/（Retrieved February 30, 2013）
Santini, F., F. Guri and S, Gomez y Paloma（2013）Labelling of agricultural and food products of mountain farming Joint Research Centre, Institute for Prospective Technological Studies, http://ec.europa.eu/agriculture/external-studies/mountain-farming_en.htm（Retrieved September 12, 2013）.
Short, Chr., D. Gaskell, H. Waldon and J. Aglionby（2011）Assesment of the impacts of an area- based payment implemented within the single farm payment scheme on active graziers of common land in England, European Forum for Nature Conservation and Pastoralism, http://www.efncp.org/what-we-do/common-land/foundation-common-land-uk/（Retrieved August 26, 2013）.
有田博之・友正達美・河原秀聡（2000）「粗放管理による農地資源保全」『農業土木学会論文集』No.209、pp.109-117、https://ssl.zamitz.jp/gakkai/data/20120904/ndr209.pdf（2012年9月4日アクセス）.
平澤明彦（2013）「CAP改革を巡る議論の現状と方向」『平成24年度海外農業情報調査分析事業（欧州）報告書』農林水産省http://www.maff.go.jp/j/kokusai/kokusei/kaigai_nogyo/k_syokuryo/pdf/eu_cap.pdf（2013年8月29日アクセス）.
是永東彦（2012）「2014年以降のCAP改革の動き」『海外農業情報調査分析事業欧州地域事業実施報告書（平成23年度）』農林水産省、http://www.maff.go.jp/j/kokusai/kokusei/kaigai_nogyo/k_syokuryo/h23/pdf/europe1.pdf（2013年8月16日アクセス）.
日本草地畜産種子協会（2010）「自給粗飼料生産による温室効果ガス削減―環境に配慮した草地飼料畑の持続的生産体系調査事業（普及版）」http://souchi.lin.gr.jp/skill/pdf/jikyuusoshiryo.pdf（2013年7月28日アクセス）.
大黒俊哉・山本勝利・三田村強（2008）「欧州連合における「自然的価値の高い農地」の選定プロセス」『農村計画学会誌』27（1）、pp.38-43。
三俣学（2009）「21世紀に生きる英国の高地コモンズ」室田武編著『環境ガバナンス叢書3』京都、ミネルヴァ書房、pp.237-261。

第5章　EUにおける農業環境支払制度と草地農業のもつ多面的機能の保全

野村　久子

第1節　はじめに

　2011年、農業環境支払制度「環境保全型農業直接支援対策」が日本においても導入された。これは、農業者が携わる、地球温暖化防止や生物多様性保全の効果が高い環境保全型農業の取組に対して、経済的支援を行うというものである。この対策は、農業がもたらす生物多様性保全などの便益を認識し、その対価として支払われる、はじめての経済的支援制度であるという点で、非常に画期的といえる。実施状況をみると、開始2年目にあたる2012年度には、交付件数12,985件、実施面積41,439ha（農林水産省, 2013）となった。初年度に比べて実施面積が2倍以上と大幅に増加している一方で、制度による生物多様性向上についての評価の方法などは未だ定まっておらず、端緒を開いたばかりの状態にある。

　また、「環境保全型農業直接支援対策」は水田のみを支援対象としている。日本の草地は、2012年時点で、採草や放牧用の牧草地が8.1万ha、放牧に供した野草地[1]が3.1万haを占めるが、国土面積のおよそ5.0％と小さい（農林水産省, 2013）。しかし、草地農業のもつ多面的機能を保全する意義は大きいと考えられる。そして、草地農業のもつ多面的機能の保全を考える上では、欧州の事例から日本に適する制度の枠組みづくりに学べる点をまとめることは有用である。

　欧州では、1980年代後半以降、酪農も含めた農業分野を対象として、さまざまな農業環境支払制度が展開されてきている。各国は特に、農業環境支払制度が生物多様性に明確に貢献できるような工夫を、政策レベルと制度レベルのそれぞれにおいて行っている。

政策レベルでは、英国やドイツなどの生物多様性条約批准国が生物多様性国家戦略[1]と農業環境政策を横断的にリンクさせることにより、農業環境政策の意義を確たるものにしている。政策レベルでの生物多様性戦略と農業環境政策の指標生物を同じにすることで関連付けがされており、目標達成度が明確になっている。目標達成度を測るためには、指標が国あるいは国内地域ごとに選定され、これらの指標を用いて事業評価することで政策判断が行われてきた。そして、事業評価のため多数の試験研究機関が関り、科学的に指標を定量化して、農業環境制度の生物多様性向上への寄与という波及効果が実際にあったかどうか評価してきている（Kleijn and Sutherland, 2003、矢部, 2013）。一方、制度レベルでは、農業環境支払の支払われ方に生物多様性保全のためのインセンティブが働くような工夫が凝らされている。具体的には、取組を行うことで指標生物がでてくることを前提に支払われるaoAES（action oriented Agri-Environmental Scheme）と、取組を行った後で指標生物が確認された場合のみに支払われるroAES（result-oriented Agri-Environmental Scheme）の２つの支払方法がみられる。

　本章では、第２節において、農業政策をレビューし、農業環境関連施策がもたらす生物多様性向上への寄与について考察する。まず、EUの農業環境支払制度構築の骨格であるEU共通農業政策（CAP）について、集約農業政策から農業環境政策への政策転換を時系列に概観する。次に、政策転換の柱となる直接支払について環境への費用（負の影響）と便益（正の影響）に対する経済的な支払の考え方を説明する。特に、便益に関しては、生物多様性国家戦略と農業環境支払政策のリンク付けがされていることを示す。そして、第３節では、制度の設計レベルにおける農業環境制度がもたらす生物多様性向上への寄与について考察する。具体的には、英国とドイツの農業環境支払方法が異なることに着目し、各制度の経済的根拠を整理し、それぞれの支払方法の利点と欠点をまとめる。そして、具体的な事例比較として、英国イングランドとドイツのバーデン・ヴュルテンベルク州とニーダーザクセン州の制度を事例として取り上げ、制度の支払方法の比較を行う。最後に、生物多様性向上に寄与する農業環境支払制度のあり方と支払の基準となる指標の設定について整理し、日本の農業環境政策に寄与する部分を示

したい。

第2節　政策レベルにおける生物多様性向上への寄与

1．EU共通農業政策（CAP）の転換

　1960年代から80年代において、CAPは、農業者の所得を一定に保つための「価格支持」と、農産物の競争力を保つための国境措置や輸出補助などの「市場介入」を主柱に、農業振興や酪農振興を目的とした集約農業を推し進めた。こうした経済的側面に着目した酪農振興策によって、欧州では、繁殖力の高い種が選ばれ、放牧頭数が増加した。

　同時に、最大限の飼料を収穫できるように牧草地へ多量の肥料が投入されたため、土壌が富栄養化した。また、1 ha当たりの頭数密度が高く、土壌が侵食しやすくなり、窒素やリンなどの富栄養化成分が表面流出し、河川や湖沼などの陸水圏の水質汚濁が生じるようになった。一方で、多量の化学肥料使用は、強害雑草が牧草地に繁茂するという事態をもたらした。雑草の繁殖によって牧草の栄養価が下がることを防ぐために、2,4-ジクロロフェノキシ酢酸などの除草剤が利用された。さらに社会的には、作物に吸収されず地下水や河川水に溶け込んだ窒素が硝酸態窒素にとなり、それに汚染された水を人が飲むことで、酸素欠如による幼児の死亡が多発し、ブルーベビーという深刻な社会問題が引き起こされた（飯國，2011）。このように、酪農の経済的側面を重視するあまりに、様々な環境問題や社会問題が発生してきたのである。

　1980年代に入ると、それまでの集約的酪農を見直す動きがみられるようになった。すなわち、農地や放牧地がもつ、市場の内部では評価されない、土壌汚染などの環境費用（負の環境影響）と、生物多様性や景観などの価格に反映されない環境便益（正の環境影響）が評価され始めた。1980年代以降の欧州では、負の環境影響削減のための条件を課した直接支払の制度と、正の環境影響を促進するための農業環境支払の制度が、徐々に整えられていく。

第5章　EUにおける農業環境支払制度と草地農業のもつ多面的機能の保全

(1) 負の環境影響の削減を目的とした農業環境関連施策

　まず、負の環境影響の削減を目的とした関連施策についてみてみよう。その具体的な施策として、1992年のCAP改正時に「単一支払」が導入される。従来は、農業者の所得減少補填を、市場価格が支持価格を下回った際にEU加盟国の機関が買い支えを行う価格ベースの支持によって行ってきた。一方、直接支払の一種である単一支払は、面積ベースの支持によって行われるものである。ここで、価格支持と直接支払とでは、「誰が助成金を負担するか」という点で大きな違いがあることを確認しておきたい。価格支持制度下においては、助成金の負担を、農産物価格の引き上げを通じて消費者が負う。一方、直接支払制度下においては、政府が税金を農家へ直接移転するため、納税者が負担するかたちとなる。その場合政府は、農家への助成金に税金を充てることについて、納税者を納得させなければならない。単一支払の受給要件として、環境配慮などの条件（クロスコンプライアンス：CC）[2]を農家へ課した理由は、ここに求められる。この条件があることで、政府は納税者へ単一支払の妥当性を示すことができるのである。農業者がCCを遵守しない場合は、環境損失を未然に防げなかったとして汚染者負担の原則が適用されるため、単一支払で得た補助金を払い戻さねばならない（市田, 2001）。

　CCは、大別して2項目から成り立っている。第1は、既存のEU規則や指令に定められた、環境や公衆衛生、動物の福祉の3分野に関する法定管理要件を満たすことである。例えば環境の分野においては、「鳥類保護指令」や「地下水汚染防止指令」、「地下水の農業による硝酸塩汚染防止指令」、「生物生息地保護指令」の4欧州指令の関連条項を、農業者は満たさなければならない（和泉, 2013）。

　第2は、農業による土壌や水質の汚染を防ぐなど、最低限の環境保護水準を保持することである。すなわち農家は、助成金を受け取る代わりに、環境に負荷を与えないよう環境基準を遵守する義務を持つ。例えば、英国の場合、欧州硝酸塩指令を受けて指定された硝酸塩の被害を受けやすい地帯（NVZs）は、有機堆肥の使用上限が2007年に1ha当たり草地250kg、耕地170kgと設定された。同時に、放牧家畜の堆積糞も含む家畜糞添加量の上限も170kgとなった（矢部・野村,

2009)。これは、飼養密度でいうと搾乳牛は、標準的には1ha当たり2頭、肥育用肉牛は2.5頭にあたる。農業環境支払を受けるためには、農家はこれらの環境基準を遵守しなければならない。

単一支払の支払額の定め方は、2003年のCAPの中間見直しによって修正された。2003年以前には、品目ごとの支払単価をもとに、作物面積に応じて支払額が定められていた。これは、WTO規定では「青の政策」と呼ばれるもので、貿易障害削減の対象外となっている国内支持政策であった。しかし2002年のWTOドーハラウンド交渉の進展の中で、「青の政策」が削減対象となる方向が明らかになってきた（増田, 2012）。これを受けて、2003年のCAPの中間見直しにおいて、2005年以降、非特定作物対象の過去の作付面積ベースの直接支払とすることで削減対象とならない、生産と切り離された「緑の政策」に転換することになったのである。「緑の政策」に転換したことは農業交渉にも有利となり大きな意味を持つ。これは短期的には生産を刺激しない支払方法であることから、EUの直接支払は「生産と切り離された（デカップルされた）支払」と呼ばれるようになった。以降、CAP改革はさらに進み、デカップリングが進められることとなる。

（2）正の環境影響の増大を目的とした農業環境関連施策

他方、正の環境影響を促進するための農業環境支払制度の整備も進められていった。これは、環境保全の公共性を根拠として、環境便益を生み出す農家に対して国家が助成金を支払う制度である。1985年に英国ではじめて本格的に施行された農業関連施策などが、よい例である（和泉, 1989）。この制度整備は、生産活動によって生み出される食料その他の農産物の供給の機能以外の多面にわたる機能、すなわち環境保全や景観保護、農村地域の雇用、食料安全といった農業の正の環境便益を生み出す多面的機能の考え方に基づく（OECD, 2001）。

多面的機能は、1．農業生産と一体性があり、2．取引が存在しない外部経済性を持ち、かつ3．非排除性と非競合性をもった公共財的性質を有している非農産物ということができる（作山, 2006）。多面的機能の価値は市場において認められるものではないため、農業者は積極的に多面的機能を供給したとしても、経済

第5章　EUにおける農業環境支払制度と草地農業のもつ多面的機能の保全

的恩恵を受けられるわけではない。しかし、非排除性や公共財の性質を有しているがために[3]、何らかの政策によって保護されるべきであると以前より考えられてきた。

　欧州の農業環境支払制度の具体的な取組としては、景観や生態系の創出のための粗放農業が挙げられる。ほかにも、さらに難易度が高いものとして、土地固有の希少種生物種やビオトープ、歴史的価値を保護するといった、地域の固有性を発揮せしめる諸策も含まれる。

　2006年以降は、中山間部の条件不利地域支払もまた、農業環境支払の中に組み込まれつつある。例えば英国の場合、もともと条件不利地域支払は、北部や西部に多い条件不利地域で営まれる粗放的な畜産経営の維持のために1975年より支払われてきた。しかしながら、2010年の環境支払制度の中間レビューにより、条件不利地域における環境に配慮した取組も、多面的機能を維持しているとみなされ、農業環境支払制度の下に取り込まれることになったのである（和泉・野村, 2013）。

　このようにEUは、負の環境影響削減のための条件を課した直接支払である単一支払と、正の環境影響を促進するための直接支払である農業環境支払の制度を整えた。CAPの中では、負の環境影響削減のための単一支払は、市場介入と直接支払に係る「第1の柱」、そして正の環境影響促進のための農業環境支払は、農村振興政策に係る「第2の柱」の第2軸「環境及び農村空間の改善」の施策に位置づけられることとなった。EUはこれらの直接支払を通じて、飴（助成金）と鞭（環境基準の順守）を使い分けることで、より環境にやさしい農業へシフトすることを目指したのである。

2．生物多様性国家戦略と農業環境関連政策の共通指標生物を用いた政策のリンク付け

　生物多様性国家戦略と農業環境関連政策という関連省庁間の横断的な政策のリンク付けもまた、生物多様性向上のために有益であった。EUは、生物多様性条約締約国として、「2010年までにEU内の生物多様性の損失と生態系サービスの劣

化を食い止め、可能な限りそれらを再構築し、地球規模での生物多様性の損失を削減するためのEUの貢献を強化する」という目標を2001年に掲げた[4]。さらに、2006年の「EU生物多様性行動計画」においては、CAPが、農村の生物多様性を維持・再構築するために最大限の役割を果たすことや、適切な財政措置を確保することが強調されている（西尾ほか，2013）。このようにEUは、生物多様性行動計画に沿ってCAP政策をツールとして導入することで、生物多様性国家戦略を推し進めたのである。

　こうしたリンク付けは、EU各国において一様なものではなかった。確かに農業環境支払制度における指標種は、生物多様性国家戦略のそれと同様のものが用いられる。しかし例えば、英国が生物多様性保全寄りであるのに対して、ドイツは、種や遺伝子の保護と農地の持続的な利用に注力する農業推進寄りとなっているのである。以下では図1をもとに、このことを具体的に説明していこう。

　例えば、イングランドの場合、生物多様性戦略の農関連の対象分野は、野生生物種やその生息地の保護に重点を置いている。まず、生物多様性保全に対する農業環境関連政策を含む施策の進歩状況を評価するために、18の指標が設定されており（和泉・野村，2013）、農関連の指標としては、鳥類の個体数や蝶の個体数といった具体的な指標生物の個体数の変化を挙げている。そして、農業環境支払の事業評価をする際にも、同じ指標生物が用いられている。また、農業環境支払制度の事業評価にあたっては、英国王立鳥類保護協会（the Royal Society for the Protection of Birds：RSPB）や蝶保全協会（Butterfly Conservation）など、社会的に認知されている非営利団体によって指標個体数のモニタリングが行われており、国民の理解と参画に貢献している。このように、農業環境支払の指標は、生物多様性保全の指標とリンクしている部分が多い。

　他方、ドイツの場合、生物多様性戦略の農関連の対象分野は、種、遺伝子の保護と農地の持続的な利用に重点が置かれている。特に、①の生態系、種、遺伝子から成る生物多様性の構成要素のなかでも、種の保全と遺伝資源の多様性の安定的な確保を優先しており、その推進のための新しい部署を設けた。具体的には種子バンクや、ドイツ古来の固有種、伝統種といった種の存続を重視した施設を充

第5章　EUにおける農業環境支払制度と草地農業のもつ多面的機能の保全

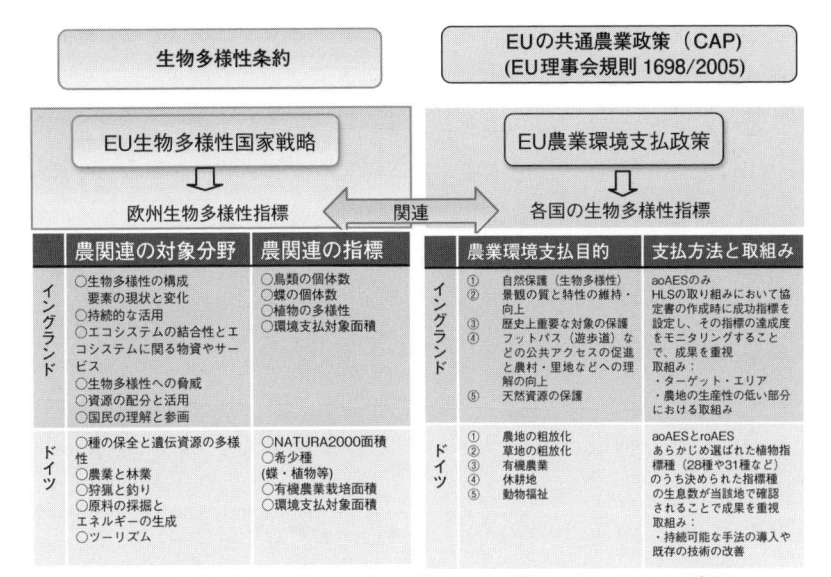

生物多様性条約		EUの共通農業政策（CAP） (EU理事会規則 1698/2005)	
EU生物多様性国家戦略		EU農業環境支払政策	
欧州生物多様性指標	←関連→	各国の生物多様性指標	
農関連の対象分野	農関連の指標	農業環境支払目的	支払方法と取組み
イングランド ○生物多様性の構成要素の現状と変化 ○持続的な活用 ○エコシステムの結合性とエコシステムに関る物資やサービス ○生物多様性への脅威 ○資源の配分と活用 ○国民の理解と参画	○鳥類の個体数 ○蝶の個体数 ○植物の多様性 ○環境支払対象面積	**イングランド** ① 自然保護（生物多様性） ② 景観の質と特性の維持・向上 ③ 歴史上重要な対象の保護 ④ フットパス（遊歩道）などの公共アクセスの促進と農村・里地などへの理解の向上 ⑤ 天然資源の保護	aoAESのみ HLSの取り組みにおいて協定書の作成時に成功指標を設定し、その指標の達成度をモニタリングすることで、成果を重視 取組み： ・ターゲット・エリア ・農地の生産性の低い部分における取組み
ドイツ ○種の保全と遺伝資源の多様性 ○農業と林業 ○狩猟と釣りと ○原料の採掘とエネルギーの生成 ○ツーリズム	○NATURA2000面積 ○希少種 　(蝶・植物等) ○有機農業栽培面積 ○環境支払対象面積	**ドイツ** ① 農地の粗放化 ② 草地の粗放化 ③ 有機農業 ④ 休耕地 ⑤ 動物福祉	aoAESとroAES あらかじめ選ばれた植物指標種（28種や31種など）のうち決められた指標種の生息数が当該地で確認されることで成果を重視 取組み： ・持続可能な手法の導入や既存の技術の改善

図1　EU農業政策と生物多様性の関連―イングランドとドイツの事例―
資料：筆者作成。

実化させている。そして、農地に関連した指標の例としては、植物、蝶類など希少種の状況、EU生息地指令による生息地と生物種の保全状況、農地に占める有機農業用地の比率、農業環境政策の対象地面積が挙げられる。

　着目すべきは、ドイツの農業環境制度支払の対象は、英国の生物多様性を前面に出したそれとは対照的に、非集約型、すなわち農業の粗放化となっている点である。これは、粗放的かつ持続的な農業を推し進めることで、生物多様性国家戦略を達成するという考え方である。すなわち、ドイツの環境支払は、農家が粗放化を進めながら持続可能な農業、酪農の維持に貢献するような取組を行うことが生物多様性の向上に役立つことを仮定している。それは、農家が持続的な生産を行い、農地資源の利用を通じて農業生産に持続可能な農業の取組を導入するため、あるいは環境保全型農業を促進強化するための支援と捉えられる。また、その中には、自然や景観保全の目的に沿った農業活動を助長するための新たな手法の導入や既存の手法の強化も含まれる。その一例として、循環型につながる取組に対

135

する農業環境支払が挙げられる。具体的には、ドイツでは、スラリーを用いた家畜有機性廃棄物を農地へ還元することが推進されている。例えば、大気汚染を低減し、散布の制度を高めるような発散防止ホース方式散布機や、スラリー地中注入機利用による散布技術の改善に対して、優先的に助成がなされる（フェルマン，2011）。また、天敵を利用することで化学殺虫剤散布を行わないという、総合的病害虫管理（Integrated Pest Management: IPM）を用いた病害虫駆除も推進されている。このように新たな手法を導入することで、循環型農業を推進しているのである。

第3節　制度レベルにおける生物多様性向上への寄与

　前節では、EUの各国において、EU共通の概念や各国の理念に基づいて、政策レベルでさまざまな施策が展開されていることをみた。本節では、制度レベルにおいて、生物多様性向上のためにどのような取組がなされているのかをみていく。そのためにまず、aoAESとroAESの2つの異なる農業環境支払方法について概観する。そしてそれらの現状と課題について、英国とドイツの農業環境制度の取組事例を取り上げて検討する。

1．aoAESとroAES

　欧州では、2つの異なる農業環境支払方法が試みられている（Gerowitt, Isselstein et al., 2003）。それらは、行動に基づく支払（action oriented Agri-Environment Scheme：aoAES）と、成果に基づく支払（result oriented AES：roAES）である。

　まずaoAESは、取組方法にしたがって作業を行う農業者に対して補助金が支払われるというものである。制度に採用されている取組方法は、国の試験研究機関等でその成果が実証的に証明されているものである。したがって取組方法に沿って取り組めば、成果を得ることができると考えられている。具体的には、除草剤や殺虫剤の使用を制限した作物栽培や、自然再生のための伐採、有用生物を

増やすための花粉・花蜜植物の植栽がある。aoAESの利点としては、方法が定められているため農家が取り組みやすいことが挙げられる。一方で欠点として、取組の条件として設定されている以上の作業を農家が率先して取り組むというインセンティブが働きづらいことが挙げられる(Gerowitt et al., 2003)。aoAESでは、支払金額は取組の結果として被った逸失額に一般に相当し、その金額は一律であるためである。

しかしながら、多くの欧米諸国がaoAESを採用している背景には、行政的な事情がある(Matzdorf and Lorenz, 2010)。農業者の作業選択の確認と作業同意書の作成が終われば、一括して補助金の支払を行うことができるため、行政側は比較的容易に手続きを進められるのである。

他方、roAESは、動植物の増加がみられるなど、取組の成果が確認された際に補助金を支払うというものである。これは、農業者が生み出した環境便益に対する支払であるといえる。取組の結果が確認できたとき、その対価を受け取ることができるという点で、市場理念に通じている(Matzdorf and Lorenz, 2010)。なぜなら、個人の合理的な判断によって、支払に見合う作業を行う、あるいは、目的達成のための手法が柔軟に選択されるからである。roAESの利点としては、農業者が、自分たちの利益のためにも環境を向上させ、新技術の開発を促進することが挙げられる。また、農業者同士の交流が活発になり、お互いに情報交換をしながら作業を行う傾向があるとされる。そしてなによりも、農業者の本能的なやる気を起こさせ、環境の向上に対する関心を芽生えさせるといわれる(Matzdorf and Lorenz, 2010)。

roAESの欠点としては、成果が確認される前の取組を行っている段階で、農家に機会費用が生じることが挙げられる。現状においては、農家の機会費用は配慮されておらず、取り組んでも対価を得られないリスクを農家は負っている。そのため、農家の取組参加率は低い。またaoAESと比較すると、roAESを採用した行政側の負担は大きい。行政側は、成果を評価するために指標を選択し、確認し、指標に見合う支払金額のレベルを決定するなど、様々な作業を行わなければならないのである。これらの作業は同時に、農業者にとっても負担となりうる。こう

した問題があるため、roAESを採用した行政は、aoAESと比較すると少ない。

2．aoAESの現状と課題―イングランドを事例として―

　英国イングランドの行動に基づく環境支払である環境管理助成制度（Environmental Stewardship Scheme：以下ES制度）は、大別して、一般的な取組内容の入門レベル事業（正式名称Entry Level Stewardship：ELS）と、より高度な対応への取組を対象とする上級レベル事業（正式名称Higher Level Stewardship：HLS）の２段階となっている。前者のELSが一般的な農地を対象としているのに対し、後者のHLSは、伝統的な農村景観、野性生物の生息環境、農業遺産として生物多様性価値の高い重要対象地域（ターゲットエリア）内であることを採択の優先条件としている。ターゲットエリアには、1979年の鳥類指令と1992年の生息地指令のもとで設定された、EUにおける生物多様性保全に関わる施策の起点ともいえる自然保護域ネットワークNATURA2000（生物保護地区）が含まれる。また、特別科学関心地区（Site of Special Scientific Interest：SSSI）もターゲットエリア対象地域である。SSSIは、学術研究上重要な野生生物の生息地を意味し、そこでは保全調査研究が行われている。すなわち、HLS採択地域は、生物の生息地としての価値が特に高い地域であるといえる。

　HLSの取組では、より専門的な作業を行うことが農家に求められる。農家はまず、ES制度の運営機関Natural England（以下NE）の地域アドバイザーと相談しながら協定書を作成する。協定書には、取組ごとに、保護すべき対象、管理方法、そして成功指標（Indicators of Success）が示される。成功指標では、「xx年後に○○という生物が△％見られる」といった現実的な目標が設定される（西尾ほか，2013）。

　HLSとELSの取組には、重複するものが多くある。例えば、ELSのEE3「耕作地への６mの緩衝帯の設置」は、HLSのHE3に該当する。これは、生息地あるいはコリドーとして利用するための緩衝帯を耕作地へ設置する、というものである。ELSとHLSのどちらの取組においても、農家は、オーチャードグラス（*Dactylsisglomerata*）、オオウシノケグサ（*Fetucarubra*）、オオアワガエリ

第5章　EUにおける農業環境支払制度と草地農業のもつ多面的機能の保全

表1　入門レベルと上級レベル事業における助成対象オプションとポイント数の例

コード番号	対象となる項目の内容	単位	ELSの場合（単位あたりポイント数）	HLSの場合（単位当たり支払金額）
EE3（HE3）	耕作地への6mの緩衝帯の設置	ha	340	£340
EL2（HL2）	低投入による永久草地の管理	ha	35	£35
EL3（HL3）	非常に低い投入による永久草地の管理	ha	60	£60
EL4（HL4）	イグサ草地の管理	ha	60	£60
EL5（HL5）	囲われた地域での放牧	ha	35	£35
EL6（HL6）	原野での放牧	ha	5	£5

（注：コード番号は、ELSの場合、E始まりで、HLSの場合、H始まり、となる。）

(*Phleumpratense*)、ケンタッキーブルーグラス (*Poapratensis*)、オオスズメノテッポウ (*Alopecuruspratensis*) などの混合種子を、最初の12ヵ月の間に緩衝帯に播種する。そして、これらを好んで食べるメンフクロウ (*Tyto alba*)、ヨーロッパヤマウズラ (*Perdixperdix*)、ノウサギ (*Lepuseuropaeus*)、ヨーロッパイエコウモリ (*Pipistrelluspipistrellus*) が緩衝帯において観測されるようになることを目的としている。

しかしELSのEE3とHLSのHE3では、支払われる金額が異なっている。まず、ELSの支払は、取組ごとに1ha当たりのポイントが決まっているので、EE3のほかに複数の取組を組み合わせて1ha当たり合計30ポイントを達成すれば、1ha当たり30ポンドの支払が得られるようになっている。例えば100haの土地を持っている農家が、ELSに取り組むとすると、年間3,000ポンド（＝30ポンド/ha×100ha）（2013年時点で約50万円）受け取ることが出来る。なお、ELSの協定期間は5年である。

他方、HLSの支払は、1ha当たりの取組金額が初めから設定されている。申請可能である地域の農家の場合、HE3に採用されると、この取組単体で1ha当たり年間340ポンド（約5万5千円）が支払われる。取組を増やせばそれだけ農業環境支払総額は大きくなる。つまり、HLSの地域では、同じ取組でもより多くの生物多様性が生み出され、より高い効果（環境便益）が期待できるため、それに見

合う支払がなされていると考えられる。HLSの協定期間は10年であり、5年目には、農業者が継続の有無を決めることができる。

また、HLSのHE3はELSのEE3と異なり、設定した目標に対して具体的な成果を求められる。ELSでは、取組方法どおりの緩衝帯を作っておけば、成果を特に問われることはない。しかしHLSでは、取組の成果が確認される。HLSのHE3では、3年目までに上記の植物が植栽され、生物が観察されることが、成功指標となっている。そして、5年目に中間見直しが行われ、成功指標への到達度が評価される。協定を残りの5年間も継続させるかどうかは、中間見直しでの到達度にかかっている。なお、中間見直しで継続を取りやめることも可能である。

ES制度の取組は、すべてaoAESに則っていると言われてきた。しかしこのようにみると、aoAESとされるES制度も、HLS（上級レベル）では、成果重視のプログラムになっていることがわかる。成功指標を設けることで、事業の管理運営が適切に実施されているか、また生物多様性向上の具体的な成果が到達されているか、といった点の評価が可能となっているのである。

最後に、農家の協定締結年数も大事である。環境や生物多様性にかかる施策の場合、数年程度の取組では効果は期待できないことが多い。よって、10年という息の長い取組が行われていることは結果を生み出すことにつながることから制度上大変重要な意味を持つ（矢部, 2013）。

3．roAESの現状と課題―ドイツを事例として―

ドイツでは、それぞれの州が独立した環境支払制度を展開している。EU諸国においてはじめてroAESを導入したのは、ドイツのバーデン・ヴュルテンベルク州であるが（Matzdorf and Lorenz, 2010）、近年は、ニーダーザクセン州などもroAESに取り込んでいる。本節では、これら2つの州における農業環境制度についてみていく。

バーデン・ヴュルテンベルク州では、MEKA（市場負担緩和と農耕景観保全のための調整金プログラム）という農業環境制度が実施されている。これは、EUの理事会規則1257/1999に基づいており、roAESを連邦レベルではじめて導入

第5章　EUにおける農業環境支払制度と草地農業のもつ多面的機能の保全

表2　NAU/BAU（ニーダーザクセン/ブレーメンの農業環境プログラム）

メニュー番号	メニュー名	1ha当たりの支払額
A2	農耕地のマルチング	40 €/ha
A3	環境保全型の堆厩肥散布	最大30 €/ha
A5	一年生花の植物帯（休耕地）	540 €/ha
A6	一年生花の植物帯（耕作地内）	330 €/ha
A7	間作・混作	70 €/ha
B1	草地の粗放的管理	110 €/ha
B2	結果に基づく支払による草地の持続的利用	110 €/ha
C	有機農業の促進	137-662 €/ha

資料：ニーダーザクセン農林局のホームページより。

（Lilium Bulbiferum）　　（Arnoseris minima）

写真1　NAU/BAUの31種の指標種の2事例

した制度として知られている。2007年からは、MEKAの第三世代にあたるMEKAIIIが展開している。

　MEKAでは、aoAESとroAESの両方を採用している。その取組は8つのカテゴリーに分けられるが、そのうちのメニューB4「粗放的な草地利用の導入・維持」のみに、roAESを導入している。これは、28種の指標種のうち、4種以上の生息が当該草地において確認された場合、1ha当たり50ユーロ（2013年4月の時点で6,500円。以下同）が農家に支払われるというものである。

　ニーダーザクセン州の場合、農林局と環境局のそれぞれが、生物生息地保護地区内の農地に対して直接支払を行っている。農林局が行っているニーダーザクセン州のニーダーザクセン/ブレーメンの農業環境プログラム（NAU/BAU）は、aoAESとroAESの複合型であり、8つの取組を提供している。そのうち、表2にあるB2の「草地の持続的利用」がroAESを導入している。この取組では、31

141

種の植物指標種のうち4種の指標の生息が当該地で確認されれば、1ha当たり110ユーロ（約14,500円）が農家に支払われる。

4．支払形態による保全対象や支払額の設定との関連性

表3は、roAESとaoAESのそれぞれにおける指標種や取組方法、支払根拠、支払額について整理したものである。aoAESでは、一般種と固有種を指標種としている。国内で減少している種を現状維持するための取組の費用補塡を行うために、一律の支払がなされている。もっとも、土地の固有種の再導入や保全強化を目的とした取組に対しても、aoAESを適用させることは可能である。その場合、事前の実証的研究の成果をもとに、地域ごとに指標種を設定し、有効な取組方法を選択する必要がある。あるいは、英国におけるaoAESの上級レベル事業と同様に、協定書の作成時に成功指標を設定し、その指標の達成度をモニタリングすることで、成果を重視したaoAESを用意することも一案となろう。現実的な目標を眼前に掲げられるため、農家は処方に取り組みやすくなる。また行政側にとっては、成果を確認する際の費用を軽減できるため、費用対効果が高いといえる。

表3　支払形態と指標種

支払形態	aoAES	roAES
指標種	一般種 固有種	絶滅危惧種・ 固有種
支払額	一律（作物別）	取組み別

資料：筆者作成。

roAESの対象となる取組には、2タイプが考えられる。まず1つ目は、当該地域において減少傾向にある固有種の再導入である。2つ目は、絶滅危惧種のさらなる減少を食い止めることである。場合によっては、絶滅危惧種の再導入には専門的な処方が必要になる場合もでてくるだろう。支援の形としては、これらの指標種を再導入・維持・強化するための様々な取組に対して、環境便益の存在を根拠として、作業内容ごとに異なる金額の支払を行うというものとなる。またroAESの場合でも、農家の機会費用は支払われる必要があるであろう。

5．農業環境支払制度による多面的機能の強化

　ここでは、農業環境支払制度の取組によって、多面的機能が強化されている具体的な取組を紹介したい。多面的機能を生み出すための取組は、様々な要素が複合的に作用して、相乗効果を生み出すように設計されていることが常である。

　例えば、農業環境制度の取組の一環として草地を粗放化した場合を考えてみよう。まず、化学合成肥料や植物成長剤の利用を以前より控えることになるため、土壌や水質の汚染が減少する。また、草地を単に粗放化するだけではなく、生態系が豊かになるように管理を行う。例えば、刈り取り時期を植物の咲く時期とずらすことで土地固有の植物が咲き、そこに蜂や蝶などの昆虫が集まってくるのである。さらに、牧草の刈り取りの時期を鳥の営巣期からずらすことで、草地に好んで営巣する草地鳥が営巣のためにやってくる。土地固有の家畜品種の維持の例であれば、種の保全と遺伝資源の多様性を安定的に確保すると同時に、土地にあった家畜品種が草をはむ光景は、そこの土地の農文化的景観を生み出すことになる。

　このような複合的な多面的機能を生み出す取組の最たるものに、英国のES制度と、ドイツのMEKAⅢがある。以下では、「粗放的な草地利用」と「土地固有の家畜品種の維持」の2つの取組に大別した上で、ES制度とMEKAⅢが生物多様性や農文化的景観といった多面的機能の創出に果たしている役割を見て行こう。

（1）粗放的な草地利用

　英国のES制度においては、HLSの取組の1つとしてHK6「種の豊富な半自然草地の維持」がある（表4）。この場合農業者は、草地において放牧を行い、干草を刈ることはできるが、耕作をしてはいけない。有機質肥料の投入は可能である。また、過度の狩が禁じられるが、その他の規制は特にない。

　耕作地を粗放的な草地へ転換させる取組も、ES制度で項目化されている。HJ3「侵食を防ぐため、耕作地から肥料投入しない草地への転換」ならびにHJ4「侵食を防ぐため、耕作地から肥料低投入草地への転換」が、それに該当する。この取組では、農家は、放牧圧が特に高いとされているところを改良しなければなら

第1部　草地農業の多面的機能と支援政策

表4　ES制度のHLSにおける粗放的な草地の利用

コード番号	対象となる項目の内容	支払額	単位
HK6	種の豊富な半自然草地の維持	200ポンド	ha
HJ3	侵食を防ぐための耕作地から肥料投入しない草地への転換	280ポンド	ha
HJ4	侵食を防ぐための耕作地から肥料低投入草地への転換	210ポンド	ha
HF12	野鳥の飼料となる区画（輪作、又は休耕地）	475ポンド	ha

資料：Natural Englandのホームページより。

表5　MEKAIIIにおける粗放的な草地の利用

コード番号	対象となる項目の内容	点数	単位	支払額
NB1	粗放的な草地利用	5	ha	50ユーロ (5x10€/ha)

資料：フェルマン（2011）より。

ない。草地のための種を10月1日までに植えること、取組1年目には参加草地において2回の草刈を行うこと、2年目以降は年に1回の草刈を行うことが、条件として課される。さらには、過剰な放牧を控えることが求められるほかに、ミネラル成分の肥料のみが追加投入を認められる。HJ4では、年間100kg/haの家畜からの有機窒素、あるいは、年間50kg/haの無機質の窒素のみが、放牧地への投入を認められている。また、窒素の投入期間については、2月1日から8月14日までと規定されている。

一方、ドイツのMEKAIIIではどうであろうか。例えば、粗放的な草地の利用を通じた放牧に際しては、最大頭数密度の制限という環境負担への軽減条件がついている。具体的には、最大頭数密度が農地1ha当たり2.0大家畜単位（GV）に制限されており、粗放的利用の性格が強化されている（フェルマン, 2011）。また、草地へスラリー施肥を行う際には、その量や施肥時期について明確な記録をつけることが求められる。植物保護剤などの化学物質の投入に際しても、制限が課されている。なお、助成を受ける草地面積の最低限5％は、6月15日以後のみ放牧あるいは刈り取りを許可される。

（2）土地固有の家畜品種の維持

　土地固有の家畜品種を維持するために、イングランドとドイツにおいてどのような取組が行われているのだろうか。まずイングランドの場合、ES制度のHLS

第5章　EUにおける農業環境支払制度と草地農業のもつ多面的機能の保全

写真2　危惧種のリストに載っているデーボン牛

の取組として、危惧種リストに載っている家畜の支援がある。牛や羊といった食用の畜産のみならず、種の維持が危惧されている、在来の馬やポニー、ヤギなども対象に含まれる。例えば、牛の種では、アバディーン・アングス、ショートホーン、ガロウェイ、ヘレフォード、デーボン（写真2）などが支援対象となっている。これらの種を導入することで、1頭当たり70ポンドの支払を農家は受ける（Natural England, 2010）。血統書付きは、アバディーン・アングス、デイリー・ショートホーン、ヘレフォードの3種のみである。なお、これら3種以外の種も、イングランド農業環境支払の対象となる危険種リストに載っており、ドイツのMEKAIIIが血統書付きの種のみに支援対象を限っていることと対照を成している。

また、HLSには資本支援と呼ばれる取組がある（表6）。資本支援とは、池の設置、生垣の新設などの生物の生息地再生の取組や、石垣に囲まれた放牧地といった英国の伝統的な農村風景の復元や維持に対して、助成金を支払うというもので

表6　家畜の導入・再導入に伴う資本支援

コード番号	対象となる項目の内容	支払額 （あるいは支援割合率）	単位
CDB	牛の給水槽	£119.00	個
CCG	家畜脱出防止格子	£538.00	個
WS	飲料水供給	£2.00	m
WT	水桶	£85.00	個
CLH	家畜取扱施設	コストの60%	

資料：Natural England のホームページより。

第1部　草地農業の多面的機能と支援政策

表7　家畜の導入・再導入の取組み

コード番号	対象となる項目の内容	点数	単位	支払額
N-C3	母畜（フォア・ヴェルダー牛）	7	頭	70ユーロ （7ポイント×10€/ha）
	母畜（ヒンター・ヴェルター牛、リンプルガー牛、在来種のブラウン牛、シュヴァルツ・ヴェルダー馬、アルト・ヴェルテンベルグ馬）	12	頭	120ユーロ （12ポイント×10€/ha）

資料：フェルマン（2011）より。

ある。資本支援対象の中には、生態系再生や生物多様性向上を目的とした、土地固有の家畜種の再導入も含まれている。英国の農業環境支払で特徴的なのは、再導入の際に必要となるその他の資本、すなわち家畜取扱施設や家畜脱出防止格子の設置もまた、支援対象に含まれることである。例えば、牛の給水槽であれば1槽当たり119ポンド、家畜脱出防止格子であれば538ポンドが、農家へ支援される。

次に、ドイツのMEKAIIIにおける、危惧種の維持・導入の取組についてみてみよう。MEKAはA～Gの7つの分野で28のメニューから構成されている（フェルマン，2011）。危惧種リストに掲載されている家畜の導入は、そのうちのCに含まれる取組である。支援対象となる家畜は、固有種の牛と馬である。支払は1点につき10ユーロであるので、7点であるフォア・ヴェルダー牛を導入した場合、1頭当たり70ユーロ（10ユーロ×7）が支払われることとなる。

ドイツの固有種には、表7にあるようにヒンター・ヴェルター牛、リンプルガー牛、在来種のブラウン牛、シュヴァルツ・ヴェルダー狐、アルト・ヴェルテンベルグ馬などがある。これらを導入した場合、1頭当たり120ユーロが支払われる。危惧種リストに載っている種を導入する際には、それが血統書に登録された母畜である必要がある。なお、ドイツの取組には、英国のES制度にある危惧種導入のための資本支援は特にない。

第4節　おわりに―日本の農業環境支払制度への提言―

冒頭で述べたように、2011年に始まった日本の農業環境支払制度「環境保全型農業直接支援対策」は、ますますの充実化が期待される。以下では、最後に制度

第5章　EUにおける農業環境支払制度と草地農業のもつ多面的機能の保全

全般について、今後の制度充実化のための提言を2点、そして、草地農業における多面的機能の保全のための支払がおこなわれる場合に想定される農業環境支払の取組について提言できる2点を挙げる。

1．今後の制度の充実化のための提言

（1）指標を用いた制度の事業評価

　英国の農業環境支払の評価に用いられる指標種は、生物多様性国家戦略指標で指定されている植物や蝶類である。ドイツの場合、取組の結果として期待される指標種は、植物である。ドイツの粗放的な草地利用の取組に採用されているMEKAIIIの28とNAU/BAUの31の指標種は、①湿地帯や山岳地域などの様々な自然環境に生息する、レッドブックに記載される種や、②農家が識別しやすいその土地固有の草花の2つに大別できる。これらの草花については、伝統的な歌や風景画の中で繰り返し描かれてきた、人びとにとって馴染みが深いものが選ばれている。このように、イングランドの農業環境支払の指標種である鳥や蝶、そしてドイツの農業環境支払の指標種である植物や蝶には、生物多様性戦略で掲げられた分野別の達成評価の指標が利用されている。

　我が国における生物多様性国家戦略でも、数値目標からみた基本戦略の達成状況が示されている（環境省, 2012）。しかしながら、生物多様性保全に貢献しているかどうかという点を、指標生物を用いて、科学的根拠に基づいた上で生態調査をもとに評価することはなされていない。一方、研究レベルにおいては、農業保全型農業など生物多様性保全に及ぼす効果を、科学的根拠に基づいて現場レベルで評価できる指標生物と評価法をまとめている（田中・井原, 2013）。生物多様性国家戦略に基づき農業環境制度が生物多様性保全に本当に貢献しているかどうか指標生物を用いて制度の事業評価が行われることが期待される。

（2）支払方法

　制度の目標到達度を評価する際には、指標生物が実際に確認されるといった目に見える結果をもとに評価する手法が有効である。その場合、農家の取組みやす

さと行政の制度運営における費用対効果のバランスが重要となる。roAESの場合、生物多様性向上が確認できると支払われる仕組みのため、取組とその効果が直接関連付けられる。反面、成果の確認後、支払をすることは農家にとっては、取り組んでも支払われない、というリスクとなる。また、行政コスト面からもroAESは指標種を確認するための行政コストもかかる。一方、英国のES制度の取組は全てaoAESであるが、HLS（上級レベル）では、成功指標を設けることで、成果重視のプログラムになっている。また、5年を中間見直しに設定した上で、10年という継続した取組が行われることも成果につながっている。日本でも、農家の取り組みやすさと行政の制度運営における費用対効果のバランスを考えると、英国のようなELSとHLSの2段階の取組をとりいれてHLSの取組での成功指標を用いた成果重視型のaoAESの導入が望ましいだろう。

2．草地農業における農業環境支払取組

（1）生産性の高い場所と低い場所の区別化

　農業は生産の場であるため、農地のなかでもともと生産性の低い場所を対象にして、生物多様性の豊富な場所などを農業環境支払の対象とするという考え方のもとに取組が設定されている。例えば、英国の取組では、林に隣接しているがために日光があまり射さない耕作地を対象とした取組、あるいは農作物の収穫後、冬の鳥の飼料となる種の植え付けなど農業の生産に影響を及ぼさない場所や時期を用いた取組がある。

　牧草地についても、放牧地は畜産を行う場所という認識のもと、生産力の高い草地では環境に配慮した生産を行い、低い草地では景観や生物多様性を重視するような土地利用が好ましい。放牧圧の低いところでは、放牧が適度にあることで絶滅危惧種である蝶の好む植物が植生することが研究で実証されている（Murata et al. 2008）。よって、酪農を営む場と生物多様性を生み出す場と区別化を行うことで、畜産の生産性の高いところは、環境へ負の影響を与えない環境に配慮した生産を行い、生産の低いところは、景観や生物多様性向上といった環境に便益をもたらす取組を通じて生物多様性向上や景観保全を行う酪農のありかたが実現可

第5章　EUにおける農業環境支払制度と草地農業のもつ多面的機能の保全

能となる。

(2) 固有種の保全への支援

英国やドイツでは、生物多様性戦略で第一に掲げられている、生態系や種、遺伝子といった生物多様性の構成要素保全のために、酪農における在来種・土地固有種の保全が推進されている。本章でみたように、農業環境支払制度においても、在来種・土地固有種の導入や維持のための資本支援の取組が導入されている。

日本にも、黒毛和牛（Japanese Black）や褐毛和種（Japanese Brown）、無角和種（Japanese Poll）、日本短角種（Japanese Shorthorn）の4種の固有種がみられる。特に、山口県萩市見島で飼育されてきた日本在来牛の見島牛や、鹿児島県口之島の口之島牛は、西洋種の影響を受けていない、古来固有の形質を有していることで知られる。また、牛舎で主に肥育される黒毛和牛と、牧草などの粗飼料でもよく育つような褐毛和種や無角和種、そして日本短角種に区分できる。前述の生産性の高いところと低いところで役割を区分し、日本固有の肉専用種として支援する形が可能であると思われる。また、種の保全に協力する農家への導入あるいは再導入時の資本支援も必要であると考える。

以上、本章では、英国とドイツにおいて進化し続けている農業環境制度を概観した。制度のリンク付けと制度の内容を工夫することによって、EUの農業環境支払制度が草地農業のもつ多面的機能の保全向上に寄与していることを提示した。今後の日本の農業環境支払制度の発展過程で欧州における農業環境支払制度のこうした現状を検討した上で、目的に適した支払形態と事業評価指標種が導入されることが望ましい。

最後に、国土の5％を占める草地における草地農業のもつ多面的機能の保全に対して支援を行うことは、草地利用をしている農家の生み出している環境便益を正当に評価することである。この意義は大きい。将来、日本の草地畜産にも対応する取組が今後発展することが期待される。

第1部　草地農業の多面的機能と支援政策

謝辞

　本研究は、平成24年農林水産政策科学研究委託事業『我が国の独創的な農文化システムの継承・進化に向けた制度構築と政策展開に関する研究』の助成を受けたものです。

注
（1）「牧草地面積」は採草や放牧に供した牧草地の合計面積であり、「野草地面積」は、放牧に供した野草地及び林地の合計面積である。なお、農研機構畜草研の植生データに基づく「草地面積」は1990年時点で18.7万haである。
（2）生物多様性国家戦略とは、生物多様性条約に準じた政策や制度を遂行できるように生物多様性条約批准国が政府の全ての部門において、設置した目標である。
（3）CCのこれらの条件は、ドイツでは、「適切な農業活動」（Die gutefachliche Praxis）、英国では、「模範的農業環境条件」（Good Agricultural and Environmental Condition：GAEC）と呼ばれている。
（4）例えば、農村の景観は、植物園が有するような、入り口で入場料を払った人のみが敷地の中の植物を観ることができる排除性を持たない。また、皆が競合することなく景色を楽しむことができるために（非競合性を持つがために）公共財の性質を有する。
（5）「2010年までに生物多様性の損失を逆転させる」というEUの目標の達成は困難であるとの評価が、2009年のEU生物多様性国家戦略の「中間評価」において示された。EU内では、NATURA2000で保護された生息地の拡大と保護や水質改善などの成果は見られたが、希少種などの生物種や生息地の状況の悪化、外来生物の侵食など、課題も多く残った。この中間評価をもとに、EUは2010年の春に、「2020年までにEU内の生物多様性の損失と生態系サービスの劣化を食い止め、可能な限りそれらを再構築し、地球規模での生物多様性の損失を削減するためのEUの貢献を強化する」とする生物多様性目標を新たに再設定した。

参考文献
飯國芳明（2011）「転換期を迎えた農業環境政策」横川洋・高橋佳孝編著『生態調査的農業形成と農業環境支払い―農業環境政策論からの接近―』青山社、pp.19-47。
和泉真理（1989）『英国の農業環境政策』富民協会。
和泉真理（2010a）「EU諸国ならびに米国における指標開発・政策への反映状況調査・分析」2010年度報告　ドイツ、農林水産省プロジェクト研究「農業に有用な生物多様性の指標および評価手法の開発」農林水産省。
和泉真理（2010b）「海外事情「生物多様性の保全を定量化する―EU諸国の取り組みから」

―」『JC 総研レポート』vol.15、pp.4-10。

和泉真理（2013）「EUの共通農業政策と生物多様性」西尾健ほか『英国の農業環境政策と生物多様性』筑波書房、pp.9-26。

和泉真理・野村久子（2013）「英国の農業環境政策と生物多様性」西尾健ほか『英国の農業環境政策と生物多様性』筑波書房、pp.27-68。

田中幸一・井原史雄（2013）「生物多様性プロジェクトと指標生物マニュアルの概要」『JATAFF』1-7、pp.2-8。

市田知子（2001）「ドイツにおける農業環境政策の展開―「アジェンダ 2000」以降の動きを中心に―」『農林水産政策研究所レビュー』1、農林水産政策研究所、pp.8-20。

環境省（2012）「第2章 生物多様性の保全及び持続可能な利用」『環境白書・循環型社会白書・生物多様性白書』環境省。

作山巧（2006）『農業の多面的機能を巡る国際交渉』筑波書房。

農林水産省（2013）『平成24年度環境保全型農業直接支援対策の実施状況』農林水産省 http://www.maff.go.jp/j/seisan/kankyo/kakyou_chokubarai/pdf/jissi.pdf（2013/11/25アクセス）。

農林水産省（2013）「公共牧場をめぐる情勢」生産局畜産部畜産振興課 http://www.maff.go.jp/j/chikusan/kikaku/lin/l_hosin/pdf/1307boku-jousei.pdf（2013/1/30アクセス）

フェルマン，T. 著、横川洋訳（2011）「MEKAIII―ドイツ農業環境政策―」横川洋・高橋佳孝編著『生態調査的農業形成と農業環境支払い―農業環境政策論からの接近―』青山社、pp.273-292。

増田敏明（2012）「次期CAP法案の審議状況―「公共財供給政策」への転換をめぐって―」『欧米の価格・所得政策と韓国のFTA国内対策』（プロジェクト研究「戸別所得補償制度等の下での農業構造の変動と地域性を踏まえた農業生産主体の形成・再編に関する調査・分析」）農林水産省、pp.1-61。

西尾健ほか（2013）『英国の農業環境政策と生物多様性』筑波書房。

矢部光保（2013）「英国の農業における生物多様性保全政策の評価」西尾健ほか『英国の農業環境政策と生物多様性』筑波書房、pp.135-164。

矢部光保・野村久子（2009）「農業に有用な生物多様性の「定量的」指標・評価手法の開発に関する英国での現地調査」『欧米諸国における生物多様性維持と環境保全型農法の融合―EU及び英国の政策―』法政大学生命科学部植物医学専修、pp.54-76。

Gerowitt, B., J. Isselstein, et al. (2003) "Rewards for ecological goods - requirements and perspectives for agricultural land use," *Agriculture, Ecosystems & Environment* 98 (1-3), pp.541-547.

Kleijn, D. and W. J. Sutherland (2003) "How effective are European agri-environment schemes in conserving and promoting biodiversity?," *Journal of Applied Ecology*

40 (6), pp.947-969.

Matzdorf, B. and J. Lorenz (2010) "How cost-effective are result-oriented agri-environmental measures?: An empirical analysis in Germany," *Land Use Policy* 27 (2), pp.535-544.

Murata, K., C. Okamoto, et al. (2008) "Effect of grazing intensity on the habitat of Shijimiaeoides divinus asonis (Matsumura)," *Transactions of the Lepidopterological Society of Japan* 59 (3), pp.251-259.

Natural England (2010) *Higher Level Stewardship: Environmental Stewardship Handbook*, Sheffield, Natural England.

OECD (2001) *Multifunctionality: Towards an Analytical Framework*, Paris, OECD.

性
第2部　アニマルウェルフェアと市民的価値

第6章　放牧を加味した
　　　　アニマルウェルフェア畜産の実現

佐藤衆介

はじめに

　20世紀後半から急激に展開された経済のグローバル化は、社会に様々な歪みをもたらしてきている。貧富の格差、生態系の劣化、地球温暖化、畜産におけるBSEや高病原性鳥インフルエンザのパンデミック等である。岐路に立っているグローバル資本主義に求められているのは、持続性の視点である（Hart, 2008）。畜産においても、現在、持続性の視点からの再構築が求められている。
　アニマルウェルフェアとは、本来動物の快適状態を示す言葉であるが、同時に、仲間や社会を認知し、痛い、苦しいといった感受性のある動物に、飼養管理の面で配慮する倫理をも意味する。後者の意味を有する畜産は、持続的である。アニマルウェルフェア畜産では、ヒトと家畜との関係は共存的であることから、関係は持続的となる。家畜は、快適に飼育されれば健康となり、家畜生産は持続的となる。そして、健康家畜は感染、疾病、損傷が無いことから、そこからの畜産物は健全となり、食品として持続的となる。
　アニマルウェルフェア畜産に求められる必要条件は、食住の充足、疾病・損傷からの解放、および恐怖からの解放と正常行動発現の自由（「5つの自由」論）(FAWC, 1992) である。舎飼では、食住の充足、疾病・損傷からの解放、および恐怖からの解放の実現は容易である。しかし、正常行動を適切に発現させることはきわめて難しい。一方、放牧飼育では、正常行動の適切な発現は容易である。しかし、食住の充足や疾病・損傷からの解放、及び恐怖からの解放に関しては解決すべき課題が多く存在する。舎飼への放牧の加味が、アニマルウェルフェア畜

産を高度に実現する可能性がある。

　本章では、アニマルウェルフェア倫理が目指すもの、アニマルウェルフェアに向かう世界の動向、放牧を加味することによるウェルフェアの改善の可能性、そしてアニマルウェルフェア畜産実現への道筋を紹介する。

第1節　アニマルウェルフェア―愛護とは、似て非なるもの―

　アニマルウェルフェアが、前述のように動物の快適性への配慮ということであるならば、「愛護」を思い浮かべるに違いない。広辞苑によれば、愛護とは「かわいがり保護すること」と定義される。すなわち愛護の主語は、人間である。我が国の動物への配慮の法律である「動物の愛護及び管理に関する法律」では、目的として、「この法律は、動物の虐待及び遺棄の防止、動物の適正な取扱いその他動物の健康及び安全の保持等動物の愛護に関する事項を定めて国民の間に動物を愛護する気風を招来し、生命尊重、友愛及び平和の情操の涵養に資するとともに、動物の管理に関する事項を定めて動物による人の生命、身体及び財産に対する侵害並びに生活環境の保全上の支障を防止し、もって人と動物の共生する社会の実現を計ることを目的とする。」と謳っている。このように、愛護とは、動物を愛する情動を我々が涵養することが目的と言える。

　一方ウェルフェアとは、ウェブスターの新世界辞書によるとwelとfarenの合成語であるという。welは「望みに沿って」、farenは「生活すること」とあり、「良い生活の状態、すなわち健康で、幸福で、安楽な状態」と定義され、アニマルウェルフェアでは、主語はアニマルとなる。世界初の動物福祉の教授席に着いたケンブリッジ大学のBroom（1986）によれば、「個体のウェルフェアとは、個体を取り巻く環境と適応する努力に関しての状態」と定義される。状態の判断基準は、Hughes（1976）によれば「心理的にも肉体的にも健康に満ちている状態」と定義され、その状態はAppleby（1996）が指摘するように、「人間の世話・管理・影響下にある動物個体あるいは集団の物理的、環境的、栄養的、行動的、社会的要求に応じることで生じる」とされるのである。このように、ウェルフェアとは、

愛という情動抜きで、動物の快適性を客観的に保証することを目指しているといえる。情動抜きでは、動物への配慮動機は生まれず、かといって情動だけでは、快適性は達成し得ない。愛護とアニマルウェルフェアの統一が求められているのである。

家畜のウェルフェアを具体化する方向が初めて提起されたのは、「集約畜産下での家畜のウェルフェアに関する専門委員会」からの英国議会への答申書（通称ブランベル・レポート）（Brambell, 1965）である。そこでは、「転回」、「自己身繕い」、「起きあがり」、「横臥」、そして「四肢の伸展」の「５つの自由」の保証にあった。その後、アニマルウェルフェア「５つの自由（解放）」原則は洗練され続け、1992年の英国政府への勧告機関である畜産動物ウェルフェア専門委員会による「５つの自由（解放）」提案（FAWC, 1992）が現在の共通認識となっている。「５つの自由（解放）」原則とは①空腹及び渇きからの自由（健康と活力を維持させるため、新鮮な水及び餌の提供）、②不快からの自由（庇陰場所や快適な休息場所などの提供も含む適切な飼育環境の提供）、③苦痛、損傷、疾病からの自由（予防および的確な診断と迅速な処置）、④正常行動発現の自由（十分な空間、適切な刺激、そして仲間との同居）、⑤恐怖及苦悩からの自由（心理的苦悩を避ける状況および取扱いの確保）である。

第２節　世界はアニマルウェルフェア畜産に向かっている

第１節で、アニマルウェルフェア研究が、1960年台より英国で開始されたことを紹介した。その動きは欧州全体のアニマルウェルフェア法的規制へと展開し、EU発足のなかで、1999年に施行されたアムステルダム条約での「動物の保護とウェルフェアに関する議定書」という形で統一された。これにより、加盟国には、農業・輸送・域内流通・研究に関する政策の決定や執行にあたり、感受性のある存在として動物をさらに保護し、動物の福祉に配慮することが規定された。EUの統一規定として、これまでに、屠畜及び殺処分時、輸送時、並びに全家畜、子牛、ブタ、産卵鶏、肉用鶏の各飼育時に関するアニマルウェルフェア規定が作成

第6章　放牧を加味したアニマルウェルフェア畜産の実現

されてきている（佐藤, 2001）。現在、乳牛の飼育時について検討中である。

　このような法的規制に加え、EUでは補助金によりアニマルウェルフェア畜産を推進させる動きもある。EUは、2003年に農業共通政策（CAP）改革を行い、農業支援の大転換を図った。生産高促進への補助金から、消費者や納税者の要請を受けた生産への支援というデカップリング補助金への変更であった。具体的には、環境、食品安全、動植物の健康、アニマルウェルフェアに配慮し、かつ農用地の保全（生産的・環境的）に対して補助金を出すというものであった。我が国が行おうとしている農家への一律支給ではなく、農家が生産高以外の基準をクリアした場合に支給するというクロス・コンプライアンスの発想であり、傾聴に値する。そのためのアニマルウェルフェア基準作りが始まっている（佐藤, 2008a）。加えて、EUはアニマルウェルフェア畜産の世界的周知を目指し、2000年にはWTOへ非貿易的関心事項としてアニマルウェルフェアを提案している。すなわち、世界共通アニマルウェルフェア基準の作成とそれに沿った貿易ルールの確立、アニマルウェルフェアブランドのラベルの容認、そしてアニマルウェルフェア補助金の国際的承認の要請である。

　WTOで、産品の差別化が承認されるには、科学的データの充実と国際組織での基準化が必要である。アニマルウェルフェアを扱う国際組織とは、2003年にOIEという歴史的名称を残したままで、The World Organisation for Animal Healthと名称を変更し、動物の健康改善に貢献する組織へと発展した国際獣疫事務局である。2004年に、アニマルウェルフェアのガイドライン原則を採択し、2005年には、陸生動物の健康規約に「アニマルウェルフェア」の章を追加した。それらは、海上輸送、陸上輸送、空路輸送、食用屠殺、伝染病防止用殺処分、の章である。その後、飼育管理に関する章の検討が開始され、2012年には肉用牛の章が、2013年にはブロイラーの章が追加された。2014年には乳用牛の章が追加される予定である。すなわち、今や、アニマルウェルフェアは形而上学的議論から形而下のグローバルスタンダードの議論に移行していることを認識する必要がある。

　アニマルウェルフェアに関するEUでの法的規制や補助金、そしてOIEでの国

際的規約化に加え、欧州を中心にスーパーマーケットやレストランチェーン等のアニマルウェルフェア畜産物流通の動きも活発である（佐藤, 2005a）。米国でも、1999年にマクドナルド社が、アニマルウエルフェアに関する独立諮問委員会のもとで、アニマルウエルフェアの基準、教育制度（農家・社員）、査察制度を作ってきている。現在、食鳥のガス気絶法の開発と使用の推進、妊娠豚の豚房飼育、産卵鶏のケージサイズの増加（464.5cm^2/羽）、絶食・絶水による強制換羽の禁止、平飼いや放牧の推進を進めている。その後、ウェンディーズやバーガーキングも続き、2008年には、大手スーパーのセーフウェイがアニマルウエルフェア方針を採択している。我が国でも、2008年以降、アニマルウェルフェア畜産の流通が活発化してきている（佐藤, 2008b, 2009a）。

第3節　放牧を加味することによるウェルフェアの改善の可能性

アニマルウェルフェア畜産に求められる必要条件として、第1節で5つの自由原則を紹介した。ここでは、5つの自由の各側面について、放牧を加味することによるウェルフェア改善の可能性を検討する。

1. 空腹及び渇きからの自由（健康と活力を維持させるため、新鮮な水及び餌の提供）

「新鮮な水と健康と活力を与える餌の供給」といえば、常識的には、放牧するだけで満たせそうな側面と考えられる。山があり川があり、多様な動植物が食料として存在し、柵もないなかで、仲間と一緒に生活するような野生の生活をさせれば、何も手出しをしなくともこれらは保証できる。動物は、多様な餌がランダムに存在するなかで、最適に餌を取るように進化してきていると考えられており、これをOptimal Foraging Theory（最適採餌理論）と言う。最少の労力で最大の栄養価（主はエネルギー）を摂取できるように仕組まれている。当然、動物にとってエネルギーだけが必要なわけではなく、タンパク質も微量元素も必要であるし、毒も回避しなければならない。これらの制約を受けながらも、この基本的な戦略

第6章　放牧を加味したアニマルウェルフェア畜産の実現

写真1　肥育豚の放牧飼養方式
（睡眠や気象環境からの庇護のため、豚舎を併設する）

を保持しているがゆえに問題がないのである。しかし現在の家畜は、生産能力が放牧飼養では対応できないほどに増強されており、問題はそう単純ではない。

　家畜は、統計遺伝学というツールでもって、高増体、高泌乳、高産卵率に急速に選抜されてきた。1日増体重は、ブロイラーでは1960年から1996年までに4.5倍に、ブタでは、1974年から1995年に1.2倍に、乳牛では、乳量は1950年から1996年に1.8倍に増えた（Rauwら, 1998）。この生産能力を最大限発揮させるには、高栄養飼料を摂取させる必要がある。改良された家畜を、限られたスペースの中で、出来るだけ単純な餌を短時間に摂取させ、高生産を保とうとする畜産方式が、低コスト・多量生産達成のための結論である。そして、摂食量や摂食時間には限度があることから、飼料は濃厚化する。現在の育成牛、受胎牛、及び搾乳牛にとっては、放牧草は蛋白質飼料としてもエネルギー飼料としても不十分であるし、季節的にも量的・質的に安定しない。現在のブタやニワトリにとっては、放牧地に存在する種子、昆虫、小動物等の栄養的価値は極めて低く、放牧だけでは、とても養分要求量を充足できない。彼らの養分要求量を満たすには、生体における養分収支をモニターしながら、放牧からの栄養摂取を見積もり、飼料を加給する方策を検討する等の精密栄養管理をすることがウェルフェア改善に通じる（**写真1**）。

ブロイラーでは食欲中枢が麻痺するまでに改良されたことにより過食し、骨や心肺機能の成長が追いつかないことからくる骨折や腹水症等が起こりやすいことが指摘されている。また、繁殖豚・種鶏・種雄牛では飽食させると繁殖性を阻害するまでに増体することから、制限給餌が必要であり、それにより慢性的な飢餓状態となること等も問題となっている（Broom & Fraser, 2007）。放牧により、餌の栄養濃度を下げることで、満腹感を持たしながら生産スピードを若干落とすウェルフェア生産方式が作れる可能性もある。

2．不快からの自由（庇陰場所や快適な休息場所などの提供も含む適切な飼育環境の提供）

適切な飼育環境の提供であるが、ここでいう環境とは物理環境であり、表1に示す通り、それは主には熱環境、大気環境、光環境、音環境、および畜舎・施設環境である。そして「適切な」とは、家畜の内部環境（体温・体液）の恒常性を保ち、不快そして怪我や病気を誘発しないことをいう。ウェルフェアに特に強く影響する環境は、飼育面積、床構造、温熱環境、ガス環境であるが、放牧を加味することで、温熱環境等の気象環境以外の側面の課題を大きく改善する（佐藤, 2009b）。

体内の生理的・生化学的反応は、温度に大きく左右される。したがって、体を一定の温度に保てる環境を提供することが、ウェルフェアの改善、すなわち適応度を高めることとなる。体温は、「産熱＋環境からの付加熱—環境への放熱」により作られる。したがって、気温、気湿、太陽からの放射熱、および風速が環境要素として重要であり、放牧においてはそれらに直接晒されることから、過度にならないような防御が必要である。飼料の摂食は、産熱を付加するため、暑熱下では摂食行動の低下が起こり、過度の場合には停止にも至る。乳牛では、摂食低下は、乾草摂食で25℃、サイレージ摂食で31℃、濃厚飼料で35℃位から起こるとも言われる。暑熱は、オスではテストステロン濃度低下による造精機能悪化や精子の奇形数・死亡数の増加をもたらすことが知られている。メスでは受胎能力低下や早期胚の死亡が起こる。ウシは寒冷には強く、能動的な産熱を始める低臨界

第6章 放牧を加味したアニマルウェルフェア畜産の実現

表1　家畜の物理環境の分類とその要素

環境分類	要素
熱環境	気温、気湿、放射、対流、伝導
大気環境	酸素、二酸化炭素、アンモニア、硫化水素、メタン、塵
光環境	日長
音環境	90ｄB以上の長期暴露は難聴化
畜舎・施設環境	面積、床（通路、ベッド）、給餌・給水施設、ハンドリング施設

温度は肉用繁殖牛で-21℃、乾乳牛で-14℃、日乳量30kg程度の乳牛で-40℃といわれる（Curtis, 1983）が、前述のように風による放熱は大きく、風速1mで-11℃体感温度は低下するとの報告（山本・野附, 1991）もあることから防風施設も不可欠である。

ブタは、皮毛が発達していないため、暑熱にも寒冷にも弱く、吻以外の部位では汗腺も発達していないため暑熱にはさらに弱い。暑熱時には日陰に入り、水浴び、泥浴び、そして過呼吸で対応し、寒冷時には群がり、震え、発熱で対応する。低臨界温度は、新生子豚では34℃程度で、体重の増加とともに温度は低下し、4～6kg体重の子豚で25～30℃、8～14週齢で25℃、育成豚で20℃、成豚で15℃といわれる。当然発熱にエネルギーを使うので、この温度以下では飼料効率も落ちる。さらに、咳、下痢、尾かじりが増加し、ウェルフェア問題ともなる。体重20～30kgのころは、特に注意が必要である。床への熱伝導も重要で、床にワラ・オガクズ等の敷料を入れることは有効である。高温では、熱を放散するためにまたエネルギーを使う。

以上のように、舎飼の物理環境は放牧を加えることにより大きく改善し、放牧の物理環境は舎飼を加えることで大きく改善される。

3．苦痛、損傷、疾病からの自由（予防および的確な診断と迅速な処置）

まず、事故や病気による死亡を減らすことが、ウェルフェア上からも畜産上からも要請される。そして、多くの怪我や病気では、家畜は患部に触れられることを嫌がり、患部を保護すべく歩様や姿勢を変化させることから、苦痛をともなっていることが予測され、その制御がウェルフェア問題となっている。同時に、怪我である外傷や骨折、そして感染や代謝失宜による病気とは、形態的および生理

第2部　アニマルウェルフェアと市民的価値

写真2　産卵鶏の放牧飼養方式
（産卵や気象環境からの庇護のため、鶏舎を併設する）

的な恒常性からの逸脱であり、それは生理的ストレス状態であり、その観点からもウェルフェア問題となっている。このように、怪我や病気は生命の危険をももたらす最大のウェルフェア問題であるが、同時に家畜の生産力にも大きく影響することから畜産的問題でもある。

　放牧飼養における死亡率は、ウシやブタでは低いが、ニワトリでは逆に高い。Agra SEAS（2004）によれば、産卵鶏の死亡率は、従来ケージ飼育で6％、および放牧で10.4％と報告されている。このように小動物（イタチ、タヌキ等による捕食）や子畜（カラス、タヌキ等による捕食）の放牧においては、捕食獣からの庇護が必要である（写真2）。

　ブタの場合は、一般に子豚の死亡率の高さが問題である。多産動物の宿命とはいえ、子豚の死亡の50％は1日齢までに、80％は3日齢までに起こる。踏み潰しが、死因の70％を越えるといわれるが、死産、低体重、低栄養状態、飢餓、凍死も死因として重要である。踏み潰しによる圧死は、子豚の運動性が低く、乳房のそばにいる時間が長い3日齢までに多い。踏み潰しによる圧死を制御する目的で、分娩柵付き分娩ストールが開発されてきたのである。したがって、母豚の横臥を

制御する方法の無い放牧では圧死は多くなり、その制御が必要である。しかし、それ以外の要因による子豚の死亡はストール飼育で多く、結局、子豚の生存1腹産子数や離乳頭数に差は無い。ストール飼育では、産次を重ねるごとに、他のシステムの母豚より体重は軽くなり、脚の損傷や泌尿器感染は多くなることが明らかになっている（Broom et al., 1995）。子豚の圧死をクリアさせる分娩豚舎付き放牧システムは、繁殖豚のウェルフェアを大きく改善する。

また、動物衛生研究所（2002）が実施した全国の牛放牧場の衛生実態調査によると、死亡率は哺育牛で2.7%、育成・成牛で0.5%であった。農林水産省の家畜共済統計表によれば、平成18年度の死廃率は乳用牛等で7.1%、肉用牛等で2.7%であり、放牧でのウシの死亡率は極めて低いといえる。

現在の畜産における代表的疾病は、乳牛では急性乳房炎、卵巣嚢腫等の卵巣不全、第1胃食滞、第4胃変位、腸炎といった濃厚飼料多給による疾病（元井，1988）であり、肉用牛では、腸炎、肺炎、気管支炎、卵巣静止等の卵巣不全であり、濃厚飼料多給との関連や舎飼との関連が高い。放牧では、これらが一挙に解決できる。放牧での代表的疾病は、鋭利な石や切り株などの踏み抜き等による趾間腐爛、肺炎・気管支炎、小型ピロプラズマ病、下痢、ピンクアイ、繁殖障害、真菌症、腸炎・胃炎、外傷であり（動物衛生研究所, 2002）、外傷、寄生虫汚染、および感染症への対策がなされた放牧を加味することで、ウシのウェルフェアも大きく改善される。

4．正常行動発現の自由（十分な空間、適切な刺激、そして仲間との同居）

私達には、正常行動発現がアニマルウェルフェアの必要条件の1つであるという発想はわかりにくい。「家畜にもヒトにも、やりたい行動がある」とし、それを抑えたら苦悩が生じ、ひいては生理的なストレスとなり、それは免疫性を弱め、疾病を誘発させることから、重要なウェルフェア問題との認識である。欧米には、アリストテレスが提唱した卓越主義が根底に流れており（山口, 2008）、それは「それぞれの動物種は、生来、遺伝的にコードされた「本来の性質」を持っており、これを完成させること、すなわち目的の実現が、動物種にとっての「善」と考え

られる」という考えで、欧米では市民にも研究者にも、すんなりと受け入れられているようである（Appleby and Hughes, 1997）。私達にも、囚われの動物を自由の身にさせる「放生」という発想があるが、長時間働くことが美徳とされる我が国においては、私達にとっても行動の自由は比較的少なく、したがって発想的には理解されにくい側面かもしれない。しかし、動物行動学は、その発想を科学的に証明してきている。

　行動とは、動物がそれをとりまく環境と適応するための手段である。手段は、行動能力として生得的に枠組みが作られており、それを正常行動という。適応とは、個体維持のために恒常性を保つこと（維持行動）、そして次世代に子孫を残すこと（生殖行動）である。維持行動は、個体として完結する個体行動と他個体との関係で完結する社会行動からなる。個体行動としての維持行動は、摂取（摂食、飲水、舐塩）、休息、排泄、護身（全身的反応：庇陰行動、ブタの水浴や群がりなど）、身繕い（皮毛の舐め、こすりつけなど）、探査（物を舐める、嗅ぐ、触れるなど）、個体遊戯（跳ね回るなど）の各行動からなる。社会行動としての維持行動は、社会空間行動（他個体との距離を保つ、追従など）、社会的探査、敵対（突く、つつく、噛むなど）、親和（他個体への身繕い）、社会的遊戯（追いかけあいなど）の各行動からなる。生殖行動は、性行動と母子行動（巣作り、授乳、母性的世話など）からなる。これら全てをプログラム通りに発現させることが、アニマルウェルフェアの最大のテーマの1つである「正常行動の発現の自由」である。しかし、飼育下で全てを実現させることは困難であることから、放牧の加味は重要である（**写真3**）。

　Hurnik（1993）は、優先順位を「生死に関わる項目」、「肉体的健康に関わる項目」そして「快適さに関わる項目」の順が妥当であると提案している。その発想からすれば、最優先は摂食行動ということになる。また、内的動機づけの強い行動こそ優先させるべき、という意見も強い。内的動機づけの強い行動とは、維持行動に関しては、摂食行動（幼畜では吸乳行動）、さらにニワトリでは砂浴び行動と巣作り行動、ブタでは穴掘り行動、ということになる。生殖行動に関しては、性行動ということになる。摂食行動に関しては、実際に食べるという完了行

第6章 放牧を加味したアニマルウェルフェア畜産の実現

写真3　多様な植生からなる放牧地での肉用牛の放牧飼養

動の持続時間のみならず、探索という欲求行動も含めて促進させる必要がある。その他の行動に関しては、発現を誘発できる刺激の提示が必要である。放牧方式は、これら進化的に作られてきた習性を、無意識的に全て発現させることのできる優越した方式であり、究極の環境エンリッチメントと言える。

5．恐怖及び苦悩からの自由（心理的苦悩を避ける状況および取扱いの確保）

「恐怖」は、危害を予知する情動であり、粗暴な管理者、攻撃的な仲間、あるいは新奇性の極めて強い環境、例えば初めて搾乳室に入るとか、初めて真っ暗な運搬車に乗せるなど、により引き起こされる。「苦悩」は、やりたいことが抑制される欲求不満時や、やりたいことが2つ以上同時にあり、どちらを実行すべきか迷っている状態である葛藤時に起こる。苦悩問題は、「正常行動発現の自由」問題と重複するので、ここでは論じない。

「粗暴な管理者問題」はアニマルウェルフェア上のみならず、生産性にも大きく関わることから、EUでも最優先に取り組まれるべき課題として認識されている。家畜は、管理者や仲間を顔や姿でもって識別できるし、識別する脳細胞も持っている。しかも、いくつかの顔細胞は、顔見知りの管理者と顔見知りの家畜の顔写

第2部　アニマルウェルフェアと市民的価値

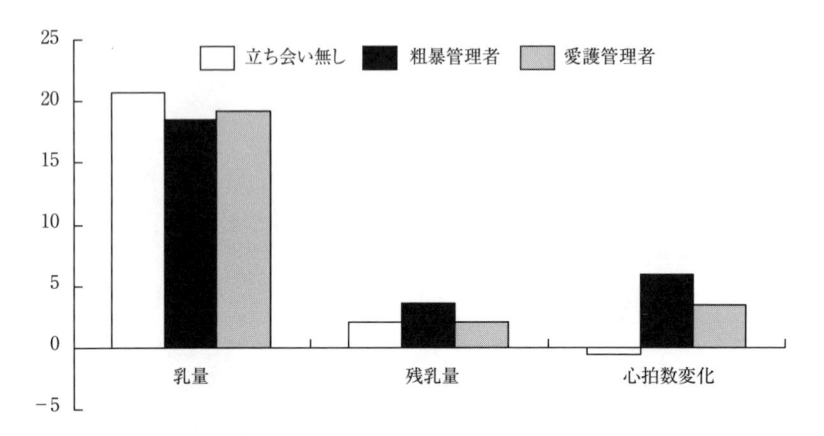

図1　粗暴管理者と愛護管理者の立ち会いの下での乳量と心拍数の変化
（Rushen et al., 1999）

真の双方に反応するものであり、それは気を許せる顔、気を許せない顔というような識別をしている可能性も指摘されている。管理者は、「恐怖」を引き起こす存在ではなく、気を許せる存在になることがきわめて重要である。ウシがヒトに慣れやすい感受期として、生後2〜3日、離乳期、そして分娩直後1時間以内が特定されている。そして、その時期の優しい扱い（優しく声をかける、軽く叩く、撫でる、掻く、背・肢・腹に手を置く、など）が、その後のウシの恐怖反応性に影響することが知られている（Hemsworth et al., 1987、Boivin et al., 1992、小迫・井村, 1999）。放牧飼育下では、ヒトとの接触が希薄となることから、ヒトと家畜の心理的関係形成のためには、感受期の積極的な利用が容易な舎飼が有効となる。

Rushenら（1999）は、繋留飼育されている乳牛に声を荒げながら平手で頭や脇を叩いたりする粗暴管理者と、ブラッシングし、給餌し、優しい声で話しかけるという愛護管理者の比較を行っている。ストールでの搾乳の時に、両管理者が立ち会った場合の乳牛の乳量や残乳量を調査した。結果は**図1**のとおりで、粗暴管理者は乳牛に覚えられ、その人が搾乳に立ち会っただけで心拍数は上がり、搾乳量は減り、残乳量は増えることが明らかとなった。Hemsworthら（2000）は、31戸と66戸の酪農家群で2度にわたり、乳量と管理者の行動や乳牛の行動との関

係の実態調査を行った。まず、農家から威圧的で粗暴な管理をされている乳牛では、じっと座っている人間に近づく割合が少ないことを明らかにした。そして、そのような酪農家では、牛乳中のコルチゾル含量は高く、個体当たりの乳量は低くなっていた。農家ごとの乳量の違いは、31戸農家群調査ではヒトに対する乳牛の近寄りやすさで19％、66戸農家群調査ではヒトが関わる回数で13％も説明できることがわかった。アニマルウェルフェアを意識し、ウシに対する行動を変えるだけで、1～2割も乳量が増えることが、実態調査からも明らかとなった。

　管理者の行動と生産性との関係は、ブタやニワトリでも報告されている。ブタの逃避反応が弱い農家ほど分娩率が高く、年間産子数が多いことが知られている（Hemsworth et al., 1989）。また、実験的にブタを「優しく撫でる区」と「近寄ってきたら電気ショックなどの粗暴な扱いの区」を作り比較すると、後者ではストレスホルモンであるコルチコイドレベルが高く、雌の初発情は遅れ、妊娠率は低く、日増体重も飼料効率も低いことが知られている（Hemsworth et al., 1986）。ニワトリでも同様な調査が行われており、優しい取り扱いは産卵鶏では卵生産性、ブロイラーでは飼料効率の改善に貢献すると報告されている。コマーシャル農場において、管理者からの逃避性は飼料効率の変動の29％を説明できるとの報告もある（Hemsworth and Coleman, 1998）。ヒトとの関係が希薄になりがちな放牧飼養では、舎飼を通じたヒトと家畜との心理的関係形成が不可欠である。

　仲間からの攻撃の制御問題は、いまだに大きい。どの動物も群飼すると、必ず社会的順位を作る。噛んだり、頭で突いたり、嘴でつついたりの攻撃行動をしあい、2頭間で繰り返すことで勝ったり、負けたりが固定化し、ついには互いに相手とその対戦経験を記憶し、行動がそれぞれ威圧的（優位）と控えめ（劣位）に変容する。その関係は、全ての生活場面で有効で、餌、水、休息場等の資源の利用に関しては特に顕在化する。ウシは、見晴らしの良い草原では大群を作り、見通しの悪い森林等では小群化し、時には1頭でも行動する。このような柔らかな社会を作る動物では、敵対行動は飼育条件に大きく左右される。社会的順位関係は必ず作られるので、顕在化させない方策が必要である。それは、①攻撃手段である嘴や角の除去、②親和関係の形成、③柵等による物理的保護、ならびに④ス

ペースの拡充による敵対行動の希釈、の4方策である（佐藤, 1988）。スペースの拡充による敵対行動の希釈はきわめて有効であることから、放牧の加味は、仲間からの攻撃の制御にきわめて有効である。

おわりに

　これまで見てきたように、アニマルウェルフェア畜産は、舎飼方式に放牧を加味することで技術的には実現する。持続性こそが最大の価値観となる近未来の畜産として、それは正しい方向であることを私達はまず認識する必要がある。そして、経営として成立させるためには、新たな手段が必要であることも確認すべきである。EUでは、それは規制（法律）、補助金、そして高付加価値化であった。これらの推進が、現在我が国でも求められる。

　法的規制に関しては、「動物の愛護及び管理に関する法律」がある。5年ごとに見直されており、2012年にも改正されたが、産業動物に関する規制は全く無い。「動物の愛護及び管理に関する法律」は、第44条において「「愛護動物」とは、次の各号に掲げる動物をいう。一　牛、馬、豚、めん羊、やぎ、犬、ねこ、いえうさぎ、鶏、いえばと及びあひる。二　前号に掲げるものを除くほか、人が占有している動物で哺乳類、鳥類又は爬虫類に属するもの」と規定し、かつ第2節で「動物取扱業の規制」を規定しているものの、畜産農家はその規制から除外されている。しかし、法律に基づき改正された「産業動物の飼養及び保管に関する基準」にはアニマルウェルフェア的発想が明記されており、産業動物の愛護のあり方を規定するものとして、強く意識する必要がある。

　補助金に関しては、農政が大転換し、従来の経営所得安定化対策（旧・所得補償制度）が見直されていることから、その洗練のなかで検討される必要がある。EUが実施しているように、農家は環境やアニマルウェルフェアの守り手として働き、それに対して国は補助金を支給するというクロス・コンプライアンス方式は検討に値する。EUでは、1家畜単位当たり500ユーロのアニマルウェルフェア補助金であり、それを我が国の全農家に適用したとしても最大5,773億円程度に

第6章 放牧を加味したアニマルウェルフェア畜産の実現

しかならないわけで（佐藤, 2005b）、早急な検討が必要である。

　高付加価値化に関しては、クリアすべき課題は多いが、畜産農家、畜産企業、および流通業者の先行が始まっている（佐藤, 2008b）。しかし、真の高付加価値畜産の創造には、①技術開発、②評価法開発、そして③フードチェーン開発、が必要である。前２者は、高付加価値畜産展開の基盤であり、我々技術者の課題である。EUでは、研究費の重点配分により、研究者の育成と最高級畜産物生産システムを構築しつつある。農業は風土に規定されており、技術の直輸入では実現は不可能である。三位一体の動きが、畜産を持続的で近未来的アニマルウェルフェア畜産へと導く。

引用文献

Agra CEAS (2004) Study on the socio-economic implications of the various systems to keep laying hens. Final Report for The European Commission, http://ec.europa.eu/food/animal/welfare/farm/socio_economic_study_revised_en.pdf

Appleby, M.C. (1996) "Can we extrapolate from intensive to extensive condition?" *Applied Animal Behaviour Science* 49, pp.23-28.

Appleby, M.C. and B.O. Hughes (eds.) (1997) *Animal Welfare*, Wallingford, CAB International, pp.19-31（翻訳書：佐藤衆介・森裕司（監修）(2009)『動物への配慮の科学—アニマルウェルフェアをめざして—』チクサン出版社）.

Boivin, X. P.Le.Neindre and J.M.Chupin (1992) "Establishment of cattle-human relationships," *Applied Animal Behaviour Science* 32, pp.325-335.

Brambell, R. (1965) *Report of the technical committee to enquire into the welfare of animals kept under intensive livestock husbandry systems*, London, Her Majesty's Stationery Office, pp.1-85.

Broom, D.M. (1986) "Indicators of poor welfare," *British Veterinary Journal* 142, pp.524-526.

Broom, D.M., M.T. Mendl and A.J. Zanella (1995) "A comparison of the welfare of sows in different housing conditions," *Animal Science* 61, pp.369-385.

Broom, D.M. and A.F. Fraser (2007) *Domestic Animal Behaviour and Welfare*, 4th ed, Wallingford, CABI, pp.272-300.

Curtis, S.E. (1983) *Environmental Management in Animal Agriculture*, Ames, Iowa State University Press, p.8.

Farm Animal Welfare Council (1992) *FAWC updates the five freedoms*, Veterinary Record 131, p.357.

Hart, S.L.（石原薫訳）（2008）『未来をつくる資本主義』英治出版、pp.1-347。
Hemsworth, P.H., J. L. Barnett and C. Hansen（1986）"The influence of handling by humans on the behavour, reproduction and corticosteroids of male and female pigs," *Applied Animal Behaviour Science* 15, pp.303-314.
Hemsworth, P.H, C. Hansen and J.L. Barnett（1987）"The effects of human presence at the time of calving of primiparous cows on their subsequent behavioural response to milking," *Applied Animal Behaviour Science* 18, pp.247-255.
Hemsworth, P.H., J.L. Barnett, G.J. Coleman and C. Hansen（1989）"A study of the relationships between the attitudinal and behavioural profiles of stockpeople and the level of fear of humans and the reproductive performance of commercial pigs," *Applied Animal Behaviour Science* 23, pp.301-314.
Hemsworth, P.H. and G.J. Coleman（1998）*Human-Livestock Interactions-The Stockperson and the Productivity and Welfare of Intensively Farmed Animals*, Wallingford, CAB International, pp.56-59, pp.114-118.
Hemsworth, P.H., G.J. Coleman, J.L. Barnett and S. Borg（2000）"Relationships between human-animal interactions and productivity of commercial dairy cows," *Journal of Animal Science* 78, pp.2821-2831.
Hughes, B.O.（1976）, *Behaviour as an index of welfare*, Proc. 5th European Poultry Conf., Malta, pp.1005-1018.
Hurnik, J.F.（1993）"Ethics and animal agriculture," *Journal of Agricultural and Environmental Ethics* 6（Suppl.）, pp.21-35.
Rauw, W.M., E. Kanis, E. N. Noordhuizen-Stassenand and F. J. Grommers（1998）"Undesirable side effects of selection for high production efficiency in farm animals: a review," *Livestock Production Science* 56, pp.15-33.
Rushen, J., AMB de Passille and L. Munksgaard（1999）"Fear of people by cows and effects on milk yield, behavior, and heart rate at milking," *Journal of Dairy Science* 82, pp.720-727.
小迫孝実・井村毅（1999）「黒毛和種子牛に対する生後3日間のヒトの接触処理がその後の対人反応に及ぼす影響」『日本畜産学会報』第70巻、pp.409-414。
佐藤衆介（1988）『乳牛のストレスと産乳』デイリー・ジャパン、pp.133-150。
佐藤衆介（2001）「欧米における動物福祉・愛護政策の動向と家畜生産　1．大家畜を中心とした動向」『畜産技術』第549号、pp.2-8。
佐藤衆介（2005a）「家畜福祉の倫理と科学」『生物科学』第56巻、pp.194-203。
佐藤衆介（2005b）『アニマルウェルフェア』東京大学出版会、pp.1-194。
佐藤衆介（2008a）「WQプロジェクトにおけるアニマルウェルフェア現場評価法の開発」『畜産の研究』第62巻、pp.17-22。
佐藤衆介（2008b）「アニマルウェルフェアの発想と技術開発の方向（3）　国内の動き・

国外の動き」『畜産技術』第642号、pp.27-30。
佐藤衆介(2009a)「アニマルウェルフェアの発想と技術開発の方向(最終回) ウェルフェアは美味しい―東北大学からの発信―」『畜産技術』第651号、pp.23-27。
佐藤衆介(2009b)「アニマルウェルフェアの発想と技術開発の方向(5) 適切な物理環境を提供する」『畜産技術』第644号、pp.51-55。
動物衛生研究所(2002)『牛の放牧場の全国実態調査(2000年)報告書』、pp.1-52。
元井葭子(1988)「ルーメンをめぐる諸問題・総論」『臨床獣医』第6巻第8号、pp.21-27。
山本偵紀・野附巌編(1991)『家畜の管理』文永堂、p.41。
山口拓美(2008)「EUアニマルウェルフェア政策の思想的背景について―功利主義とperfectionism―」『商経論叢』第43巻第3、4号併号、pp.115-138。

第7章 動物とのふれあいによる癒しの創出
　　　──ふれあいファームにおける
　　　　アニマルウェルフェアの実践──

伊藤寛幸・出村克彦

はじめに

　本章のタイトルを、「動物とのふれあいによる癒しの創出」とした。農村を訪問する人々は、家畜の快適性を考慮した飼育環境を通して、「動物とのふれあい」により創出される癒しを体感する。この体感は、昨今のアニマルウェルフェアの取組と密接に関係している。すなわち、人間にとっての癒しが、動物福祉と関係づけられた行為などを通して、アニマルウェルフェアとして多角的に議論され、多面的に制度化されはじめているところに意義がある。
　本章では、北海道の「ふれあいファーム」を事例に、生産者による飼養家畜の快適性を経営理念とする試みと、消費者・訪問者にとっての癒しの体感との相互促進的な関係を論じたい。
　そのうえで、アニマルウェルフェアが実現され、良好な家畜飼養環境が確保される動機付けとなりうること、さらに、広く生産者、消費者・訪問者の福祉に対する意識が向上する契機としたい。
　第1節では、生産者による家畜飼養環境配慮と、ふれあいファームを利用する訪問者におけるアメニティの視点から、生産者と訪問者の共有空間としてのふれあいファームのあるべき姿を探ることを目的に、北海道の「ふれあいファーム」を紹介し、その概要と地域特性を捉える。
　第2節では、家畜飼養環境改善の視点から、生産性と快適性の両立を実現しアニマルウェルフェアを実践している農場を紹介する。

第7章　動物とのふれあいによる癒しの創出

　最後に、アニマルウェルフェアの必要性と重要性を再整理し、「動物とのふれあい」による癒しが、良好な家畜飼養環境の確保となる動機付けとなり、加えて、生産者および消費者・訪問者にとっての福祉と健康が向上することを期待し、本章のまとめとする。

　アニマルウェルフェアの定義を画一的にとらえることは困難である。本章では、アニマルウェルフェアの先行的研究[1]で紹介されている「五つの自由（解放）」をもって、議論の出発点とする。これは英国の畜産動物ウェルフェア専門委員会が1992年に提案したものであり、すなわち、以下の5点である。

①空腹および渇きからの自由（健康と活力を維持させるため、新鮮な水および餌の提供）
②不快からの自由（庇陰場所や快適な休息場所などの提供も含む適切な飼育環境の提供）
③苦痛、損傷、疾病からの自由（予防および的確な診断と迅速な処置）
④正常行動発現の自由（十分な空間、適切な刺激、そして仲間との同居）
⑤恐怖および苦悩からの自由（心理的苦悩を避ける状況および取扱の確保）

　アニマルウェルフェアの分類と定義には多様なアプローチがあり、分類と定義それ自体が、議論、研究の対象となっている。
　その対象はペット等のコンパニオンアニマルから産業動物・実験動物にいたるまで多岐にわたる。アニマルウェルフェアの和訳として動物福祉や家畜福祉などといった関連用語も多く存在しており、近年では、農業・畜産分野にとどまらず、情操教育や食育、さらには生命倫理や社会貢献活動などを通してアニマルウェルフェアが論じられるようになってきた。
　アニマルウェルフェアは、単に動物を可愛がり愛護するだけでなく、動物の習性や行動を理解して動物の基本的権利を守ろうとするものである。近年、ペットブームや野生動物との共存など動物愛護の意識が高まるなか、産業動物として経

済性を問われる家畜も、生産性の追求だけでなく、環境問題や食料の安全性という観点から注目されつつあり、生命の尊厳と動物愛護の立場から、家畜の人道的、倫理的な取扱いが求められている。

すなわち、アニマルウェルフェアには動物の保護、愛護、福祉、権利、コンフォートなどの用語を含むさまざまな概念が存在するが、アニマルウェルフェアの原点は、産業動物に限定することなく、私たちのまわりに存在する動物の苦痛やストレスを除去するとともに、その快適性を図ることによって、人類と動物の健康増進を図ることにほかならない。

第1節　北海道における「ふれあいファーム」の概要と地域特性

農村への訪問者は、豊かな自然や美しい景観など、日常では獲得することのできない非日常を求め、「くう・ねる・あそぶ」や「みる・たべる・あそぶ」など、食事や買い物などを通してさまざまなストレスからの解放を求めている。

前述したように、アニマルウェルフェアを考慮した家畜生産方式に基づいた畜舎や飼養方式の導入を訪問者へアピールすることは、農産物に対する信頼感の醸成を高め、ひいては地域の農業や農村を活性化するための地域戦略の一方策として有力である。

また、こうした良好な飼養環境・経営環境のもとで、消費者はバターやチーズなどの酪農加工品を単に購入するだけではなく、バター造りなどを自ら行うことで、作って食べる楽しさを体感することもできる。このようなふれあいを通して「食」に関する体験がなされることで、「動物とのふれあい」と同時に食への関心も更に高められ、相乗的に、農業・農村への理解も深まるであろう。

まさに、アニマルウェルフェアは、地域資源の再発見と発掘にほかならない。

農村にはさまざまな資源が賦存している。森林や河川などの天然資源をはじめ、農業用水路やため池なども農村資源である。また最近では、棚田も多くの観光客を集めており、有力な地域資源となっている。こうしたなか、昨今、注目されているのが「動物とのふれあい」である。これは、いのちの尊さが希薄となってい

第7章 動物とのふれあいによる癒しの創出

表1 「ふれあいファーム」のメニュー

名称		内容
学ぶ	（体験見学）	収穫など畑作体験・稲作体験、酪農作業体験、農業施設見学ほか
つくる	（手づくり）	アイスクリーム、ジャム、パン、草木染め、ドライフラワー、陶器ほか
食べる	（味わう）	アイスクリーム、しぼりたて牛乳、新鮮野菜を使った料理、自家製チーズ、自家製ソーセージほか
ふれあう	（動物）	乗馬体験、羊毛刈り、乳しぼりなど、動物とのふれあい
採る	（果物収穫）	イチゴ摘み、ブドウ狩り、サクランボ狩り、リンゴ狩りほか
遊ぶ	（遊ぶ）	カヌー、釣り、歩くスキー、ゲートボール、パークゴルフ、テニス、遊具施設ほか
買う	（直売）	農産物の直売、農産加工品の販売、通信販売ほか
泊る	（泊る）	ファームイン、ロッジ、キャンプなど

注：北海道農政部農村振興局農村設計課（2011）を参考に筆者らが作成。
　括弧書きは、北海道農政部農村振興局農村設計課（2011）で紹介されている名称である。

る現代において、生命やぬくもりを牧歌的、開放的な農村空間に希求していることのあらわれである。

そこでまず、北海道における「ふれあいファーム」[2]を紹介する。

都市と農村の交流に意欲的な農業者の農場を対象とした「ふれあいファーム」の登録が推進されている。ふれあいファームは、農作業体験などを通して、都市住民が日ごろ接する機会の少ない「農業」に触れ、訪問する機会の少ない「農村」を訪れることにより、彼らにその魅力を感じてもらうための交流拠点としての役割を果たしている。北海道における「ふれあいファーム」では、その所在地や体験メニューなどが地域別に紹介されている。2012年12月現在、全道で718農場を数え、そのメニュー内容は、農作業体験、手づくり体験、動物とのふれあい体験、果物収穫体験、農産物直売など多岐にわたる。

なお、本章では、北海道農政部農村振興局農村設計課（2011）の「ふれあいファーム」のメニューを参考にオリジナルの名称を用いる（表1）。

「ふれあいファーム」のデータを集計しその地域特性[3]を総括する。集計結果を表2に示す。

地域別の地域特性は以下である。

「ふれあいファーム」の過半が、道央圏、とりわけ空知地域と石狩地域に集中している。空知地域で特徴的なことは、農産物の「学ぶ」および「買う」の割合

第2部　アニマルウェルフェアと市民的価値

表2　ふれあいファームの地域別メニュー集計と地域係数

地域		学ぶ	構成比	つくる	構成比	食べる	構成比	ふれあう	構成比
石狩		37	35.9%	11	10.7%	13	12.6%	11	10.7%
	構成比	7.9%	0.55	8.5%	0.59	10.0%	0.70	9.5%	0.66
渡島		17	44.7%	5	13.2%	10	26.3%	5	13.2%
	構成比	3.6%	0.69	3.9%	0.73	7.7%	1.45	4.3%	0.81
檜山		2	14.3%	3	21.4%	1	7.1%	4	28.6%
	構成比	0.4%	0.22	2.3%	1.19	0.8%	0.39	3.4%	1.77
後志		71	91.0%	9	11.5%	16	20.5%	11	14.1%
	構成比	15.2%	1.40	7.0%	0.64	12.3%	1.13	9.5%	0.87
空知		163	66.8%	32	13.1%	22	9.0%	6	2.5%
	構成比	34.9%	1.03	24.8%	0.73	16.9%	0.50	5.2%	0.15
上川		66	86.8%	21	27.6%	20	26.3%	17	22.4%
	構成比	14.1%	1.34	16.3%	1.54	15.4%	1.45	14.7%	1.38
留萌		1	5.6%	1	5.6%			1	5.6%
	構成比	0.2%	0.09	0.8%	0.31			0.9%	0.34
宗谷		8	50.0%	1	6.3%	6	37.5%	7	43.8%
	構成比	1.7%	0.77	0.8%	0.35	4.6%	2.07	6.0%	2.71
オホーツク		40	78.4%	17	33.3%	8	15.7%	11	21.6%
	構成比	8.6%	1.21	13.2%	1.86	6.2%	0.87	9.5%	1.34
胆振		5	62.5%	2	25.0%	5	62.5%	2	25.0%
	構成比	1.1%	0.96	1.6%	1.39	3.8%	3.45	1.7%	1.55
日高		2	100.0%			1	50.0%	1	50.0%
	構成比	0.4%	1.54			0.8%	2.76	0.9%	3.09
十勝		34	77.3%	19	43.2%	22	50.0%	20	45.5%
	構成比	7.3%	1.19	14.7%	2.40	16.9%	2.76	17.2%	2.81
釧路		13	72.2%	7	38.9%	2	11.1%	15	83.3%
	構成比	2.8%	1.11	5.4%	2.16	1.5%	0.61	12.9%	5.16
根室		8	100.0%	1	12.5%	4	50.0%	5	62.5%
	構成比	1.7%	1.54	0.8%	0.70	3.1%	2.76	4.3%	3.87
計		467	65.0%	129	18.0%	130	18.1%	116	16.2%
	構成比	100.0%	-	100.0%	-	100.0%	-	100.0%	-
集中化係数		0.12		0.24		0.27		0.38	

が全道の平均よりも高いことである。石狩地域で特徴的なことは、「採る」および「買う」の割合が全道の平均よりも高いことである。これらの地域は、道都札幌市の周辺に位置し、日帰り通過型利用の業態が展開され、その地の利を活かしている点がみてとれる。

　次に、地域別メニューの特化係数は以下である。

　「ふれあう」では、釧路地域（5.16）が最も高く、根室地域（3.87）、日高地域（3.09）と続く。これらの地域は、牧草の作付面積、乳用牛飼養戸数や頭数、さらには、生乳生産量などが道内でも有数の規模にあり、北海道の道東北に位置し専業的な酪農経営が展開されている地域である。「泊る」では、日高地域（4.08）が最も高く、十勝地域（2.60）、上川地域（2.58）と続く。ただし総件数は少ない。日高

第7章　動物とのふれあいによる癒しの創出

単位：件・各係数は無名数

採る		遊ぶ		買う		泊る		計	
	構成比		構成比		構成比		構成比		構成比
33	32.0%	7	6.8%	93	90.3%	1	1.0%	103	100%
19.4%	1.35	9.6%	0.67	18.2%	1.27	1.1%	0.08	14.3%	-
10	26.3%	2	5.3%	34	89.5%			38	100%
5.9%	1.11	2.7%	0.52	6.6%	1.25			5.3%	-
5	35.7%	2	14.3%	12	85.7%			14	100%
2.9%	1.51	2.7%	1.41	2.3%	1.20			1.9%	-
20	25.6%	6	7.7%	58	74.4%	6	7.7%	78	100%
11.8%	1.08	8.2%	0.76	11.3%	1.04	6.8%	0.63	10.9%	-
39	16.0%	12	4.9%	175	71.7%	20	8.2%	244	100%
22.9%	0.68	16.4%	0.48	34.2%	1.01	22.7%	0.67	34.0%	-
15	19.7%	17	22.4%	59	77.6%	24	31.6%	76	100%
8.8%	0.83	23.3%	2.20	11.5%	1.09	27.3%	2.58	10.6%	-
17	94.4%			16	88.9%			18	100%
10.0%	3.99			3.1%	1.25			2.5%	-
4	25.0%	2	12.5%	9	56.3%	2	12.5%	16	100%
2.4%	1.06	2.7%	1.23	1.8%	0.79	2.3%	1.02	2.2%	-
13	25.5%	6	11.8%	15	29.4%	16	31.4%	51	100%
7.6%	1.08	8.2%	1.16	2.9%	0.41	18.2%	2.56	7.1%	-
5	62.5%	1	12.5%	7	87.5%			8	100%
2.9%	2.64	1.4%	1.23	1.4%	1.23			1.1%	-
		1	50.0%	1	50.0%	1	50.0%	2	100%
		1.4%	4.92	0.2%	0.70	1.1%	4.08	0.3%	-
9	20.5%	6	13.6%	26	59.1%	14	31.8%	44	100%
5.3%	0.86	8.2%	1.34	5.1%	0.83	15.9%	2.60	6.1%	-
		8	44.4%	6	33.3%	3	16.7%	18	100%
		11.0%	4.37	1.2%	0.47	3.4%	1.36	2.5%	-
		3	37.5%	1	12.5%	1	12.5%	8	100%
		4.1%	3.69	0.2%	0.18	1.1%	1.02	1.1%	-
170	23.7%	73	10.2%	512	71.3%	88	12.3%	718	100%
100.0%	-	100.0%	-	100.0%	-	100.0%	-	100.0%	-
	0.18		0.30		0.08		0.39		

地域は、国内最大の馬産地であり基幹産業である軽種馬生産によって発現する放牧景観など、他地区とは趣を異にする景観を有する地域である。一方、十勝地域、上川地域は、全国的に知名度の高い畑地によって造形される美しい景観を有することで共通している。日高地域、十勝地域、そして上川地域は、北海道有数の著名な観光地に立地する優位性を背景に滞在型の余暇が展開されている数少ない地域といえる。

　次に、メニュー別の集中化係数は以下である。

　「ふれあう」（0.38）と「泊る」（0.39）は、他のメニューと比較して、特定の地域に集中している。「ふれあう」は、特定の地域に集中していることに加え、「ふれあう」以外の他のメニューと比較してその件数は少なく、全道の総数は116件

第2部　アニマルウェルフェアと市民的価値

表3　農業生産関連事業

形態	内容
農産物の加工	販売を目的として、自ら生産した農産物をその使用割合の多寡にかかわらず用いて加工すること
店や消費者に直接販売	自ら生産した農畜産物やその加工品を直売店や消費者に販売している（インターネット販売を含む。）場合や、消費者と販売契約して直送しているもの
貸農園・体験農園等	所有又は借り入れている農地を、第三者を経由せず、農園利用方式等により非農業者に利用させ、使用料を得ているもの 自己所有の農地を、地方公共団体・農協が経営する市民農園に有償で貸与しているものは除く
観光農園	農業を営む者が、観光客等に、ほ場において自ら生産した農産物の収穫等の一部農作業を体験させ又は鑑賞させ代金を得ている事業
農家民宿	農業を営む者が、旅館業法（昭和23年法律第138号）に基づき都道府県知事の許可を得て、観光客等の第三者を宿泊させ、自ら生産した農産物や地域の食材をその使用割合の多寡にかかわらず用いた料理を提供し料金を得ている事業
農家レストラン	農業を営む者が、食品衛生法（昭和22年法律第233号）に基づき、都道府県知事の許可を得て、不特定の者に、自ら生産した農産物や地域の食材をその使用割合の多寡にかかわらず用いた料理を提供し代金を得ている事業

注：農林水産省統計部編（2007）より引用。

にとどまっている。これは、集落酪農地域の指定など諸制度によって、酪肉および肉用牛生産が特定の地域に限定され、「ふれあう」のメニューの取入れについても、自ずと主産地が形成されてきた地域に集中している結果と推察される。「泊る」も、特定の地域に集中しているうえに、全道の総数が88件にとどまっている。これは、北海道の「ふれあいファーム」では、滞在をともなう余暇活動を得る機会が少ないことを意味する。一方、「買う」は0.08と低く、特定の地域に集中することなく、地域差がない定番メニューとして位置づけられる。

　以上のように、北海道の農業地域では、地域差は存在するものの、地域が有する地域資源を活かしつつ、「ふれあいファーム」への登録などの取組によってアグリビジネスが経営展開されている。

　農畜産物を加工し付加価値を付けて地域の特産品として販売することや、農家民宿を核として地域全体で宿泊客を受け入れ農業体験の場とするなど、食事や宿泊などの便宜を提供するのがアグリビジネスであり、ふれあいファームは、その一経営業態といえる。アグリビジネスとして、農業生産関連事業（自己生産農産物を利用した加工、直販や観光農園等、農業生産に関連した事業）を展開し農業

第7章　動物とのふれあいによる癒しの創出

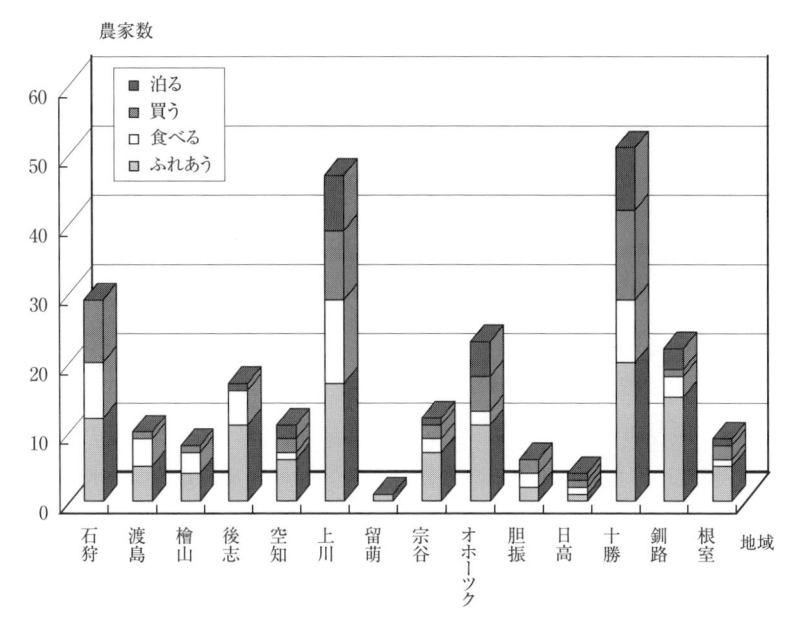

図1　「ふれあいファーム」の体験内容別地域別集計

経営を成立させる途を拓くことは経営戦略の一手法である。農業生産関連事業には**表3**にあげる形態がある。

表3に示すように、使用料や代金を得る手段として、農家レストラン、直接販売、農家民宿などがあり、「ふれあいファーム」では、「食べる」、「買う」、「泊る」がそれらに該当する。

この「食べる」、「買う」、「泊る」と「ふれあう」との関わりを**図1**に示す。地域別にみると、「ふれあう」とあわせて、「食べる」、「買う」を実施している農家数は、石狩、上川、十勝で多い。後述するように、主たる「ふれあう」の種類では牛が多いことから、酪農・畜産との関わりは深い。農業生産関連事業などの事業展開を通じて、牛乳・アイスクリームなどの酪農製品やハム・ソーセージなどの畜産製品が生産されており、製品の品質を求める消費者が生産の現場を知り理解することによって、生産者とふれあいファームへの訪問者との距離の短縮が期待される。

第2部　アニマルウェルフェアと市民的価値

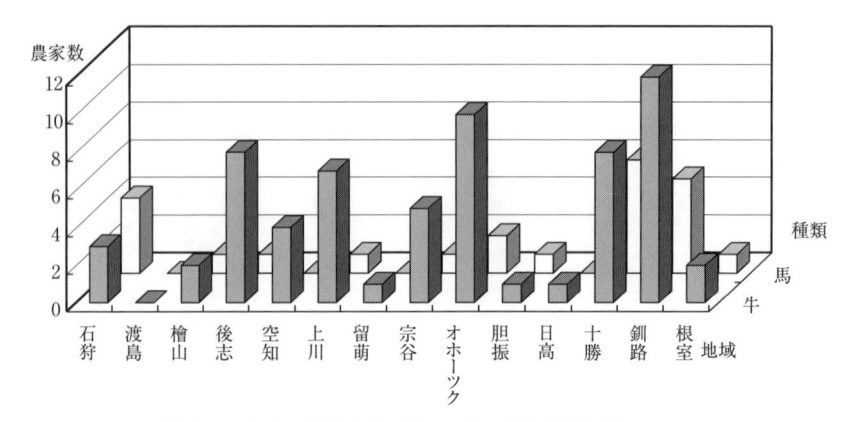

図2　ふれあい動物上位（牛・馬）の地域別集計

　各農場の体験内容から、ふれあい動物（牛・馬）について集計した結果を図2に示す。

　全道の総数で、牛は64件、馬は23件である[4]。牛の多くは乳牛であり、搾乳などの酪農体験によるふれあいがポピュラーなメニューとなっていることが窺える。馬に関しては、乗馬体験によるふれあいがその中心である。地域別にみると、牛とのふれあいを実施している農家は、釧路地域12農家、オホーツク地域10農家を数え、この2地域で全体の3割以上を占めている。馬については、十勝地域6農家、釧路5農家、石狩地域4農家を数え、この3地域で全体の6割以上を占めている。前述の地域特性でも明確になったように、牛馬ともに、道東を中心とした事業展開である点がみてとれる。

第2節　アニマルウェルフェア実践農場の紹介

　前節で示したように、都市と農村の交流に意欲的な農業者の農場に関する情報は、北海道農政部Webページを活用して情報発信されている。さらに、各農場の独自のホームページの開設により、詳細な「ふれあいファーム」のメニューを提示することも可能である。そして、訪問者は、農業体験や自然とのふれあいに関する情報を、各種情報ネットワークにより知ることができる。

第7章　動物とのふれあいによる癒しの創出

本節では、実態調査を通して、アニマルウェルフェアを実践している農場「クリーマリー農夢」を紹介する。

クリーマリー農夢は、旭川市の南部、上雨紛(「かみうぶん」とは、アイヌ語で「風雨(吹雪)の吹き抜けるところ」という意味)に位置する。「クリーマリー」とは、昔ヨーロッパにあった「小さな酪農場」とか「小さな牛乳屋さん」という意味である。そして、農業に夢を見たいという気持ちと、地の精「gnome」(ノーム)をかけて「農夢」と命名された。自然に恵まれた「風の通りみち」で牛を飼い、乳製品の加工を営むこの農場では、家畜福祉を考えアニマルウェルフェアが実践されている。

搾乳と濃厚飼料を与えるとき以外は牛を繋留せず、牛舎には敷料が豊富にあり舎内は清潔さが保持されている。さらに、搾乳専用室における衛生管理は徹底されており、細菌数がきわめて少ない良質な生乳生産に努めている。

また、社団法人酪農畜産会認証の「酪農教育ファーム」に登録されている当牧場では、酪農体験の受入れにも力を入れている。

写真1　クリーマリー農夢

写真2　クリーマリー農夢の牛たち

写真3　牛たちにストレスが無いように配慮された飼養環境

表4 アニマルウェルフェア実践農場（クリーマリー農夢）の概要

農場名	体験内容		所在地
クリーマーリー農夢 （ノーム）		ストレスのない牛たちから安全・安心な乳製品	旭川市 神居町 上雨紛
	酪農体験	搾乳、バター・チーズ・アイスクリーム作り／4月～10月	
	味わう	農畜産生産物を試食	
	直売	低温殺菌牛乳、ヨーグルト、バター、ガーリックバター、チーズ、アイスクリーム等	

注：現地調査（2009年11月9日・2009年11月29日）およびクリーマリー農夢（2009）を参考に筆者らが作成。

アニマルウェルフェアを実践している、クリーマリー農夢からのメッセージです[5]。

　最近、家畜たちは産業動物と呼ばれるようになってしまいました。農畜産物を工業製品と同じように大量生産すれば、生産コストを下げる事はできるでしょう。でも、「生き物を機械と同じように扱っていいのかな？」と思うのです。一生牛舎に繋がれたまま年1回のお産を強制され、乳量を増やすために高蛋白の飼料を給与され、元来持って生まれた寿命を全うできない生活を強いられています。ちょっと休ませてあげればまたお産をしたり乳を出せるのに、現状の採算ペースからはずれた牛はすぐに廃用牛として屠殺されてしまいます。

　私達は、そのようなストレスの多い産業動物から生まれる食べ物と、ストレスのない可愛がられた家畜から生まれる食べ物とは違うと思っています。

　たとえば、ニワトリの平飼い卵はしっかりと区分けし、販売されていますよね。あきらかに一般の卵と違うからです。牛乳も「牛の飼い方の違い」によって、見た目はわかりませんが、区分けされても良いのではないでしょうか？

　また、私たちは牛が好きで牛飼いになりました。

　牛たちは私たちのために食べ物を生産してくれているのです。ですから、できるだけ「苦痛・苦悩」を排除する「家畜福祉」（アニマルウェ

ルフェア)を実践しなければいけません。例えば牛をつなぎませんし、多頭飼育もしません。

　現在、乳牛6頭を年中放し飼いにして好きな時に外へ出たり、寝床で寝たり寝返りをしたり、牛本来の餌である牧草は好きなだけいつでも食べられるようにしています。また餌はできるだけ輸入配合飼料に頼りたくないので、半分以上北海道産の小麦でまかなっています。
　小麦はそのまま与えると消化しないので、牛舎で機械にかけて与えています。また、生乳はきれいでなければいけません。雑菌の少ないきれいな生乳を搾取するため、搾乳作業はきわめて衛生的に行っています。一頭一頭専用の搾乳室に入れて温水シャワーで乳房を洗浄し、仕上げに消毒した布巾を使って乳頭を拭き、搾乳します。どんなに優れた加工技術を持っていても、原料の生乳が汚くては何にもなりません。それから、牛乳の栄養価と風味は殺菌方法で変わります。生乳本来の風味を生かすため、カルシウム、タンパク質等の変化や損失が少ない低温殺菌法(65℃30分間)で生乳を殺菌しています。
　このように、ストレスのない環境で家族のように可愛がって育つ牛たち(家畜)だからこそ、我々人間にとって本当に安全で健康的な牛乳製品を生むことができると考えています。
　私と家内が搾乳から加工まですべて手がけ、食品添加物の代わりに天然の力をかり、おいしくて栄養のある乳製品づくりを心がけています。
　製品はすべて手造りです。一つ一つ味が生きるように、心を込めてつくっています。吹き抜ける風とともに私たちの思いを感じていただければと思います。また、農夢では簡単な酪農体験も行っています。
　是非牛たちを見て、さわって確かめにいらして下さい。

　以下に、ご協力いただいた営農状況の調査結果を示す。なお、営農状況の調査

は、当該農場の設備や飼養管理を評価するものではない点を先におことわりする。アニマルウェルフェアについては、日本においても議論が進んではいるものの、科学的なデータも少なくデータ収集段階にある。また、飼育環境を取り巻く営農状況は各農家千差万別であり、状況によっては牛を繋留する酪農家も少なくない。牛の行動的自由度を高め、ストレスレベルの軽減に努めることは無論大切なことではあるが、各酪農家の営農状況を考慮せず、一律に規定されるべきでないことは明白である。

　乳用牛飼養実態調査の調査結果票を**付表**に示したうえで、クリーマリー農夢におけるアニマルウェルフェアの実践状況について、『アニマルウェルフェアの考え方に対応した乳用牛の飼養管理指針（以下『指針』と称する）』[6]に照らすとともに筆者らによる解釈を以下に述べる。

・営農従事者数4名、飼養頭数は乾乳牛含み搾乳牛6頭の家族経営である。
・運動場、パドック等を有し、その大きさ（広さ）は、8m×60mである。
・牛舎での使用敷料はワラを使用している。
・牛床マットおよびカウブラシを設置している。
・カウトレーナーは設置していない。
・搾乳牛および乾乳牛の飼養管理は、作業等により、一時的につないでいる。
・生体重150kg未満、生体重150kg以上220kg未満、生体重220kg以上ともに子牛の飼養管理については、カウハッチ（単房）である。
・外科的処置については、削蹄を実施しており、その頻度は半年に1回程度である。
・断尾は行っていない。
・除角は、除角時に麻酔を伴いながら生後1ヵ月以内で行っている。
・乳量は、1頭当たり年間約7,200kgである。

　はじめに注目すべきは、飼養管理である。作業によっては、牛を一時的に繋留してはいるものの、放牧を基本としていることから、牛の行動は制約されず正常な行動により自由が確保されやすい環境にある。次に注目すべきは、外科的措置である。『指針』においても、生後2ヵ月以内に実施することが推奨されている除角について、除角時に麻酔を伴いながら生後1ヵ月以内で行うなど牛のストレ

スの軽減に努めている。また、牛にとっては蝿などを追い払えずストレスを感じることから実施しないことが望ましいとされている断尾については行われていない。一方、1頭当たり年間の乳量は7,200kgである。クリーマリー農夢では高蛋白飼料の多投などを控えており、高泌乳を第一義目的としていない生乳生産を心がけている。乳量などはウェルフェア以外の因子が影響するとはいえ、愛情を持って牛と接し信頼関係を築いた結果として安定した乳量が確保されているといえよう。

さらに、前述したように、クリーマリー農夢は、社団法人酪農畜産会認証の「酪農教育ファーム」に登録されており、酪農体験の受け入れにも力を入れている。2009年度実績で、体験学習の受入れは98人を数え、「心の教育」「命の教育」「食の教育」などの支援活動に取り組んでいる。

実践農場の取組状況をまとめ以下に述べる。

これまで、多くの農畜産物の販売では、美味しさが有力な付加価値であった。しかし、クリーマリー農夢では、動物（牛）が好きで純粋に動物の幸福を願い続け、アニマルウェルフェアの理念を消費者にアピールしている点が明確であった。すなわち、単に美味しいというだけではなく生産体制の優位性を差別化していく印象を受けた。大切に育てられた家畜はストレスが少なく、ストレスの少ない農畜産物は他と比較して美味であり、それらを食することは消費者にとっても安心であることは容易に理解できる。

アニマルウェルフェアは、家畜福祉の実現によって、健康な家畜から最大最良の生産を導き出そうとする概念も含まれる。動物にかかるストレス原因を取り除くことで動物本来の能力を最大限引き伸ばす、その結果として疾病発生の減少、乳量の増加も見込める。さらに、このような適正な飼養管理により、農家の意識高揚が図られ、高品質乳の低コスト生産が実現され経済性の向上にも寄与することが期待できる。

動物たちの「五つの自由（解放）」を実践しているふれあいファームを訪れ、牛の世話（餌やりや牧舎内の清掃など）を体験することは、農村への訪問者にとってたいへんよい思い出づくりとなると同時に、農業・農村への理解ともなる。

すなわち、飼養家畜にとっての快適性と消費者・生活者にとっての癒しが相互促進的な関係にある点と、アニマルウェルフェアがこれらに不可欠な必要条件の1つである点がアニマルウェルフェアを実践している農場の訪問によって再確認できた。

「小さな牧場（クリーマリー）」が希求する動物たちへの愛情は、決して「小さく」はなく限りなく大きかった。自然体で営農に取り組む佐竹氏の営農への姿勢を、皆さんも是非肌で感じてほしい。ただし、私たち訪問者、消費者は、アニマルウェルフェアを単なるブームで終わらせてはいけない。

おわりに──アニマルウェルフェアの展望──

ここでは、アニマルウェルフェアの必要性と重要性を再整理したうえで、「動物とのふれあい」においてアニマルウェルフェアが確立され、良好な家畜飼養環境が確保される動機付けとなり、生産者、消費者、訪問者にとっての福祉が向上することを期待しまとめとする。

農村への訪問による農業体験や自然とのふれあいは、特に新しい試みではない。豊かな自然とふれあう試みは以前よりあった。しかし、都市からの訪問者を単に受け入れるだけでは、訪問者は満足しないことが明白となった。それは、従来の、「みる・たべる・あそぶ」などに加え、五感（視覚、聴覚、触覚、味覚、嗅覚）を刺激する「ふれあい」という総合体験が希求されているからにほかならない。そして、私たちは、五感をフルに刺激する「ふれあい」を、アニマルウェルフェアを実践している農場で体感することができる。

ふれあい効果によって顧客満足が満たされ、農業以外の収入確保によって利益を追求することが、ふれあいファームの事業目的の一段面ではあるが、これは、あくまでも副次的利益であり、農業生産がその中心である。また、ふれあいファームは、その要件からも明らかなように、農業に従事している農業者の生産の現場でもある点を忘れてはならない。

すなわち、ふれあいファームは、サービス提供の場であると同時に、生産の場

第7章 動物とのふれあいによる癒しの創出

でもある。

　生産者がふれあい効果を十分に発揮するために何をするべきかといった視点にたって、生産性と快適性の観点から適正な飼養管理を発展させることによるアニマルウェルフェアの意義と可能性が論じられなければならない。

　ここで述べる生産性とは、農畜産物の生産性を意味する。一方、快適性とは、生産者やふれあいファームを訪問する私たちの癒しや心地よさなどに加え、飼養家畜に対する人道的扱いを意味する。

　ふれあいファームで飼養されている動物は、ふれあいの対象であると同時に、農家で飼養されていることから、その多くはいわゆる産業動物であり、生産者には適正な飼養管理が求められる。適正な飼養管理は、動物の生態や生理を理解することにはじまる。

　対象動物のなかで最も多い牛、特に、乳牛を対象として営まれる酪農を例にとれば、飼養管理技術と衛生管理のもとで、生産コストの低減と労働時間の短縮によって、乳量・乳質の向上等を図るゆとりある生産性の高い酪農経営には、適切な飼養環境が不可欠であることはいうまでもない。

　人間以外の動物に「道徳的地位（moral status）」を認めないなど、一部伝統的な西洋の倫理観も存在するが、私たちは人間以外の動物の動作や振る舞いを見て、その動物が苦痛を感じていると推測する。すなわち、快楽や苦痛を感じるのは人間だけではなく、人間以外の動物も快楽や苦痛を感じると信じたい。動物に、「権利」や「心理」が存在するか否かは、いまここではあえて議論しないが、「自由でない状態」は、果たして、飼養家畜のみに該当する課題であろうか。私たち自身、飢えや渇き、不快な場所、損傷や疾病、恐怖や苦悩を望むわけはない。すなわち、配慮というよりも、きわめて常識的な判断・行為・行動にほかならない。

　健康や福祉などへの関心が高まるなか、アニマルウェルフェアが単なる理念や概念にとどまることなく、動物福祉の実践を通して、「動物とのふれあい」により癒しが発現し、生産者、消費者の健康増進が図られ、福祉が向上することを願う。

第2部　アニマルウェルフェアと市民的価値

謝辞

現地調査にあたり、訪問先のクリーマリー農夢の佐竹秀樹様には、お忙しいなか、私どもの訪問を快く受け入れていただきました。さらに、農作業の手を止めて営農状況の調査にも協力いただきました。貴重なお時間を割いていただき、懇切なご説明を賜ったクリーマリー農夢の佐竹秀樹様にはここに心より感謝の意を表します。

注
（1）佐藤（2005）、竹田（2008）参照。
（2）北海道農政部農村振興局農村設計課（2011）参照。
（3）構成比によって特化係数、集中化係数、専門化係数を算定し地域特性を把握する（山口, 1987）。
（4）北海道における「ふれあいファーム」のなかには、牛や馬のほか、ヤギ、羊、ロバなど飼育が比較的容易な小動物をふれあいの対象としている登録農家もある。
（5）クリーマリー農夢のホームページによる。(http://www7a.biglobe.ne.jp/~creamery-gnome/index.html.（2009年12月1日アクセス））なお、文中強調文字は筆者らによる。
（6）畜産技術協会（2010）参照。

引用・参考文献

石崎宏（2008）「免疫機能の視点から検証する疾病に強い飼養管理」『農林水産技術研究ジャーナル』31（10）、pp.14-18。

植竹勝治（2008）「不快環境からの自由を保証する飼養管理」『農林水産技術研究ジャーナル』31（10）、pp.19-22。

クリーマリー農夢　http://www7a.biglobe.ne.jp/~creamery-gnome/index.html.（2009年12月1日アクセス）。

小針大助（2008）「アニマルウェルフェアにおける恐怖と苦悩」『農林水産技術研究ジャーナル』31（10）、pp.27-31。

近藤誠司（2005）「EUにおけるアニマルウエルフェアの実態」『酪農ジャーナル』58（9）、pp.13-15。

近藤誠司（2008）「放牧飼育が家畜の福祉に及ぼす影響」『農林水産技術研究ジャーナル』31（10）、pp.32-36。

佐藤衆介（2005）「アニマルウェルフェア―動物の幸せについての科学と倫理―」東京大学出版会。

佐藤衆介（2005）「日本でのアニマルウェルフェアの現状と今後」『酪農ジャーナル』58（9）、pp.16-18。
瀬尾哲也（2008）「アニマルウェルフェアを向上するための現場評価法」『農林水産技術研究ジャーナル』31（10）、pp.46-49。
滝川康治（2009）「『農と食』北の大地から「「アニマルウェルフェア」で畜産改革 "家畜福祉に配慮した畜産物"の生産現場に学び消費者へ発信を」『北方ジャーナル』10月号、pp.110-115。
滝川康治（2009）「『農と食』北の大地から「アニマルウェルフェア」で畜産改革 拘束と繋留、穀物多給を見直しブランド畜産品につなぐ動きも」『北方ジャーナル』9月号、pp.46-51。
竹田謙一（2008）「5フリーダムスを保障する家畜管理技術」『農林水産技術研究ジャーナル』31（10）、pp.5-9。
田中智夫（2008）「採卵鶏の福祉ケージ」『農林水産技術研究ジャーナル』31（10）、pp.42-45。
畜産技術協会(2009)『アニマルウェルフェアの考え方に対応した採卵鶏の飼養管理指針』。
畜産技術協会(2010)「アニマルウェルフェアの考え方に対応した乳用牛の飼養管理指針」http://jlta.lin.gr.jp/chikusan/aw/h21/cow/cow_guide.pdf.（2009年12月1日アクセス）。
二宮茂（2008）「家畜が正常行動を適切に実行できる舎飼環境」『農林水産技術研究ジャーナル』31（10）、pp.23-26。
農林水産省統計部編（2007）『2005年農林業センサス』。
深澤充（2008）「家畜たちは満腹か?」『農林水産技術研究ジャーナル』31（10）、pp.10-13。
北海道農政部農村振興局農村設計課（2011）「北海道の農業にふれるふれあいファーム」http://www.pref.hokkaido.lg.jp/ns/nsi/hureaifarm/hurei-top.htm.（2012年12月1日アクセス）。
森田茂（2005）「マルウエルフェアとは─五つの自由・解放という考え方─」『酪農ジャーナル』58（9）、pp.10-12。
森田茂（2008）「酪農現場における乳牛に配慮した飼養管理」『農林水産技術研究ジャーナル』31（10）、pp.37-41。
山口誠（1987）「地域開発計画のための経済分析手法（3）」『産業立地』26（8）、pp.50-58。

第2部 アニマルウェルフェアと市民的価値

付表　乳用牛飼養実態調査結果

経営形態		家族経営
従事者数		4名
飼養頭数		搾乳牛（乾乳牛含む）6頭
項目		概要
設備等		
	運動場、パドック等の有無	ある　大きさ 8m×60m
	牛舎での使用敷料	使用する（ワラ）
	牛床マット設置の有無	設置している
	カウブラシ設置の有無	設置している
	カウトレーナー設置の有無	設置していない
搾乳牛の飼養管理について		
	つなぎ飼い（繋留）の有無	作業等により、一時的につないでいる
	つなぎ飼い（繋留装置）の種類	その他
乾乳牛の飼養管理について		
	つなぎ飼い（繋留）の有無	作業等により、一時的につないでいる
子牛の飼養管理について		
	生体重 150 kg 未満	カウハッチ（単房）
	生体重 150 kg 以上 220 kg 未満	カウハッチ（単房）
	生体重 220 kg 以上	カウハッチ（単房）
外科的処置について		
削蹄		
	削蹄の実施	行っている
	削蹄の頻度	半年に1回
断尾		
	断尾の実施	行っていない
除角		
	除角の実施	行っている
	除角の時期	生後1カ月以内
	除角時の麻酔の実施	行っている
乳量		約 7,200kg/頭/年
体験学習受け入れ人数		98人（2009年度実績）

注：データは、2009年11月（現地調査）時点。

第8章　国内草資源を利用した新たな和牛肉生産と消費選好分析
―Q Beefの挑戦―

矢部光保・コーサクナラース　シッティポーン・藤　真人・後藤貴文

はじめに

　肉用牛の歴史は古く、縄文時代から弥生時代にかけてユーラシア大陸、朝鮮半島を経て日本に牛が入ってきて以来と言われている。飛鳥時代以降、仏教の影響や桓武天皇が出した食肉禁止令のために、日本人は牛を肉畜ではなく、農耕や運搬など役畜として利用するようになった。江戸時代では一部で牛肉が食べられていたが、明治になって牛鍋、すき焼きが普及して牛肉の消費量が拡大し、大正を経て牛肉は日常的に食べられるものとなった。

　牛は、農耕や運搬などの役畜としての役割を持つ一方で、ヒトが消化・吸収することのできない草資源を分解し、タンパク質に作り変えるという反芻家畜の特質を利用した肉畜としての役割も担っている。しかし、近年の我が国における牛肉生産システムは、草を利用できる反芻動物の機能利用から離れ、輸入飼料依存の濃厚飼料多給型飼養が主流となっている。その結果、食の安全性に関する問題、大量発生するふん尿の処理と環境汚染、狭い牛舎での飼養に起因する疾病やアニマルウェルフェアの低下など、様々な問題が懸念されるようになった。

　そのような中、国内草資源を活用し、また、牛のアニマルウェルフェアにも配慮したブランドビーフ、「Q Beef」の開発を九州大学で進めている。このQ Beefを特徴づける技術として、九州大学は家畜における生物科学的研究である「代謝インプリンティング（刷り込み）効果」を利用し、草からの栄養吸収能力を高める体質を作り、草資源の積極的活用と放牧時の増体を確保した牛肉生産システム

の開発・普及を目指している。Q Beef生産では、牛本来の自然な形、すなわち、放牧肥育で飼養されるため、行動欲求も満たされ、アニマルウェルフェアも高まる。

ただし、このQ Beefの生産システムの普及には、畜産農家の持続的経営が成り立つことが不可欠の条件である。そのためには、新たな価値を付加した和牛肉の経済価値を分析するとともに、どのような消費者層がこのような牛肉に高い価値を見出すかを明らかにする必要がある。そこで、本研究では、代謝インプリンティングを施し、国内草資源で肥育された筋内脂肪交雑を含む黒毛和牛の牛肉（以下、「Q Beef」と呼ぶ）と、放牧中心で育成肥育された赤身の黒毛和牛肉（以下、「放牧和牛肉」と呼ぶ）について、その価値がどのように評価されるかアンケート調査を行い、そのデータから、これら牛肉に関する消費者選好を分析する。

第1節　濃厚飼料多給型生産方式の問題点とQ Beefの開発

1．濃厚飼料多給型生産方式の問題点

日本の牛肉生産システムは、海外の輸入飼料に過度に依存した濃厚飼料多給型生産方式が主流となっており、そのためにさまざまな問題が発生している。第1に、我が国で2000年に発生した口蹄疫と、2001年に発生した牛海綿状脳症（以下BSE）である。この2つは異なる病気であるが、共通点として、輸入飼料が原因で発生したであろうと推察されていることが挙げられる。汚染された稲ワラや不十分な処理の肉骨粉を飼料として輸入したために、このような病気が発生したのである。これにより、輸入飼料依存の牛肉生産の脆弱性と、特にBSEの発生では、食の安全性を消費者に強く意識づけることとなった。

第2に、環境問題である。日本の肉牛肥育では、牛1頭に対して生まれてから屠殺するまでに、4～5トンの穀物を与える。牛の飼料利用効率はおよそ10％で、採食したものの90％がふん尿となって排泄される。さらに、我が国の牛肉生産における穀物飼料の自給率は10％未満であり、家畜飼料全体でも自給率は25％と、飼料の大半を海外に依存している。このことは、我が国の窒素循環と畜産廃棄物

処理において大きな問題を発生させることになる。これに対処するため、「家畜排せつ物の管理の適正化及び利用の促進に関する法律」(以下、「家畜排せつ物法」)が5年間の猶予期間を経て、2004年から施行された。その結果、野積み・素堀りは禁止され、循環利用できない大量のふん尿は、多大な費用をかけて浄化処理されることになった。そして、多額の飼料代やふん尿処理代は、畜産経営を圧迫するに至っている。

　第3に、アニマルウェルフェアの問題である。穀物を多給する生産効率重視の畜産は、家畜の健康にも悪影響を及ぼしている。高い飼養密度で集約的に肥育された牛は、運動不足から、放牧牛と比べ、疾病の発生率は高くなる。また、穀物多給による内臓障害や換気不良による呼吸器病が多くなる。その予防や治療のため、換気や消毒など飼養環境の整備に加え、強心剤や抗生物質、ビタミン剤などの医薬品が頻繁に投与されている事例が少なからずある。このように牛舎に繋がれ、過食を強制される家畜の健康状態はよいとは言えず、また、薬剤が多用された牛肉は、安全性の問題が懸念される。

　第4に、牛は本来、家畜としてヒトが消化できない植物中の粗い繊維質(通常の動物では消化できない、繊維性の高い植物多糖資源)を分解し、草資源からタンパク質源としての食肉を生産し、それをヒトに供給するという重要な物資循環機能を担った反芻家畜(草食動物)である。言い換えると、肉牛はセルロース等からタンパク源を生産する物質変換肉畜といえる。しかしながら、現在の肉牛生産は、人間でも食することができる穀物を多量に給餌するために、エネルギーと農業資材を多投する生産方式となっている。

　このように、現在の牛肉生産システムは、食の安全性、環境問題、アニマルウェルフェア、生産システムの継続性など、さまざまな問題を孕んでいる(増井, 2004)。

2．放牧主体の和牛生産システム

　Q Beefが目指している牛肉は、多くのサシが入った霜降り牛肉ではない。Q Beefが目指すものは、草地はもちろん、耕作放棄地などを含め、国内の草資源を有効活用し、赤肉を中心としながらも適度な脂肪交雑があり、かつ皮下脂肪、筋

間脂肪、内臓脂肪などの無駄な脂肪が少ない牛肉である。最高級の霜降り牛肉では骨格筋肉の脂肪割合が50％以上だが、Q Beefは15〜20％程度の適度な脂肪交雑で、そこにヒトの疾病予防に関わる草由来の脂溶性のビタミンや機能性物質を多く含む牛肉を目指している。

　そのため、「代謝インプリンティング機構」に注目した。名前が表すように体質の「刷り込み」である。代謝インプリンティング効果は、粗飼料肥育における筋肉の肉量および肉質に関わる遺伝子群の発現、ならびに生産された牛肉の粗脂肪含量、脂肪酸組成に影響を及ぼす（後藤, 2008）。この生産方式では、初期成長段階（0〜10ヵ月齢）に高栄養（高栄養ミルクにより強化した哺育と濃厚飼料）で育てることにより、太りやすい体質を作りあげ、その後の飼料が粗飼料のみであっても、十分な肉質、肉量を備えた牛を育てる。この飼育方法が普及すれば、濃厚飼料給与量は現在の4分の1から5分の1まで抑えられると期待される。

　ここでは、代謝インプリンティング処理を施した2種類の黒毛和牛の牛肉を扱う。すなわち、本章でいう「Q Beef」は、代謝インプリンティング処理により、子牛のとき（10ヵ月齢まで）には穀物飼料を使用して肥りやすい体質にするが、残り約80％は国内草資源のみで肥育した黒毛和牛の牛肉である。他方、代謝インプリンティング効果を利用し、高栄養ミルクによる強化哺育の後、一貫して国内草資源で飼養（3ヵ月齢より、30〜35ヵ月齢まで）し、放牧により肥育した黒毛和牛の牛肉を、「放牧和牛肉」と呼ぶ。もちろん、この「放牧和牛肉」も、代謝インプリンティング効果を利用しているので、広義のQ Beefに含まれるが、区別を容易にするため、本章はこのような名称とした。これらは、草資源を高度に利用し、脂肪分が10％程度の赤肉である。そのため、牛肉に対する霜降り重視のなかにあって、消費者が赤身の牛肉をどう評価するかは、Q Beefの生産振興において、決定的に重要なポイントとなる。

　そこで、本章は、牛肉生産方式に関する知識が、どのように牛肉の購買行動と支払意志額に影響を与えるのかを明らかにする。また、来たるべき市場展開に備えて、「Q Beef」と「放牧和牛肉」の支払意志額はどのように分布するか、それらに対する消費者の価格形成要因は何であるか、特に、環境やアニマルウェルフェ

第8章　国内草資源を利用した新たな和牛肉生産と消費選好分析

アに関する意識が、どのように価格形成に影響を与えるのかについて明らかにする。

第2節　分析手法と調査設計

1．分析手法

　本章では、仮想評価法（Contingent Valuation Method：CVM）を用いる。CVMとは、環境価値や新たな市場財の経済価値を評価する手法として、広く利用されている。CVMでは、仮想的な状況を想定し、より望ましい状況を手に入れるための、あるいは状況の悪化を防止するための支払意志額（willingness to pay：WTP）を質問する。または、望ましくない状況を受忍するための、あるいは望ましい状況を手放すための補償受容額（willingness to accept compensation）を質問する。ここでは、Q Beefを購入するために支払ってもよい最大金額を質問する。

　本アンケートにおいては、支払意志額はペイメントカード法を採用した。すなわち、支払ってもよいと思われる金額をいくつか提示し、その中での最大金額を選択してもらう。ここで選ばれた金額が、その牛肉に対するWTPである。そして、そのWTPに与える要因を、トービット・モデルによって分析する（Tobin, 1958）。このトービット・モデルでは、負の被説明変数があっても、非負の被説明変数でしか観測データが得られない場合に、つまり、センサーされたデータ（censored data）がある場合に使われる。本調査の場合では、和牛は霜降り牛肉という強い選好があるため、赤身の和牛肉は購入したくないという消費者の選好を適切に分析するために用いる。

　式(1)では、線形の付け値関数を仮定し、第 i 個人の潜在的支払意志額 W_i^* と観察された支払意志額 W_i、説明変数ベクトル X_i とその推定係数ベクトル β との間に

$$W_i^* = \beta X_i + \varepsilon_i,$$
$$W_i = 0 \quad \text{if} \quad W_i^* \leq 0$$
$$W_i = W_i^* \quad \text{if} \quad W_i^* > 0 \quad\quad\quad (1)$$

なる関係を仮定する。ただし、誤差項 ε_i は $N(0, \sigma^2)$ と仮定する。また、Φ と φ を標

195

第2部　アニマルウェルフェアと市民的価値

準正規分布の分布関数と密度関数としたとき、トービット・モデルとしての確率モデルは

$$\text{Prob}(W_i^* \leq 0) = \text{Prob}(\beta X_i + \varepsilon_i \leq 0)$$
$$= \Phi(-\beta X_i/\sigma)$$
$$\text{Prob}(W_i^* > 0) = \text{Prob}(\beta X_i + \varepsilon_i > 0)$$
$$= \varphi[(WTP_i - \beta X_i)/\sigma]/\sigma$$

のように定式化できる。したがって、次の対数尤度関数が定義できる。

$$\ln L = \sum_{WTP_i = 0} \ln[\Phi(-\beta X_i/\sigma)] + \sum_{WTP_i > 0} \ln[\varphi((WTP_i - \beta X_i)/\sigma) - \ln\sigma] \quad (2)$$

ただし、上式右辺の第1項は$WTP_i = 0$となるデータ、第2項は$W_i = W_i^*$となるデータについて対数尤度を計算している。トービットモデルではこの対数尤度を最大にするβおよびσの値を求める。

2．アンケート調査の設計

アンケート票には20の質問項目が用意され、3つの部分に分かれる。第1部は、日常的な牛肉購買行動に関する質問である。第2部は、我が国の牛肉生産システムとその資源的環境的影響がWTPに及ぼす効果についての質問である。

まず、「Q Beef」については、牛肉の写真入りで以下の説明を行った。
「・子牛のときには穀物飼料を使用して肥りやすい体質にするが、残り80％は国内草資源のみで肥育する
・肥育期の環境負荷はほとんどない
・赤身が多いが、少し霜降り（写真参照）
・耕作放棄地等の利用により日本の農地を守り、食料自給率の向上にも寄与」

また、「放牧和牛肉」についても、同様に、写真入りで以下の説明を行った。
「・一貫して国内草資源で飼養、放牧により肥育
・国内の草原地帯や耕作放棄地を活用し、食料自給率の向上に寄与

第8章 国内草資源を利用した新たな和牛肉生産と消費選好分析

・適正な放牧飼養により環境負荷はほとんどない
・糞尿は自然に循環
・赤身の色が濃い（写真参照）」

そして、WTPに関する質問を行った。すなわち、
「100 g 当たりいくらまでなら支払ってもよいと思いますか。
　1．300円まで　　　2．400円まで　　　3．500円まで
　4．600円まで　　　5．700円まで　　　6．800円まで
　7．900円まで　　　8．1,000円まで　　 9．買いたくない
　10．その他（　）」
である。その上で、第3部では、回答者の個人属性について質問を行った。

3．データのサンプリング

福岡地域は、全国からの転入者が多いため、日本で代表的な消費調査地となっている。また、福岡県の人口は約500万人で、44の市町村からなっている。調査対象地は、福岡県でも代表的な消費地である、福岡市、久留米市および太宰府市を選んだ。2009年の人口は、福岡市が1,363,841人、久留米市が304,785人、太宰府市が67,360人である（総務省, 2009）。総サンプル数1,500とし、各都市の人口に応じてサンプル数を割り当て、福岡市を1,000、久留米市を380、太宰府市を120とした。

送付先のサンプリングについては、電子電話帳（日本ソフト販売, 2009）を用い、そのデータから無作為抽出法で、アンケート票の送り先を選んだ。そして、料金後納の返信用封筒を入れて、アンケート票とともに郵送した。電話帳からのサンプリングであるため、宛名は世帯主となっている場合が多いが、回答者は世帯主

表1　アンケート調査の概要

調査地	福岡県
回答者	1,500 世帯の住民（福岡市 1,000 世帯、久留米市 380 世帯、太宰府市 120 世帯）
サンプル抽出方法	CD-ROM 電話帳からの無作為抽出
調査法	郵送法
調査期間	2009 年 2 月 1 日から 2 月 20 日
回収率	発送数 1,500、有効発送数 1,499、回収数 349、回数率 30%

第2部　アニマルウェルフェアと市民的価値

に限定してはいない。

アンケート期間は、2009年2月1日から2月20日とした。宛先不明で、実際の発送数は1,499となり、349通が返信され、回収率は30.0％であった。この種のアンケートとしては一般的な回収率となった（表1参照）。

第3節　単純集計結果

1．日常的な購買行動

以下では、アンケートから得られたデータの単純集計結果を示す。まず、表2には、日常的な購買行動について示す。国産農産物の購入について、55％が「いつもする」、34％が「よくする」であり、両者を合わせると89％になる。また、

表2　日常の買い物についての調査結果

質問内容	％	質問内容	％
国産農産物をつとめて買う		調理済み食品を買って食べる	
しない	0.57	しない	14.37
ほとんどしない	2.01	ほとんどしない	35.63
ときどきする	8.60	ときどきする	41.38
よくする	33.81	よくする	6.32
いつもする	55.01	いつもする	2.30
食品のラベル表示を見る		質より量で買い物をする	
しない	1.15	しない	17.58
ほとんどしない	0.86	ほとんどしない	28.24
ときどきする	8.65	ときどきする	42.94
よくする	36.31	よくする	7.78
いつもする	53.03	いつもする	3.46
100円ショップでの買い物をする		お買い得商品を探して何店か回る	
しない	26.44	しない	22.99
ほとんどしない	34.48	ほとんどしない	44.25
ときどきする	25.86	ときどきする	22.99
よくする	10.34	よくする	7.76
いつもする	2.87	いつもする	2.01
エコバックを利用する		環境問題の新聞記事を読む	
しない	10.66	しない	1.15
ほとんどしない	11.82	ほとんどしない	5.19
ときどきする	26.22	ときどきする	33.43
よくする	25.94	よくする	36.31
いつもする	25.36	いつもする	23.93

調理済み食品については、「ときどき」を含めると、50％の人が日常的に利用している。食品表示は53％が「いつも」、36％が「よく」見ており、両者を合わせると89％の人がよく見ていることがわかる。これらから、回答者は、食の利便性もさることながら、食の安全性へも高い関心を持っていると思われる。

また、質より量で買い物をする人、100円ショップでの買い物をする人、お買い得商品を探して何店か回る人は、「よくする」「いつもする」を合わせて、10％から13％程度で、あまり多くなく、経済的関心は低いようである。

他方、エコバックを利用する人、あるいは環境問題の新聞記事を読む人は、「よくする」「いつもする」を合わせて、各々51％と60％であり、比較的環境意識が高い人がほぼ半数を占めている。

2．牛肉の購買行動に影響を与える要因

牛肉の購入において、価格、味、見た目、安全性および環境への影響は、「少し重要」または「重要」と回答している（図1）。詳しくみると、価格が「重要」は41％、味が「重要」は52％である。見た目の「重要」は26％と、他の回答の傾向と異なり、それほど重視されていない。しかし、安全性は「重要」が82％で、もっ

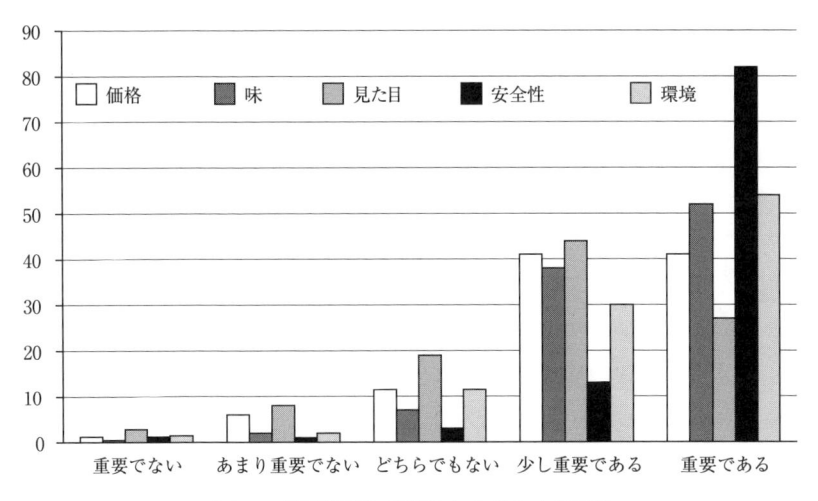

図1　購買行動に影響を与える牛肉の特性

とも牛肉購買において重視されている。また、環境への影響は、「重要」が54％であり、価格や味よりも重要視される傾向にあり、ここからも、回答者は環境意識の高い人たちであることがわかる。

3. 牛肉生産システムに関する知識

表3に、我が国の牛肉生産システムに関する知識について示す。牛肉生産の飼料効率について、「現状の肥育システムでは、牛の体重を1kg増やすために、穀物を10kg以上食べさせねばならないこと」を61％の回答者は知らず、飼料自給率について、「牛肉に限って言えば、国内自給率は約10％程度となること」を50％の回答者が知らなかった。

他方、ふん尿の処理経費について、「牛舎で飼っている牛の糞尿は、適切に処

表3　我が国の牛肉生産システムに関する知識

(単位: %)

内容	よく知っている	少し知っている	知らない
飼料効率	10	29	61
飼料自給率	12	38	50
ふん尿の処理経費の多さ	25	38	37
ふん尿の大量排出	4	9	87
アニマルウェルフェア	4	6	90
全平均	11	24	65

理するために、多くの費用が必要であること」は、「よく知っている」と「少し知っている」を合わせて63％の回答者が知っていたが、ふん尿の大量排出については、87％の回答者が知らなかった。

アニマルウェルフェアについては、「鶏のケージ飼いがEUでは2011年末をもって禁止されること」を90％の回答者が知らなかった。

以上から、総じて、我が国における肉牛生産の問題点はあまり知られていないこと、また、欧州諸国で関心の高いアニマルウェルフェアについて、我が国の消費者は関心が薄いことが明らかになった。つまり、この牛肉アンケートに回答してくれるほどに意識の高い消費者であっても、牛肉生産の抱える環境や資源の問題、あるいはアニマルウェルフェアについて、それほど情報を持っていないこと

第8章　国内草資源を利用した新たな和牛肉生産と消費選好分析

が明らかになった。

第4節　実証モデル

1．トービット・モデル

　トービット・モデルに使用する全てのデータについて、相関の有無について確認を行い、ほぼ変数間の相関係数は低く、分析に支障のあるほどの相関はなかった。分析にあたっては、計量経済学のソフトLIMDEPを用いた（Green, 2007）。

　被説明変数は、Q Beefと放牧和牛肉のWTPである。説明変数については、家族数、年齢、職業、教育水準、日常購入している牛肉の種類、牛肉生産システムの知識、購買行動、所得、食の安全性への関心である。説明変数の詳細な説明は後述の表4に示す。式(3)は、Q Beefと放牧和牛肉の実証モデルにおける推計式である。

$$WTP = f(FAMILY\ SIZE,\ AGE,\ HOUSEWIFE,\ EDUCATION,\ JP\ WAGYU,\ LOCAL\ BEEF,$$
$$WASTE,\ FEED,\ QUANTITY,\ PAYMENT,\ INCOME,\ BARGAIN,\ PRICE,\ SAFETY,$$
$$DOMESTIC\ FOOD) \tag{3}$$

2．支払意志額の分布

　図2では、Q Beefの支払意志額（WTP）の分布を示す。この牛肉に対して100g当たり500円まで支払ってよいと答えた回答者の割合が最も多く、28％であった。また、WTPが300円と400円では、各々12％と21％であった。WTPが600円、700円および800円については、3つとも11％であった。900円では0.3％であったが、1,000円以上の割合は4.3％であった。他方、買わない人も1.7％いた。モデル分析に使った337サンプルの平均値は、532.3円、標準偏差は189.1円であった。

　図3では、放牧和牛肉のWTPの分布を示す。最も回答者の割合が高かったのは、500円までの29％であった。また、300円と400円は、各々13％と19％であった。

第2部　アニマルウェルフェアと市民的価値

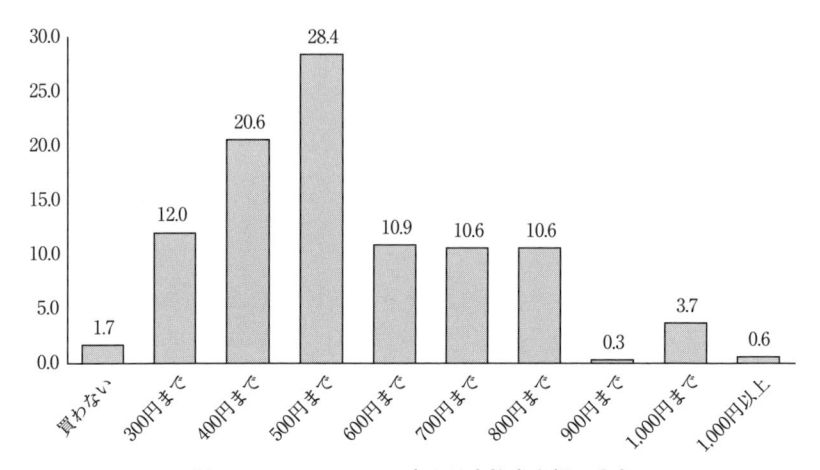

図2　Q Beef の 100g 当たり支払意志額の分布

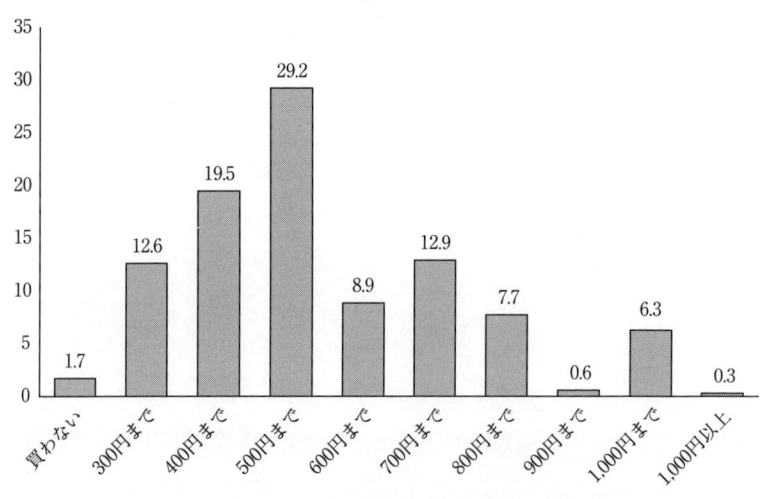

図3　放牧和牛肉の 100g 当たり支払意志額の分布

他方、600円、700円および800円は各々9％、13％および8％であり、1,000円以上は7％であった。買わない回答者も1.7％いた。モデル分析に使った337サンプルについて、平均値は537.4円、標準偏差は199.0円であった。

なお、Q Beefと放牧和牛肉のWTPについて、母平均の差に関するt検定を行ったところ、10％水準でも両者に統計的な有意差はなかった。

3．説明変数の定義

次に、分析に使用した説明変数の定義とその平均値、標準偏差を表4に示す。FAMILYSIZEは家族数であり、その平均値は2.98人である。AGEは回答者の年齢であり、平均年齢は62.3歳であった。HOUSEWIFEは主婦であるか否かを示す変数であり、主婦であれば1、そうでなければ0とした。23.7％が主婦であった。EDUCATIONは学歴を示し、大学卒以上であれば1、そうでなければ0である。34.4％は大学卒以上であった。

日常的に購入する牛肉が黒毛和牛であれば、WAGYUを1とし、それ以外は0とする。日常的に購入する牛肉が国産牛（肥育されたホルスタイン等の国産牛）であれば、LOCAL BEEFは1、それ以外は0とした。その結果、7.4％の回答者は日常的に黒毛和牛を購入し、68.5％の回答者は国産牛を購入し、残りの24.1％の回答者は、「オージービーフ」「よくわからない」あるいは「その他」であった。

牛舎で飼っている牛のふん尿を適切に処理するためには、多くの費用が必要で

表4　説明変数の定義

(n =337)

説明変数	定義	平均	標準偏差
FAMILY SIZE	家族人数	2.979	1.196
AGE	年齢（才）	62.33	11.31
HOUSEWIFE	1=主婦; 0=それ以外	0.237	0.4261
EDUCATION	1=大学卒以上; 0=それ以外	0.344	0.4758
WAGYU	1=和牛の購入; 0=それ以外	0.074	0.2625
LOCAL BEEF	1=国産牛の購入； 0=それ以外	0.685	0.4650
WASTE	1=家畜ふん尿処理について多少とも知っている; 0=それ以外	0.246	0.4315
FEED	1=飼料自給について多少とも知っている;0=それ以外	0.101	0.3016
ANIMAL WELFARE	1=アニマルウエルフェアについて多少とも知っている; 0=それ以外	0.092	0.2894
QUANTITY	日常的に購入する牛肉の価格（単位:100グラム）	384.9	198.2
PAYMENT	1回の牛肉購入に支払う金額（単位:1,000円）	1,532	1,121
INCOME	年間世帯所得　（単位:100万円）	6.160	0.5560
BARGAIN	1=お買い得品を探して店を回る; 0=それ以外	0.027	0.1615
PRICE	1=牛肉を買うとき価格を重視する; 0=それ以外	0.816	0.3880
SAFETY	1=牛肉を買うとき安全性を重視する; 0=それ以外	0.810	0.3928
DOMESTIC FOOD	1=いつも国産農産物を購入する; 0=それ以外	0.540	0.4991

あることを「知っていた」場合、WASTEは1、それ以外は0とした。このことを知っていた回答者の割合は24.6％であった。現状の肥育システムでは、牛の体重を1kg増やすために、穀物を10kg以上食べさせねばならないことを知っていた場合、FEEDは1、それ以外は0とした。このことを知っていた人の割合は10.1％であった。

ANIMAL WELWAFEは、EUではアニマルウェルフェアが重視されていることを多少とも知っていた場合は1、それ以外は0とした。このことについて、9.2％の回答者しか知っていなかった。QUANTITYは1回に購入する牛肉の量で、平均384.9gであった。PAYMENTは1回の牛肉購入に支払う金額で、平均1,532円であった。

INCOMEは世帯年収であり、平均616万円であった。BARGAINは、いつもお買い得品を探して何店かまわる場合は1、それ以外は0とした。2.6％の回答者がいつもそうすると回答した。PRICEは、牛肉を購入するとき、値段をある程度重視する場合を1、そうでない場合は0とした。重視する割合は81.6％であった。SAFTYは、牛肉を購入するとき、安全性を重視する場合を1、そうでない場合は0とした。重視する割合は81％であった。DOMESTIC FOODは、「いつも国産農産物を購入する」は1、そうでない場合は0とした。54％の回答者はいつも国産農産物を購入すると答えた。

第5節　分析結果と考察

1．分析結果

表5は、トービット・モデルによる分析結果を示す。最初に、Q Beefから見ていく。AGE（年齢）の推定係数は正であって、5％水準で統計的に有意であった。仮に、年齢が10歳上がるならば、Q BeefへのWTPは100g当たり19円増加する。

WAGYU（黒毛和牛）とLOCAL BEEF（国産牛）の推定係数は正であって、各々1％と5％水準で統計的に有意である。輸入牛肉等を購入する回答者に比較して、

第8章 国内草資源を利用した新たな和牛肉生産と消費選好分析

表5 トービット・モデルによる Q Beef と放牧和牛肉 の推計結果

説明変数	Q beef		放牧和牛肉	
	推定係数	標準誤差	推定係数	標準誤差
Constant	138.2	130.8	223.1	148.2
FAMILY SIZE	−5.813	9.036	−7.853	10.24
AGE	1.902**	0.875	0.903	0.991
HOUSEWIFE	26.02	19.90	29.10	22.55
EDUCATION	2.575	17.70	−10.63	20.05
WAGYU	132.7***	39.28	80.74*	44.52
LOCAL BEEF	49.30**	21.67	53.19*	24.57
WASTE	21.98	21.59	44.90**	24.47
FEED	−122.2***	30.65	−89.91**	34.74
ANIMAL WELLFARE	47.07	30.27	58.94*	34.31
QUANTITY	−37.06***	5.857	−27.00***	6.638
PAYMENT	92.49***	10.48	80.11***	11.88
INCOME	42.12**	16.55	39.30**	18.75
BARGAIN	−80.52	51.84	−126.36**	58.81
PRICE	−39.71*	21.76	−67.27***	24.67
SAFETY	43.31*	22.43	40.49	25.43
DOMESTIC FOOD	−30.57	18.56	−15.30	21.03
Sigma	149.41***	5.804	168.21***	6.609
Log likelihood function	−2133.98		−2175.29	

注：***、**、* は各々0.01、0.05、及び0.1 水準で統計的に有意であることを示す。

いつも黒毛和牛を購入する回答者は133円、国産牛を購入する回答者は50円余分に支払ってもよいと読める。FEED（飼料効率の知識）は負であって、1％水準で統計的に有意である。つまり、牛肉生産の飼料効率の悪さを知っている回答者のWTPは、そうでない回答者に比較して、122円低くなった。飼料効率の悪さを知っている回答者は、放牧飼養であれば飼料代が節約できると考えた、と推察される。

QUANTITY（牛肉購入量）の推定係数は負であって、1％水準で統計的に有意であった。日常的な牛肉購入量が多い回答者ほど、WTPは低くなっている。これは、購入量が多いほど、牛肉支出額を抑えるため、支払単価が低くなると考えられる。このような回答者は、100ｇ余分に買うと、WTPは37円低くなる。PAYMENT（牛肉購入金額）の推定係数は正であって、1％水準で統計的に有意である。日常的な牛肉購入金額が高い回答者ほど、WTPは高くなっている。例えば、日常的な牛肉購入金額が1,000円高ければ、WTPは92円高くなっている。

INCOME（世帯所得）の推定係数は正であって、5％水準で統計的に有意である。例えば、世帯所得が100万円多ければ、WTPは42円高くなっている。

PRICE（価格重視）の推定係数は負で、10％水準で統計的に有意である。また、*SAFETY*（安全性重視）の推定係数は正で、10％水準で統計的に有意である。つまり、牛肉を買うとき、価格を重視する人はWTPが40円低く、安全性を重視する人はWTPが43円高くなっていた。なお、*FAMILYSIZE*、*HOUSEWIFE*、*EDUCATION*、*WASTE*、*ANIMAL WELFARE*および*DOMESTIC FOOD*の推定係数は、統計的に有意ではなかった。

次に、放牧和牛肉の推定係数を見る。*WAGYU*（黒毛和牛）と*LOCALBEEF*（国産牛）の推定係数は正であって、各々5％水準で統計的に有意であった。日常的に黒毛和牛を購入する人は81円、国産牛を購入する人は53円だけWTPが高くなっている。

WASTE（畜産廃棄物の知識）は正であって、5％水準で統計的に有意であった。つまり、畜産廃棄物問題への認識が深い人ほど、さらに45円を支払う意思があることが分かる。*FEED*（飼料効率の知識）は負であって、1％水準で統計的に有意である。つまり、牛肉生産の飼料効率の悪さを知っている回答者は、そうでない回答者に比較して、WTPは90円低くなった。*ANIMAL WELFARE*（動物愛護の知識）の推定係数は正で、10％水準で統計的に有意であった。アニマルウェルフェアに関心を持っている回答者は、そうでない回答者に比較して58円余分に支払ってもよいことを示す。

QUANTITY（牛肉購入量）の推定係数は負であり、*PAYMENT*（牛肉購入額）の推定係数は正であって、両者とも1％水準で統計的に有意であった。*INCOME*（世帯所得）の推定係数は正であって、5％水準で統計的に有意であった。これらの結果は、乾草Q Beefの結果と同様である。

BARGAIN（お買い得品を探して店を回ること）の推定係数と*PRICE*（価格重視）の推定係数は負であって、各々5％水準、1％水準で統計的に有意であった。なお、*FAMILYSIZE*、*AGE*、*HOUSEWIFE*、*EDUCATION*、*WASTE*、*SAFETY*および*DOMESTIC FOOD*の推定係数は統計的に有意ではなかった。

2．考察

　以上の分析結果は、およそ妥当な推定結果であったと言えよう。すなわち、Q Beefと放牧和牛肉のWTPの平均値は、各々100ｇ当たり532円と537円であった。この両方のWTPには、統計的に有意差がなかった。他方、価格に影響を与える要因は、いくつかの点で差異が見られた。Q Beefについては、年齢が高いほど、黒毛和牛肉や国産牛肉を買うほど、飼料効率の知識が無いほど、1回の牛肉購入量が少ないほど、牛肉購入額が多いほど、所得が高く、購入する牛肉の安全性を重視するほどWTPが高かった。また、牛肉の値段を重視しないほど、WTPは高かった。これらは、回答者の経済的条件が良好で、食の安全性に意識が高いほど、WTPがより高くなることを示している。ただし、Q Beefに対する*ANIMAL WELFARE*は、12％水準であれば統計的に有意となり、アニマルウェルフェアに関心の高い回答者ほど、WTPが高いことがわかった。

　同様に、放牧和牛肉については、黒毛和牛肉や国産牛肉を買う回答者ほど、畜産廃棄物問題を知っているほど、アニマルウェルフェアに関心の高い回答者ほど、1回の牛肉購入量が少ないほど、肉牛の購入額が多いほど、また、所得が高く、お買い得品を探して店を回るようなことはせず、購入する牛肉の安全性を重視するほど、WTPが高かった。つまり、回答者の経済的条件が良好なほど、畜産環境問題やアニマルウェルフェアに対する意識が高いほど、WTPが高くなっていた。

　次に、WTPに影響を与える要因の順序をみておく。表6では、説明変数の推定係数とデータの標準偏差を乗じて、影響力を推計したものを示す。

　Q Beefでは、影響力の絶対値の大きい順から、*PAYMENT*、次いで*QUANTITY*、*FEED*、*WAGYU*、*INCOME*、*AGE*、*LOCAL BEEF*、*SAFETY*、*PRICE*であった。この結果から、経済的要因がWTPに強く影響を及ぼすことが読み取れる。また、濃厚飼料多給で国産牛肉を生産していることを知っている人ほど、WTPが小さくなった。そして、その影響力は第3番目と高い。つまり、霜降り牛肉生産の非効率性を知っていながら、それを好む人ほど、赤肉であるQ Beefの評価は低いと言えよう。

第 2 部　アニマルウェルフェアと市民的価値

表 6　Q Beef と放牧和牛肉の支払意思額に与える要因の影響力比較

説明変数	乾草 Q beef		放牧 Q beef	
	影響力	順位	影響力	順位
Constant	−	−	−	−
FAMILY SIZE	−	−	−	−
AGE	23.20	6	−	−
HOUSEWIFE	−	−	−	−
EDUCATION	−	−	−	−
WAGYU	34.83	4	21.19	7
LOCAL BEEF	22.93	7	24.74	5
WASTE	−	−	19.38	9
FEED	−36.86	3	−27.13	3
QUANTITY	−73.43	2	−53.50	2
PAYMENT	103.7	1	89.84	1
INCOME	23.42	5	21.86	6
BARGAIN	−	−	−20.40	8
PRICE	−14.41	9	−26.10	4
SAFETY	16.62	8	−	−
DOMESTIC FOOD	−	−	−	−
ANIMAL WELFARE	−	−	17.06	10

注：効果は、各説明変数の推定係数と標準偏差を乗じて計算した。

他方、放牧和牛肉では、影響力の絶対値の大きい順から*PAYMENT*、次いで*QUANTITY*、*FEED*、*PRICE*、*LOCAL BEEF*、*INCOME*、*WAGYU*、*BARGAIN*、*WASTE*、*ANIMAL WELFARE*であった。これより、Q Beefに比較して、より環境に配慮し、かつより低脂肪の牛肉である放牧和牛肉の評価では、環境やアニマルウェルフェアの相対的重要度が高まることがわかる。

おわりに

今回の調査から、回答者は我が国の畜産が抱える廃棄物や濃厚飼料多給の問題について、あまり知識がないことが明らかになった。他方、牛肉の購買行動においては、価格とともに安全性や環境への影響が重要な判断基準ともなっていることが示された。

また、Q Beefと放牧和牛肉の平均WTPは各々532円と537円であり、統計的に有意差は無かった。次に、これらのWTPに影響を与える要因について、第1と

第2のものは、日常の牛肉購買行動における牛肉購入量と牛肉購入額であった。日常の牛肉の購入量の少ない回答者ほど、その購入額の大きい回答者ほど、WTPは高くなるというものである。そして、第3の要因としては、霜降り牛肉生産システムの非効率性に関する知識であり、その生産の非効率性を知っていながら和牛肉を購入する回答者は、環境に配慮したQ Beefを低く評価した。他方、草地資源をより多く使用し、放牧重視の放牧和牛肉では、Q Beefの評価において有意ではなかった畜産廃棄物の知識とアニマルウェルフェアの知識が、10％水準で有意な説明変数として選択された。このことより、放牧重視の和牛肉に対しては、単に低脂肪という食味や健康上の理由だけでなく、環境やアニマルウェルフェアを意識する人々が、より高く評価することが示された。このことは、販売戦略の構築において、想定すべき消費者層の明確化に有益な情報を与えるものである。

参考文献
今井裕（2007）『家畜生産の新たな挑戦』（生物資源から考える21世紀の農学　第2巻）京都大学学術出版会。
荏開津典生（1988）『日本人と牛肉』岩波書店。
後藤貴文（2008）『新奇牛肉生産システムの構築―初期成長期の代謝インプリンティング効果の解明―』九州大学科研報告。
総務省（2009）『日本統計年鑑』http://www.stat.go.jp/english/data/nenkan/index.htm（2009年5月27日アクセス）。
日本ソフト販売（2009）『電子電話帳』（九州・沖縄版）Ver14。
日本農業市場学会（2008）『食料・農産物の流通と市場Ⅱ』筑波書房。
増井和夫（2004）『日本畜産再生のために―飼料構造と地域の視点から―』山崎農業研究所。
横田哲治（1990）『牛肉―自由化後の戦い―』富民協会。
リフキン，ジェレミー著、北濃秋子訳（1993）『脱牛肉文明への挑戦―繁栄と健康の神話を撃つ―』ダイヤモンド社。
Amemiya, Takeshi (1985) *Advanced Econometrics*, Oxford, Basil Blackwell.
Arrow, K., Solow, R., Portney, P.R., Leamer, E.E., Radner, R. and Schuman, H. (1993) "Report of the NOAA panel on contingent valuation," Washington DC, Resources for the Future.
Cook, R. (2008) Cattlenetwork. "The source for cattle news," http://www.

cattlenetwork.com/ (Retrieved April 15, 2009).
Erikson, G. R., Walt, T. I., Jussaume, R. A. and Shi, H. (1998) "Product characteristics affecting consumers' fresh beef cut purchasing decisions in the United States, Japan, and Australia," *Journal of Food Distribution* 29, pp.16-25.
Green, W. H. (2007) *LIMDEP Version 9.0. Econometric Modeling Guide* Vol.1 Economic Software Incorporation, Plainview. New York.
McCluskey, J. J., Grimsrud, K. M., Ouchi, H., and Wahl, T. I. (2005) "Bovine spongiform encephalopathy in Japan: consumers' food safety perceptions and wiliness to pay for tested beef," *Australian Journal of Agricultural Resource Economics* 49, pp.197-209.
MLA (Meat and Livestock Australia) http://www.mla.com.au/ (Retrieved April 15, 2009).
Ministry of Public Management, Home Affairs, Posts and Telecommunications. (2001) "Annual report on the family income and expenditure survey 2000," Tokyo, Statistics Bureau, Ministry of Public Management, Home Affairs, Posts and Telecommunications.
Sasaki, K and Mitsumoto, M. (2004) "Questionnaire-based on consumer requirements for beef quality in Japan," *Journal of Animal Sciences* 75, pp.369-376.
Stroppiana, R. and Riethmuller, P. (2000) "Beef consumption in Japan: What can be learnt from sub-national data?" *Agribusiness Review* 8, http://www.agrifood.info/review/2000/Stroppiana.html (Retrieved May 9, 2009).
Tobin, J. (1958) "Estimation for relationships with limited dependent variables," *Econometrica* 26 (1), pp.24-36.

第9章　ペットの癒し効果による
人間の厚生水準の向上
——ドッグランに関する需要分析——

吉田謙太郎

はじめに

　犬や猫に代表されるペットの飼育は、日常生活のストレスの解消、子供の情操教育などの面において、人々の生活に癒しと潤いの効果を与えるものである。内閣府「動物愛護に関する世論調査（平成15年7月）」によると[1]、ペットを飼育している理由として、「気持ちがやわらぐ（まぎれる）から」が47.9%、「子どもの情操教育のため」が21.6%であった。「家族が動物好きだから」（60.5%）、「自分が動物好きだから」（38.3%）に次いで、それぞれ2番目と4番目に多い理由となっていることからも、そのことが理解される。
　少子高齢化社会の進展、単身世帯の増加、そしてコンパニオンアニマルの浸透とともにペット飼育頭数は増加しており、それにともないペット飼育関連市場も活況を呈している。厚生労働省によると、平成20年度末における狂犬病予防法に基づく犬の登録頭数は6,852,235頭であり、予防注射頭数は4,985,930頭（72.8%）であった。政府統計だけでは、未登録犬も含めた全飼育頭数が把握できないため、一般社団法人ペットフード協会は、インターネット調査による標本調査に基づき、犬や猫などの飼育頭数を推計している。ペットフード協会の全国犬猫飼育実態調査によると、2012年の全国飼育頭数推計値は犬が1,153万頭、猫が975万頭であった。同調査によると、犬については調査対象世帯の16.8%が飼育し、猫については10.2%が飼育していることも明らかとなった。数による単純な比較には倫理的問題がともなうため、十分に注意する必要があるが、しばしば指摘されるように、

犬と猫を併せた飼育頭数は2011年10月1日現在の年少人口（0〜14歳）1,670万人よりも多い。新聞やテレビ、広報誌などの媒体においても、人間の赤ちゃんとペットの写真が並列に掲載される場合も多く、人とペットのどちらに効用を感じるかは、あくまで個人の価値観次第であるという状況に至っていることが推察される。

犬や猫の飼育頭数増加は、さまざまなペットビジネスを創造しており、ペットフードやペット用品などのペット関連ビジネスは2004年度で1兆192億円と推定されている（産経新聞メディックス, 2006）。それ以外にも、最近ではペットと宿泊できることを売り物にするペンションなどの宿泊施設も増加している。また、1997年に国土交通省が中高層共同住宅標準管理規約の中に、ペット飼育を管理規定に定めるべき事項として記載したことなどにより、ペット飼育が可能なマンションを営業上の差別化戦略に位置づける物件が増加してきた[2]。株式会社不動産経済研究所の調査によると、1998年にはペット可マンションの供給戸数は1％程度の普及率であった。ところが、2007年には5万2,578戸のペット可マンションが供給され、全供給戸数に占めるシェアは86.2％となった。2006年に供給されたペット飼育可マンションは55,511戸（シェア74.5％）であったことからも、急速にペット飼育可マンション市場が拡大していることがわかる。

このようなペット飼育を取り巻く環境変化を受けて、とくに都市住民にとっては、犬の飼育に必要な戸外活動の場を確保することが必要となってきている。犬には日常的に適度な運動が必要であるが、都市部でリード（引き紐）無しで運動するための適地を見つけることは困難である（幸田, 2002）。公園や河川敷などにおいては、ノーリード（放し飼い）にともなうトラブルも多い。前掲の内閣府「動物愛護に関する世論調査」においても、ペット飼育による迷惑として「犬の放し飼い」を挙げた人の割合は29.5％であり、ふん尿や鳴き声などの迷惑行為に次いで多かった。

現在、民営・公営問わず、ノーリードで自由に犬を遊ばせることのできるドッグラン施設が普及してきている。2007年に実施された（社）日本公園緑地協会（2008）の調査では、調査に回答した380の自治体のうち8％でドッグランが設置

されているとのことであった。例えば、本研究の調査対象地である東京都では、都営公園において本格的なドッグランを運営している。また、最近では、ドライブ途中での犬のストレスを軽減させるため、高速道路のサービスエリアに設置されるドッグランが増加している。

　本研究は、ペットの戸外活動を巡る問題が発生し、それを解消するための対策としてドッグランが導入されてきている現状を受けて、都市公園を活用したドッグラン整備に関する利用者ニーズを的確に把握し、今後の施設整備に向けての基礎的情報を得ることを目的とする。愛犬の自由な活動場所を確保することにより愛犬の健康を増進し、それによりストレスの少ないペット飼育を実現できることが、飼い主である人間の厚生水準に影響を与える。その効果について、アンケート調査とそれに基づく計量分析により接近することが本研究の課題である。

　ドッグランの需要分析には、マーケティングに用いられるコンジョイント分析を適用する。コンジョイント分析は、複数の選択肢の中から望ましい選択肢を選ぶことにより、選択肢を構成する各属性についての限界支払意志額を評価する手法である。都市公園におけるドッグラン施設の便益評価を行うことにより、利用者が望む施設整備の方向性を明らかにすることができる。さらに、自治体がドッグラン整備を行う際の費用便益分析に活用するとともに、民間資本によるドッグラン施設提供時の整備内容と価格水準を明らかにすることも可能である。

　ドッグランに関する利用者調査等の先行研究（愛甲・淺川, 2007、奥村・愛甲, 2005）は散見されるが、都市公園におけるドッグラン整備に関する詳細な利用者選好評価は吉田・川瀬（2008）が初めてのものである。本研究では、コンジョイント分析を実施する際に、プロファイルを画像と文字情報により構成し、回答者が直感的に理解しやすい選択肢集合を提供した。また、実際の利用者データである顕示選好（revealed preference：RP）データを、コンジョイント分析による表明選好（stated preference：SP）データと結合したうえで比較した。ドッグランについては、利用者ニーズも高く、また提供されるサービス内容に関する利用者の意識と認知度も高いと考えられるため、通常の環境価値経済評価よりも精度の高い分析が可能となると予想される。

第2部　アニマルウェルフェアと市民的価値

第1節　ドッグラン

　ドッグランはノーリードで自由に飼い犬を遊ばせるための施設であり、1979年に開設されたカリフォルニア州バークレー市のオーローン・ドッグパーク（Ohlone Dog Park）をその起源とする説がある。Brittain（2007）によると、都市部を中心として米国には700カ所以上のドッグランがあると言われている。奥村・愛甲（2005）によると、日本では1995年10月に北海道千歳市ハヤブサ公園に公営ドッグラン第1号が設置された。現在では、公営・民営合わせて500カ所以上のドッグランがあると推計されている。最近では、自治体が公園の魅力を高めるために設置するドッグランも日本全国で増加している。

　筆者は、2008年6月に筑波大学社会工学類都市計画専攻の3年生を対象とした都市計画実習を実施した際に、学生達とつくば市役所においてドッグラン設置に関するヒアリング調査を実施した。その当時、つくば市には民間のドッグランや新興住宅地のイベント時にのみ設置されるドッグランは存在したものの、都市公園内の常設ドッグランはなかった。そのため、市内約250カ所の公園のどこに設置することが最も望ましいかを明らかにするために入念な調査とヒアリングを行った。その結果、住宅エリアからやや離れた、万博記念公園という大規模な公園の貯水池横のスペースが利用できるのではないかとの結論に達した。しかしながら、つくば市内は十分なスペースがあるため、新規ドッグラン設置の必要性は低いというのが当時の市役所の意見であった。その後、廃棄物焼却施設であるクリーンセンターに併設されたつくばウェルネスパークという複合型健康増進施設が設置された際に、ドッグランが設置された。新設健康施設の魅力を高め、集客力を向上させるための手段として、ドッグランが利用されている。

　ドッグランは、マンションやデパートの屋上スペース、ショッピングセンター内、津軽海峡を横断するフェリーの船上などさまざまな場所に設置されている。高速道路のサービスエリア及びパーキングエリアにおいては、サービス向上の一貫として全国50カ所においてドッグランが設置されている。ドッグランの面積は

第9章　ペットの癒し効果による人間の厚生水準の向上

60m^{2}から890m^{2}までさまざまであるが、各サービスエリアの特徴にあわせてドッグランが整備されている。

東京都は、2002年以降ドッグランを次々と設置している。都内は犬の散歩に必要なスペースが不十分であることから、東京都は都市公園におけるドッグラン導入に積極的であり、建設局は都市公園、港湾局は海上公園に設置してきた。

東京都建設局は以下の9カ所の都立公園内にドッグランを設置してきた。駒沢オリンピック公園（2003年11月1日、1,200m^2）、神代植物公園（2003年11月1日、3,000m^2）、小金井公園（2005年6月25日、3,180m^2）、舎人公園（2005年6月25日、1,970m^2）、城北中央公園（2005年6月25日、2,000m^2）、小山内裏公園（2006年6月1日、2,636m^2）、代々木公園（2007年4月28日3,500m^2）、蘆花恒春園（2007年5月20日、1,450m^2）、水元公園（2007年5月30日、3,500m^2）。なお、（ ）内はドッグランの開設年月日と面積である。建設局が設置したドッグランを有するすべての公園に駐車場があり、ボランティア団体による管理運営が行われている。**写真1**は代々木公園、**写真2**は駒沢オリンピック公園、**写真3**は城北中央公園のドッグランの写真である。地面の材質や木立などの配置がそれぞれ異なることがわかる。

写真1　代々木公園

写真2　駒沢オリンピック公園

写真3　城北中央公園

第2部　アニマルウェルフェアと市民的価値

　東京都港湾局は以下の3カ所の海上公園にドッグランを設置してきた。大井ふ頭中央海浜公園「しおさいドッグラン」（2003年1月18日、1,200m^2）、辰巳の森海浜公園「たつみの森ドッグラン」（2004年4月21日、2,000m^2）、城南島海浜公園「つばさドッグラン」（2007年6月2日2,800m^2）。

　また、区立公園においては、23区内のほとんどの公園で犬連れ利用が禁止されているが、ドッグランが整備されている公園もある。平和の森公園（中野区：200m^2）、桃井原っぱ公園（杉並区：400m^2）、落合公園（新宿区：700m^2）、落合中央公園（新宿区：700m^2）、築地川公園（中央区：700m^2）、芝浦中央公園（港区：700m^2）などである。なお、東京都23区内では、犬連れ利用の原則禁止が10区、リード等の条件付き許可が10区、指定された公園のみ許可が3区ある。

　東京都は、ドッグランへの社会的ニーズが高く、犬の放し飼いなどの問題への対策として有効であると判断したことなどから、近隣住民及び他の公園利用者と調整のうえ設置した（幸田, 2002；植木, 2007）。駒沢オリンピック公園及び神代植物公園では、2002年12月より社会実験として試験導入し、アンケート調査結果が良好であったことなどから、2003年11月より本格導入した。

　東京都におけるドッグラン設置条件は、①設置可能な場所の確保、②駐車場の確保、③ボランティア団体などの協力、④近隣住民の理解の4点が基本であるが、水源や野鳥などへの影響も十分に考慮される（植木, 2007）。

　①については、一般利用者の動線と重ならないこと、民家などから一定以上の距離があることが条件である。②については、遠方からの利用者があるため、違法駐車対策として駐車場の確保が必要である。③については、ドッグラン施設は公園管理事務所などによる直接管理をとらないため、運営を行うためのボランティア団体などの協力が必要であり、設置の条件となっている。④については、地元町会、各種団体、近隣住民、公園利用者のコンセンサスが必要である。

　東京都における9カ所のドッグランのうち5カ所については、厚生労働省からの指導を受けて利用者の登録制を実施している。ドッグラン施設の設置規模などはさまざまであるが、面積2,000m^2、フェンス等設置費用200万円程度を標準的な規模として設置されている。都立公園内の各ドッグランは順調に運営されている

第9章　ペットの癒し効果による人間の厚生水準の向上

と報告されているが、ボランティア人数が減少傾向のドッグランもある。長い目で見た場合、ボランティアによる運営だけでは継続性に問題が発生する可能性もある。

第2節　コンジョイント分析

コンジョイント分析は、受益者に対して支払意志額を直接尋ねることにより、便益評価額を明らかにする表明選好法の一類型である（Louviere, Hensher and Swait, 2000）。コンジョイント分析は環境財を複数の属性に分割して限界便益を評価する手法であり、政策プログラムの変更にともなう便益評価額の再計算が容易であり、費用便益分析に利用しやすいというメリットがある。日本においても2000年以降、コンジョイント分析の導入が盛んになりつつあり、公園の費用対効果分析にも利用されている。コンジョイント分析は、確率効用モデルに基づく条件付ロジットモデルによる推定が一般的である。しかしながら、回答者の選好に異質性を許容した混合ロジットモデル（mixed logit model）の推定結果が良好であったため、以下ではその推定結果を示すことにする。

混合ロジットモデルにおいて、効用関数Uは(1)式のとおり表される（Train, 2003）。

$$U_{ij} = \beta' x_{ij} + \eta'_i z_{ij} + \varepsilon_{ij} \tag{1}$$

ここで、xとzはともに選択肢固有属性であり、βは固定パラメータ（nonrandom parameter）、ηはランダムパラメータ（random parameter）、εは誤差項である。このとき、回答者iが選択肢jを選択する確率L_{ij}は(2)式の通りになる。

$$L_{ij}(\eta) = \frac{\exp(\beta' x_{ij} + \eta'_i z_{ij})}{\sum_k \exp(\beta' x_{ik} + \eta'_i z_{ik})} ; j = 1, ..., k, ..., J \tag{2}$$

ここでηの確率密度関数を$f(\eta|\Omega)$とおき、Ωはこの分布の固定パラメータを示すものとする。混合ロジットモデルの選択確率P_{ij}は(3)式のとおり定式化される。

$$P_{ij} = \int L_{ij}(\eta) f(\eta \mid \Omega) d\eta \qquad (3)$$

上記の積分は解析的に解けないため、シミュレーションにより近似する方法を用いてパラメータの推定を行う。

また、今回の調査対象者は、都内のドッグランを実際に利用しているため、実際の利用（顕示選好）に関するデータが得られる。そのため、コンジョイント分析において得られる仮想的な利用（表明選好）データと結合させることにより、分析の精度が向上する可能性がある。表明選好（SP）データと顕示選好（RP）データとの結合については、現実の全選択肢集合データとSPデータとの結合時における整合性などの問題があったため、SPの現状選択肢（opt-out）を実際の回答者の利用情報（RP）で置換する方法を適用して推定を行った。効用関数は(4)(5)(6)式の通り表される。SPの選択肢の中で、現状選択肢を選択した場合はU_{SP_optout}、それ以外の3つの選択肢の中から1つを選択した場合はU_{SP}、各回答者が日常的に取っている利用行動をU_{RP}とする。ここではU_{SP_optout}をU_{RP}で置換した。なお、ASCはAlternative-specific constant（選択肢固有定数項）である。

$$U_{SP} = \beta' x_{SP} + \eta' z_{SP} + \varepsilon_{SP} \qquad (4)$$
$$U_{SP\_optout} = \mathrm{ASC}_{SP\_optout} + \varepsilon_{SP\_optout} \qquad (5)$$
$$U_{RP} = \mathrm{ASC}_{RP} + \beta' x_{RP} + \eta' z_{RP} + \varepsilon_{RP} \qquad (6)$$

第3節　都立公園におけるアンケート調査の概要

1．調査対象となるドッグランの概要

東京都の都市公園の中から世田谷区の駒沢オリンピック公園と板橋区の城北中央公園の2カ所を選定してアンケート調査を実施し、ドッグラン利用者に関するデータを収集した。駒沢オリンピック公園と城北中央公園は、東京都建設局が所管しており、利用登録制が未導入であるという共通点がある。また、両公園は地理的に離れているため、ドッグランの利用者が重複しないと想定された。面積や

第9章　ペットの癒し効果による人間の厚生水準の向上

地面、木立、外灯の有無などの属性がそれぞれ異なることから、調査結果の比較を行う際に、解釈の手がかりとなる情報が得られると想定されたことも、この2つの都市公園を調査対象とした理由である。

駒沢オリンピック公園は2003年11月1日、城北中央公園は2005年6月25日にドッグランが開設され、それぞれの公園名を冠したドッグランサポーターズクラブによって運営されている。駒沢オリンピック公園では、公園内の通路の一角を利用してドッグランが設置されたため、地面の材質はコンクリートである。面積は1,200m^2、ベンチが20個程度、水飲み場と外灯も備えられてある。高さ1.2mの金属製フェンスと二重扉、ドッグトイレがあり、24時間利用可能である。入り口は2カ所で、小型犬専用スペースと大型犬も遊べるフリースペースに分けられている。

城北中央公園は面積が2,000m^{2}とやや広い。木立が多く地面が湿っているため、砂が敷かれてある。開設当初は金属製のフェンスと二重扉だけであったが、中央のフェンスと内部のフェンス、水飲み場が設置後に整備された。外灯は設置されていないため、日没後は利用が困難である。入り口は3カ所で、小型犬専用スペースと中・大型犬スペース、フリースペースに分けられている。

2．アンケート調査の概要

アンケート調査は2007年11月11～22日の間に、両公園とも平日2日間、土日2日間実施した。駒沢オリンピック公園には外灯があるため、夜間利用者を考慮して早朝から夜間まで配布したが、城北中央公園には外灯がなく夜間利用者はほぼ皆無であるため、配布は早朝から日没までとした。配布回収方法は、ドッグラン利用者への直接手渡し、郵送による回収である。両公園ともに400通ずつ合計800通を配布した。回収数は駒沢オリンピック公園が177通（44％）、城北中央公園が180通（45％）であり、この種の調査としては比較的高い回収率が達成された。

回答者の主な属性は以下のとおりである。駒沢オリンピック公園では、男性が44人（25％）、女性が133人（75％）であった。年齢層は、40歳代が54人（31％）と最も多く、50歳代50人（28％）、30歳代41人（23％）、60歳代14人（8％）、20

歳代14人（8％）、70歳代4人（2％）であった。居住形態は、戸建て住宅が100人（56％）、分譲マンションが44人（25％）、賃貸アパート・マンションが33人（19％）であった。

城北中央公園では、男性が61人（34％）、女性が119人（66％）であった。年齢層は30歳代が55人（31％）と最も多く、40歳代54人（30％）、50歳代42人（23％）、60歳代（8％）、20歳代12人（7％）、20歳未満3人（2％）であった。居住形態は、戸建て住宅が104人（58％）、分譲マンションが45人（25％）、賃貸アパート・マンション14人（8％）であった。

自宅からドッグランまでの距離は、両公園ともに3km以内が約75％を占めた。駒沢では1km以内が65人（36％）、城北では50人（28％）であった。自宅からの距離の平均値は、駒沢が3,243m、城北が2,543mであった。公園までの交通手段（複数回答可）については、駒沢は徒歩が89人（50％）、自転車が27人（15％）、自動車が63人（36％）であった。城北は徒歩が74人（41％）、自転車が26人（14％）、自動車が83人（46％）であった。

次に、ドッグランの利用目的及び飼育犬種などに関する情報を示す。駒沢オリンピック公園では、トイプードルやチワワなどの小型犬（成犬8kg未満）の割合が53％、柴犬などの中型犬（25kg未満）が21％、ゴールデンレトリーバーなどの大型犬が22％を占めた。城北中央公園では小型犬の割合が67％と高く、中型犬が19％、大型犬が12％であった。城北中央公園では、ドッグランを使わず大型犬をノーリードで遊ばせている利用者がいることがヒアリングから判明しており、その影響で大型犬の割合が低い可能性がある。

表1には飼育犬に関する諸情報を示した。狂犬病予防接種は両公園とも95％以上であり、保健所への登録も85％以上であった。全国の犬の登録数は実飼育数の約50％程度と推定されるため、両公園での登録割合は高い。災害時などに個体識別可能なマイクロチップ導入については、両公園ともに10％であった。

表2には回答者のドッグラン利用目的を示した。両公園ともに最も高いのは犬同士のコミュニケーションであり、犬の運動不足解消がそれに次いだ。愛犬家同士のコミュニケーションもそれぞれ30％前後を占めた。

第9章　ペットの癒し効果による人間の厚生水準の向上

表1　飼育犬に関する諸情報（複数回答）

項目	駒沢オリンピック公園		城北中央公園	
狂犬病予防接種	168	(95%)	174	(97%)
伝染病予防接種	169	(95%)	167	(93%)
保健所への登録	152	(86%)	153	(85%)
去勢・不妊	105	(59%)	79	(44%)
所有者明示	50	(28%)	49	(27%)
ペット保険	38	(21%)	50	(28%)
マイクロチップ	17	(10%)	18	(10%)
その他	2	(1%)	1	(1%)
合　計	177	(100%)	180	(100%)

表2　回答者のドッグラン利用目的（複数回答）

項目	駒沢オリンピック公園		城北中央公園	
犬同士のコミュニケーション	159	(90%)	150	(83%)
犬の運動不足解消	106	(60%)	145	(83%)
犬と遊ぶ	68	(38%)	89	(49%)
愛犬家同士のコミュニケーション	61	(34%)	46	(26%)
しつけ・マナーの向上	16	(9%)	26	(14%)
撮影	4	(2%)	4	(2%)
その他	5	(3%)	2	(1%)
合　計	177	(100%)	180	(100%)

3．調査シナリオ設定

　コンジョイント分析を行うには、仮想的な調査シナリオの設定が必要である。ここでは、回答者が利用している公園とは別の都市公園内に新たなドッグランを作る場面を想定し、利用者にとって望ましい整備内容を尋ねた。新規にドッグランを作るには費用がかかるため、利用料金を徴収することも明記した。

　予備調査に基づき、表3のとおり属性と水準を設定した。一般的な大きさの都立公園よりも小さな都市公園にドッグランを設置するケースも想定し、面積は600、1,200、2,400、3,600m^2の4種類を設定した。地面の材質は芝、ウッドチップ、砂、土、コンクリートの5種類である。それぞれの利点及び欠点についても詳細に説明した。

　芝生の利点は、クッション性があり、保温・保湿効果が高いことである。欠点は、定期的な張り替えが必要であり、整備・維持に手間と費用がかかる点である。

表3　属性と水準

属性	水準				
面積 (m²)	600	1,200	2,400	3,600	
地面の材質	芝	ウッドチップ	砂	土	コンクリート
1回当料金 (円)	100	200	400	700	
管理人	無し	土日のみ	毎日		
木立の数	無し	少し	多い		
水飲み場	無し	有り			
外灯	無し	有り			
自宅からの距離 (m)	250	500	1,000	2,000	

　ウッドチップの利点は、クッション性が高く、保温・保湿効果があり、消臭・防虫効果により衛生的であり、排水性が高いことである。欠点は、定期的にチップを補充する必要があり、整備・維持に手間と費用がかかることである。

　砂の利点は、クッション性が高く、排水性があり、雨の日でも水たまりができにくいことである。欠点は、定期的に砂を補充する必要があることと、雨が降ると泥化しやすいことである。

　土の利点は、管理が比較的容易であり、地面のアレンジが容易であることである。欠点は、雨が降ると泥化しやすく、水たまりができやすく、地面が変形しやすいことである。

　コンクリートの利点は、管理が容易であり、雨の日でも利用しやすいことである。欠点は、クッション性がなく、足への負担が大きいこと、そして夏場は高温になり、冬場は低温になりやすいことである。

　1回当たりの利用料金は100、200、400、700円の4種類に設定した。管理人については、ドッグランの管理スタッフの駐在無し、土日のみ駐在有り、毎日駐在有りの3種類である。夏場に直射日光を防ぐための木立の数は、無し、少し（ドッグランの一部が日陰）、多い（ドッグランのほとんどが日陰）の3種類である。愛犬用の水飲み場と外灯については、無しと有りの2種類である。自宅からドッグランまでの距離は250、500、1,000、2,000mの4種類である。

　本研究では、画像による情報伝達手段を用い、図1のような選択肢集合4種類を回答者に提示した。なお、選択肢4は全選択肢集合に共通である。選択肢集合の中の各プロファイルは直交計画法により作成した。まずドッグランAについて

第9章　ペットの癒し効果による人間の厚生水準の向上

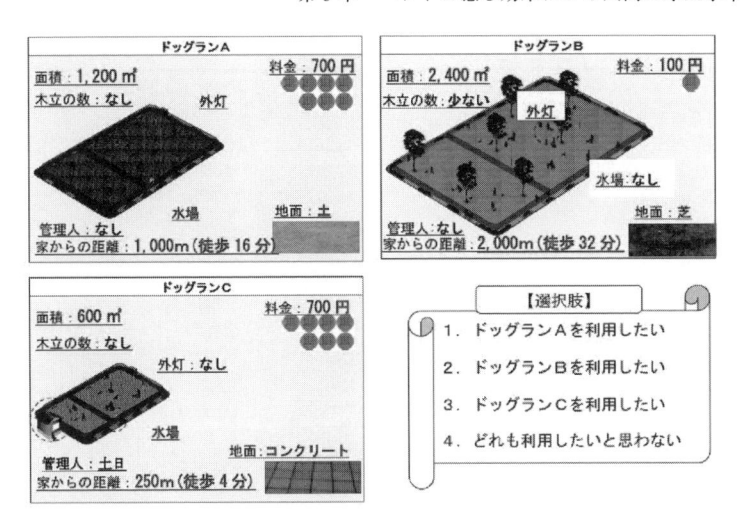

図1　画像による選択肢集合の例

合計32個のプロファイルを作成し、乱数により任意の順序に並べた。ドッグランBとCは、重複がないようにドッグランAのプロファイルを任意に並べ替え、合計32個の選択肢集合を作成した。その32個の選択肢集合を8等分し、4個ずつ8パターンのアンケート票に配置した。

SPとRPを結合する際には、現状選択肢4を回答者が現在利用している公園のRPデータによって置換した。距離については、利用者の居住地の郵便番号データに基づき、各公園までの直線距離を算出して利用した。

第4節　混合ロジットモデルによる分析結果と考察

表4には駒沢オリンピック公園、表5には城北中央公園において収集したデータに基づく係数推定結果を示した。推定に使用した分析モデルは全て混合ロジットモデルである。4個の推定結果にModel 1～4までの通し番号を振った。Model 1とModel 3はSPデータのみによる推定結果である。Model 2とModel 4はSPデータに現在の利用データ（RP）を結合した推定結果である。

第2部　アニマルウェルフェアと市民的価値

表4　駒沢オリンピック公園データによる混合ロジットモデル推定結果

変　数	Model 1　(SP)		Model 2　(SP+RP)	
ランダムパラメータ				
面積　(m^2)	0.000702**	(4.55)	0.000626**	(5.23)
s.d.	0.000505*	(2.25)	0.0000483	(0.086)
地面　(芝=1)	2.55**	(4.32)	2.34**	(4.88)
s.d.	1.79	(1.80)	1.66	(1.95)
地面　(土=1)	−0.368	(−0.467)	−0.249	(−0.381)
s.d.	2.23	(1.89)	1.82	(1.87)
管理人　(毎日=1)	0.827*	(2.20)	0.747*	(2.53)
s.d.	3.19**	(3.21)	2.41**	(3.05)
管理人　(土日=1)	0.719*	(2.37)	0.502*	(2.00)
s.d.	1.42*	(2.05)	0.886	(1.22)
自宅からの距離　(m)	−0.00106**	(−3.42)	−0.000922**	(−4.49)
s.d.	0.000334	(0.425)	0.00105**	(3.66)
固定パラメータ				
地面　(ウッドチップ=1)	1.21**	(2.76)	1.07**	(2.76)
地面　(砂=1)	−0.226	(−0.533)	−0.234	(−0.609)
木立　(多い=1)	1.13**	(3.86)	1.08**	(4.48)
木立　(少ない=1)	0.802**	(2.68)	0.863**	(3.38)
水場	0.435	(1.91)	0.380	(1.71)
外灯	0.211	(0.969)	0.128	(0.647)
料金　(円)	−0.00512**	(−4.41)	−0.00458**	(−5.77)
ASC　(選択肢固有定数項)	1.05*	(1.98)	0.284	(0.690)
観測数	648		648	
Adjusted R^2	0.227		0.229	

注：1）**、* はそれぞれ有意水準1％、5％で統計的に有意に0と異なることを示す。s.d.
　　　は標準偏差パラメータ、( ) 内の数値はt値である。
　　2）混合ロジットモデルではパラメータの分布に正規分布を用い、ハルトンドローに
　　　基づき500回のシミュレーションを試行した。

　駒沢オリンピック公園と城北中央公園の推定結果で最も大きな差異が生じているのは地面の材質である。駒沢は土と砂が統計的に有意ではなく、符号もマイナスである。他方、城北では砂に有意にプラスの結果が得られている。芝生には両公園ともほぼ同様の結果が得られているが、ウッドチップは城北の方が評価は高い。駒沢がコンクリート、城北が砂という地面材質の影響があると考えられる。

　他に特徴的な結果は、駒沢は管理人の駐在に高い評価が得られている一方、城北では低い結果であった。両公園とも、現在はボランティア以外のドッグラン専属管理人が駐在していないため、ボランティアによる運営に対する利用者の評価が反映していると考えられる。また、外灯については両公園ともに統計的に有意

第9章　ペットの癒し効果による人間の厚生水準の向上

表5　城北中央公園データによる混合ロジットモデル推定結果

変　数	Model 3 （SP）		Model 4 （SP+RP）	
ランダムパラメータ				
地面（ウッドチップ=1）	1.28**	(3.85)	2.06**	(3.93)
s.d.	0.0167	(0.011)	0.754	(0.708)
地面（土=1）	0.626	(1.17)	1.24	(1.93)
s.d.	1.05	(0.992)	1.06	(0.742)
管理人（毎日=1）	0.210	(0.934)	0.126	(0.416)
s.d.	1.76**	(2.72)	2.79**	(2.92)
水場	−0.0157	(−0.120)	0.0940	(0.464)
s.d.	0.00442	(0.011)	2.01**	(2.93)
自宅からの距離　(m)	−0.000911**	(−7.26)	−0.00110**	(−4.69)
s.d.	0.0000113	(0.050)	0.00104**	(3.93)
固定パラメータ				
面積　(m^2)	0.000392**	(5.48)	0.000484**	(4.50)
地面（芝=1）	1.70**	(5.12)	2.55**	(4.24)
地面（砂=1）	0.754*	(2.32)	1.33**	(2.63)
管理人（土日=1）	0.528**	(2.95)	0.609**	(2.57)
木立（多い=1）	0.738**	(4.49)	1.12**	(4.29)
木立（少ない=1）	0.553**	(3.04)	0.691**	(2.68)
外灯	−0.104	(−0.754)	0.0127	(0.066)
料金　（円）	−0.00340**	(−9.42)	−0.00457**	(−6.05)
ASC（選択肢固有定数項）	0.409	(1.05)	−0.796*	(−2.20)
観測数	656		656	
Adjusted R^2	0.178		0.191	

注：1）**、* はそれぞれ有意水準 1％、5％で統計的に有意に 0 と異なることを示す。s.d. は標準偏差パラメータ、（ ）内の数値は t 値である。
　　2）混合ロジットモデルではパラメータの分布に正規分布を用い、ハルトンドローに基づき 500 回のシミュレーションを試行した。

ではなかった。夜間の利用者が少ないため、外灯の必要性が低かったものと考えられる。

次に、SPのみによる推定結果、そしてとSPとRPを結合したモデルによる推定結果を比較する。両公園ともに、全てのモデルにおいてRPを結合したモデルの方が、若干R^2の値が高い。特徴的であるのは、自宅からの距離の変数の標準偏差（s.d.）パラメータが、SPでは統計的に有意でないにも関わらず、RPを結合したモデルでは有意になることである。平均パラメータは両者ともにほぼ同一であるが、標準偏差パラメータにのみ影響が生じた。自宅からの距離に応じて、利用者の交通手段は異なるため、提示された距離によって交通手段を変更しなければな

表6 WTP推計結果

	モデル		WTP （円）	90%信頼区間[下限値, 上限値]
駒沢	Model 1	(SP)	349.9	[163.2, 592.4]
	Model 2	(SP+RP)	384.5	[193.3, 594.3]
城北	Model 3	(SP)	410.1	[207.7, 635.5]
	Model 4	(SP+RP)	486.8	[263.4, 722.9]

注：WTPは面積（1,200m^2）、地面（ウッドチップ）、木立（少ない）、距離1000mに固定して推計した金額。

らないと回答者が想定したことが、推定結果に影響した可能性がある。同様に、水飲み場についても、城北中央公園においてのみ標準偏差パラメータが有意となった。

表6にはWTP推計結果を示した。限界支払意志額は、各属性の係数推定値を料金の係数推定値で除し、−1を乗ずることにより得られる。各属性の限界支払意志額に、ある特定の水準値を掛けることによりWTP（willingness to pay）が得られる。表6のWTPは面積（1,200m^2）、地面（ウッドチップ）、木立（少ない）、距離1,000mに固定して推計した金額である。WTP自体は、城北中央公園の方が駒沢オリンピック公園よりも数十円〜百数十円程度高いが、両方の金額に統計的有意差はない。

おわりに

東京都の駒沢オリンピック公園と城北中央公園の利用者を対象として、都市公園における新たなドッグラン整備に関するコンジョイント分析を実施し、便益評価を行った。調査を実施した都立公園のドッグランは現在無料で利用可能であり、設置費用が200万円程度である。そして、ドッグランの維持運営はボランティアによって支えられている。それにも関わらず、徒歩圏内（1,000m）にドッグランが設置された場合の利用者のWTPは、利用1回当たり350〜486円であった。1回当たり350円を便益原単位とすると、1年間5,714人の利用があれば1年以内に便益は設置費用200万円を上回る計算になる。もちろん、都市公園の場合、機

会費用である用地取得費用を考慮に入れると費用便益分析の結果は大きく異なる。駒沢公園の地価を60万円/m²と見積もると、用地取得費だけで7億2,000万円になる。その場合、約200万回のドッグラン利用が必要となるため、便益が費用を上回ることはないだろう。しかしながら、ドッグランは広大な都市公園の中の遊休スペースの有効利用であると考え、用地取得費を機会費用とせずに費用便益分析を実施した場合には、公共施設の提供としては十分な便益を発生していると考えることができる。

都心部のように地価が高い地域においては、民間に任せておくと、愛犬の健康増進のためのドッグランスペースが十分に確保できないことが想定される。他方、地価の低い地域では、魅力的なアジリティを備えたドッグランが民間によって供給される可能性もある。少子高齢化社会に向けて、交通至便な都心部におけるドッグラン整備を進めるには、現在のように、公共施設の遊休スペースやマンションの屋上などを有効活用することが必要となるだろう。また、地方においては、地方自治体がドッグランを供給する場合、民間との競合を招く可能性もあるため、設置する際には、競合施設の設置状況を考慮する必要がある。公園や河川敷などにおける犬の放し飼いなどの迷惑行為の対策として公園などにドッグランを設置するのか、それとも公園の魅力を高め、集客効果を増進するためのドッグランとするのか、戦略を明確にすることが重要である。

注
（1）内閣府大臣官房政府広報室「動物愛護に関する世論調査」http://www8.cao.go.jp/survey/h15/h15-doubutu/index.html（2010年7月15日アクセス）。
（2）株式会社不動産研究所「新規マンション・データ・ニュース」http://www.fudousankeizai.co.jp/Icm_Web/dtPDF/kisha/080403jyutaku.pdf（2010年7月15日アクセス）。

引用・参考文献
Brittain, A. "Plenty of tails are wagging at dog parks," http://www.csmonitor.com/2007/0711/p13s01-lihc.html（Retrieved July, 2007）
Louviere, J. J., D. A. Hensher, and J. D. Swait, (2000) *Stated Choice Methods: Analysis and Application*, Cambridge, Cambridge University Press.

第 2 部　アニマルウェルフェアと市民的価値

Train, K. E.（2003）*Discrete Choice Methods with Simulation,* Cambridge, Cambridge University Press.
愛甲哲也・淺川昭一郎（2007）「都市の緑地における犬連れ利用者の実態と意識」『ランドスケープ研究』70（5）、pp.515-518。
植木修（2007）「都市公園のドッグランについて―マナーを守った適正な利用に向けて―」『都市公園』第179号、pp.86-88。
奥村修子・愛甲哲也（2005）「北海道内の都市公園におけるドッグランの現状と課題について」『平成17年度日本造園学会北海道支部会報・研究事例報告要旨集』、pp.32-33。
幸田重行（2002）「公園と動物―駒沢オリンピック公園の事例―」『都市公園』第159号、pp.73-77。
産経新聞メディックス（2006）『ペットビジネスハンドブック2006』。
（社）日本公園緑地協会（2008）『「犬の飼い主の公園利用マナーに関する調査」結果』、pp.1-15。
吉田謙太郎・川瀬靖（2008）「都市公園におけるドッグラン整備に関する選択モデル分析」『都市計画論文集』43（3）、pp.679-684。

補稿

永木　正和

　当初の計画では本書の執筆陣に名を連ねるはずであったが、体調を崩してしまい、ついに期限までに執筆できなかった。無念の思いと自責の念が交錯していたその時、編者から「補稿」の執筆をという特別なお計らいの呼びかけを頂いた。関係者に多大な迷惑をかけてしまったことから戸惑ったが、本書によせていた思いを今一度解きほぐし、その一端を綴らせて頂くこととした。

　アメリカ人、ヨーロッパ人には、畜産物が全く食卓に上がってない食事など想像つかないであろう。前菜にも、メインにも、デザートにも、飲み物にも畜産物が使われてないものを探し出すのは難しい。そんな食文化国のアメリカ、ヨーロッパであるから、学術界にも畜産関係の研究者は多い。あちらの大学や研究所を訪問する度に、研究資金、研究施設の規模、研究スタッフ数の多さに感嘆させられた。

　言うまでもないが、畜産物は蛋白質や脂質に富んでおり、私達の健康増進に不可欠な食料である。一方、食用農産物を栽培できない土地に飼料を栽培し、家畜を経由して食料を提供するのが畜産業である。しかも、中山間地域や寒冷地域等の条件不利地域にも立地可能な産業である。畜産業は、土地の有効利用を図れる産業である。また、畜産は地域に関連産業を派生させて雇用を生み、地域自然環境の保全や景観形成等の多面的機能を発揮している。しかし、日本の畜産業は担い手の高齢化、ひたひたと押し寄せてきている市場開放で、年々、斜陽・縮小に向かっている。今、我が国は畜産物と飼料の両方で、海外に大きく依存してしまっている。大家畜はコスト競争力がない。中小家畜は高い自給率やコスト競争力を有しているように見えるものもあるが、全面的に海外から輸入した飼料に依存している。

　将来に向けて、良質で安全・安心な畜産物を安定的に適切な価格で供給する方途を考えるのが畜産研究者の課題である。だが、これだけ重要な課題をかかえながら、畜産学研究者は非常に少ない。「稲のことは稲に聞け、農業のことは農民に聞け」は実学主義を唱えた農学の祖・横井時敬先生が残した有名な言葉であるが、日本畜産には、聞こうとする学者も、聞く相手たる畜産農家もいなくなるのではないかと懸念される。私達は、危機感を抱いている。研究面から日本畜産を下支えしたり、前に出て引っ張ったりする人材が育って欲しい。どんな産業でも、当事者（従事者）だけでなく、産官学が一体となって産業組織を構築している。本書の執筆者は、細部の専門分野は異なるが、そんな思いを共有し、日頃より畜産について率直に意見交換したり、共同研究してきた仲間である。

　この度、そんな仲間が、一味違った「畜産学」、未来志向的で学際的な「畜産学」を語ってみようではないかという意図で企画した。日頃、自分の専門領域の視点

からのみ畜産に関わっている研究者、行政関係者、指導者に、畜産問題の深さ、広さと現代的課題を知って頂きたいという願望がある。さらに、年齢熟した我々としては、これから研究者を目指している学徒に畜産学に進んでもらうアカデミックな刺激を与えられることができればというささやかな願望もある。

多方面の方々にお読みいただき、直接・間接に日頃の仕事の一助に、あるいは日本の畜産業発展の視点でご叱正頂けるならと、著者の皆さまに代わって申し上げます。

1

本書に私が執筆しようと考えていたのは、「日本酪農におけるアニマル・ウエルフェアはどのようなものか」であった。考えていると、酪農とは何かを考えさせられ、これからの日本酪農のあり方を示唆する課題に繋がってきた。以下は文献を踏まえて理論的に論理推敲したものではないことを申し上げて、考えを述べさせて頂く。

この数年来、日本酪農は、(1)乳製品の輸入圧や輸入飼料穀物の高騰等のグローバル化した市場要因、(2)デフレ経済下の安売り、需要低迷の牛乳・乳製品と多種多様な飲料の出回り、そして(3)BSE、口蹄疫、東日本大震災と原発事故等の不測の要因が災いし、苦難の経営を強いられ続けている。このため多くの酪農経営で後継者が確保されてこなかった。今、経営者の高齢引退は、即酪農経営の廃業を意味する。もっとも、これまで酪農経営戸数は減少する一方であったが、1戸当たり飼養頭数規模が増大してきた。経産牛1頭当たり乳量は上昇している。だが、近年の戸数減は年4％というハイ・ペースで、飼養頭数規模拡大指向はペースダウンし、乳牛飼養総頭数が減少している。1996年をピークにして、生乳生産量は減少傾向に推移している（2012年度の生乳生産量760万トンは、ピーク時の1996年から100万トンもの減）。

何としても酪農産業のこの退潮傾向に歯止めをかけたい。いや、これまでに築いてきた酪農生産基盤を引き継ぎ、さらに発展させてゆかなければならない。その第1の理由は、言うまでもなく牛乳・乳製品が重要な栄養源であり、基幹的食料だからである（2012年の牛乳・乳製品の重量ベース自給率は65％、飼料自給率を考慮すると27％）。自由化に向けた各種貿易交渉で矢面に立たされている牛乳・乳製品であるが、市場開放は国内酪農を崩壊させかねない。今後、台頭してきている中国やいわゆる新興工業経済地域（NIEs）で牛乳・乳製品の需要が高まるのは必至で、将来は需給逼迫で輸入確保が困難になる。

第2に、酪農は、国民経済に様々な有益な「多面的機能」を発現している。国民はこれらを無償で享受している。（これについては本文のあちこちで論じられている）。

第3に、農業は自然生態系の物質循環を生産活動の基本的な拠り所としているが、酪農経営（および肉用牛経営）が典型的にこの循環を形成している。草地や耕畜

連携する耕地が受け皿になり、家畜糞尿が地力形成の資源として有効活用される物質循環を形成する。なお、酪農は、電力供給と集乳車アクセスの制約があるものの、自然との親和性が高く、多様な土地条件にうまく適合して立地することができる。つまり、飼料生産は様々な自然条件、土地条件の下で可能であり、耕種と土地利用が競合せず、農地の有効利用に資する。

　酪農の自給飼料生産に着目しよう。半世紀続いた米の生産調整（減反政策）が2018年をめどに廃止することになった。今後の米作は農家の意思に任せる。同時に進める農地流動化策（都道府県に農地中間管理機構を新設）は農業経営の大規模化と法人化を推進しながら、やる気のある生産者に農地を集積し、効率的に良質米と転作作物を生産してもらおうとしている。また、耕作放棄地の発生防止のため、転作補助金を用意して飼料米、稲WCS、トウモロコシ等の飼料作物への転作を後押しする。この施策は、主食米の価格を急落させかねない、飼料作は畜産農家とのマッチングができなかった場合に「飼料あまり」が発生したり、転作補助金を膨らませることになる、等の懸念の声が現場から上がっている。減反奨励金がゼロになる2018年までに政策手法や補助金単価の軌道修正がありそうだが、高収量で作業期に幅のある優良な飼料稲品種が作出され普及していることや、団地化集積された良好な土地条件の水田圃場での高い稲作技術と機械体系を有する生産者が担うことを考えると、今後、水田での効率的で安定的な飼料生産が実現するとの期待が高まる。

　もう一つの国内飼料の大きな可能性は、40万haにも達する耕作放棄地の耕地化である。平成年代に入ってから耕作放棄地面積が拡大しているが、策を講じなければ今後も広がる。放棄してしまった圃場を耕作可能な農地に復元するのは極めて困難であるが、政策的に経済インセンティブを用意すれば、草地あるいは放牧地として甦らせるのは不可能ではない。放牧地なら牧柵と水飲み場だけ用意すればよい。問題は、地権者との合意である。農水省の調査によると、耕作放棄地の地権者の6割が土地持ち非農家と自給的農家である。地権者と再整備への話し合いも整備事業も時間の経過と共に困難になる。急ぎたい。

　近年、既存の公共牧場の利用率が低下してきている。公共牧場は歴史的に錯綜した土地所有形態に対応した日本的な土地利用方式である。草地更新等による飼料生産性の向上、利用酪農家の広域化、乳牛育成だけでなく肉用牛育成にも利用、さらにTMRセンターやナース・センター、人材育成機能等を取り込んで、牧場機能の充実・拠点化、求心力向上等を図り、公共牧場の再興に取り組んでもらいたい。

　食料自給率が低い我が国で、転作田や耕作放棄地の自給飼料作地としての利用、公共草地の積極利用に、まだ伸びしろがある。都市近郊ではエコフィードも重要な飼料源である。いずれにしても、まだまだ国内飼料作増強の可能性はある。その機運も高まっている。国・地方自治体、JA等の関係団体が一体となって、安定的で良質な国内飼料生産増大への軌道に乗せてもらいたい。

　ところで、ここに自給飼料生産を取り上げたのは、それが、(1)畜産の原理的な姿である自然界の物質循環にかなった酪農に導くから、(2)これから述べる「アニ

マル・ウエルフェア」（Animal Welfare：以下、「AW」と言う）の根底を支えることになる、と考えるからである。

　近年、日本の酪農界にも関心が広がってきているAWであるが、繊維質の自給粗飼料給与は、AWの向上に大変重要であると考える。AWは、その発祥の地のEU圏では既に消費者に広く認知され、生産者にも受け入れられた家畜飼養方式になっている。近年、日本でも畜種別に"日本版AW"とでも言うべきマニュアルが作成されており、消費者にも生産者にも徐々にではあるがその考え方が浸透してきているところである。だが、今の日本の酪農の実情に照らして、何から実践すべきかの優先順位を考えるなら、まずは繊維質自給飼料の十分な給与である。乳牛が反芻動物であることを想起するなら、草地基盤に根付き、繊維質飼料を生産し、給与することが反芻家畜の乳牛に対する基本的なAWであると考える。そして、それは、実は、土地－牧草（栄養）－牛－糞尿（有機質）－土地－…という自然界に調和した畜産の物質循環でもある。

　もっかTPP、日豪EPA等、酪農・畜産業が深く関わる貿易協定の交渉が進行しており、どのようにして水際でのせめぎ合いに耐えられる酪農産業に育てるかが喫緊の課題である。生産性を高め、国際競争力を獲得する方途を模索している最中であるが、競争力強化の基本的な着眼点は、この物質循環をベースにした自給飼料型畜産を確立することである。すなわち草地に立脚し、可能な限り繊維質飼料を確保・給与する酪農である。それは自然力を活用すること、反芻動物の乳牛の健康を保持する酪農である（付記参照）。

2

　日本型AWとはどのようなものであろうか。ヨーロッパで発祥したAWの考え方や我が国の取組みの現状、課題等は本書の第6章やその著者の佐藤衆介教授が主導してとりまとめられた「アニマルウエルフェアの考え方に対応した家畜の飼養管理指針」（社団法人畜産技術協会、2011年）に譲るが、EUにおけるAWの基本は、家畜は"感覚を有する生き物"（Sentient Beings）であるとする理解から出発している。その大前提の下で、AWを「5つの自由」で規定している。つまり、(1)飢餓や渇き、(2)苦痛、傷害、または疾病、(3)恐怖や悲しみ、(4)物理的、および熱の不快感、(5)個体の通常行動発現の際の不自由、を排除することにある。EUの消費者は、今や家畜福祉の質（Welfare Quality）が畜産物の質を形成する1つの要素と見做して購買価格に反映しており、これが生産者へのインセンティブになっている。

　私見であるが、単一の固定観念でAWを規定してしまうのは現実的ではないと考える。もともと、生産者は家畜を経済動物と見做しているが、消費者は少なからず動物愛護の感情を込めた見方をしており、両者にコンフリクトがある（さらに、食文化や食習慣の違いによる地域間・国間の相違もありうる）。従って、日本へのAWへの取組みの初期段階のステップとしては、日本人最大公約数のAWとして概念形成するのが現実的であろう。そのような観点から、上の「5つの自由」の中

で今の日本酪農が満たし得てないのは「(2)苦痛、傷害、または疾病」であろう。"苦痛"とは、反芻家畜であるのに、繊維質の飼料が十分に給与されてないことによる胃の反芻活動の不十分さとそれに基づく障害、そして"傷害、または疾病"とは、高泌乳の下での過大な生理的、肉体的負荷が疾病・障害・事故を誘発し、短命化していることである。日本酪農のAWは、まずここから取り組みたい。

なお、日本の中小家畜の畜産はもはや工業型畜産になっており、密飼い、過剰な薬剤投与等が一般的になってしまっている。日本の諸事情に配慮した日本型AWを概念化し、これに整合する飼養方法へ向かわせなければならない。(次の論文は、我が国で養鶏に関する消費者のAW認知度とAWの価値を定量的に評価した貴重な数少ない研究成果である。江島理恵（2009）「消費者のAnimal Welfare認識と提供情報による消費行動の差異—鶏卵を事例として—」『共済総合研究』Vol.56)。それに比べると、開放系の土地利用型畜産である乳牛、肉用牛部門にはAWへの切迫感がなかった。しかし、個体改良が進み、生産性を高める程に感情を有する乳牛へのストレスと肉体的負荷は高まってきている。これらを緩和してやることは重要な課題である。

持続的に高泌乳を維持するためには、(1)乳牛の遺伝的改良と、(2)高泌乳によるストレスが引き起こす疾病・傷害等への予防ときめ細かな飼養管理が必要である。ところが、極限まで規模拡大してきていて労働力が足りず、個体観察が行き届かない。資本も不足していて、舎内の通気性や衛生管理が十分でない経営が多くなっている。また高脂肪の穀物飼料の多給、粗飼料の給与不足、低品質サイレージの給与は、第四位変位、脂肪肝やケトーシス等の代謝病、繁殖障害、肢蹄病を発症させる原因になっている。結局、産乳成績、繁殖成績を悪化、疾病・故障を頻発させて淘汰を早めるあるいは高泌乳であっても、飼料費、疾病治療費、短命による乳牛減価償却費等への高い負担を強いられることになる。高産乳牛飼養の"落とし穴"である。

問題は様々な要因が複雑に絡み合っているが、AWの視点から課題整理すると、大きく2つに集約できる。(1)どのようにして乳牛を快適環境に置いてやり、疾病の発症を予防してやれるかという課題と、(2)粗繊維を多量に含む飼料をどのようにして確保・給与して乳牛の健康を保持してやれるかという課題である。昨今、「カウコンフォート」（Cow Comfort：以下、「CC」と言う）が一般化してきている。乳牛を快適な飼養環境で飼養するのが目的で、暑熱対策、牛舎内の換気、牛床、飼槽、給水等、施設整備を伴うことが多いので、経済効果を考慮しながら編み出された技術である。もちろん、CCは牛舎構造から衛生管理、作業者の牛への接し方まで広範であるが、日本の酪農には既にかなりの程度まで普及している。こうしたCC技術は、上の(1)乳牛を快適環境に置く、疾病予防するAWそのものであると言える。言い換えるなら、日本ではカウコンフォートという飼養技術でAWは段階的に進展している。

3

　もう1つ課題が残っている。(2)の高泌乳に起因するAW問題である。日本酪農の本格的な発展は戦後であるが、加工原料乳生産者補給金制度が施行した昭和40年代初頭からは、経済成長に伴う市場の成長に歩を合わせ、複合経営から専業・大規模経営への転換が進んだ。同時に、海外から先進の飼養技術と機械・施設を取り込んだ。多額の国からの融資と補助金による駆け足の発展であった。経営者は償還資金ねん出のためにこぞって高泌乳を目指した。1頭当たり産乳量は急速に上昇した。2010年の経産牛1頭当たり年間乳量は8,046kg、2011年が8,154kg（農水省生産局畜産部資料より）であるが、これはアメリカ、オランダに次ぐ高水準である。半世紀前の1960年は何と4,121kg、1961年は4,182kgであったから、半世紀でほぼ2倍の産乳を達成した。

　ところで、乳牛には泌乳ステージに応じて必要な養分量を過不足なく給与してやらなければならないが、もう1つのポイントとして、反芻家畜であるから、十分な繊維質飼料を給与しなければならない。繊維質飼料の給与が消化器管内の飼料消化・吸収を正常に機能させる、繊維質飼料は牛乳成分を形成する重要な飼料である、さらに反芻行動が乳牛を心理的に落ち着かせること等の理由から、一定量の良質な粗繊維飼料が必須である。しかし、草地が狭隘で、耕地では耕種作物を排除して粗飼料を作付する地代競争力がない。だが、できるだけ頭数規模を大きくしたい。結局、自給飼料生産量とのバランスを欠いた搾乳牛頭数を繋養することになる。繊維質粗飼料の給与量は十分でなく、配合飼料多給にならざるを得ない。

　これには理由がある。残念なことに、都府県も北海道も自給飼料の生産性は全く低調であった。「作物統計」から収穫量を作付面積で割り算して得た都府県の飼料作物ha当たり収量を追ってみると、1970年は39.8トン、1980年は46.0トン、1990年は51.2トン、2000年は50.9トン、2010年は45.8トンであった。1990年代に50トンをクリアーしているが、その後は円高が配合飼料シフトを加速させたこともあって、逆に牧草反収は低下した。結局、過去半世紀の牧草の反収増加は微増に留まった。1頭当たり乳量が著しい伸びを達成したのに対比すると、産乳には多大な努力を傾注してきたが、自給飼料の生産性向上への努力は全く不十分であった。なお、北海道についても同様に反収の時系列を計算してみると、やはり残念ながら同期間に収量は全く伸びてなかった。

　自給飼料の生産性が低ければ自給飼料生産費は高くなる。さらに、粗飼料の成分分析が普及してきて、牧草品質の重要性認識は高まってきてはいるが、天候による品質不安定がつきまとう。一方、高泌乳を維持し続けるためには、当然ながら高い要求量を満たさなければならない。決まった胃袋にそれを食い込ませるためには、栄養含量の高い配合飼料を選択せざるをえない。結局、高産乳を目指せば、不可避に高い配合飼料依存になる。

数値で確認しておこう。2012年度の搾乳牛通年換算1頭当たり牛乳生産費の費用合計770,727円に占める飼料費の割合は46％、さらに飼料費の81％が流通飼料費である。流通飼料費が大きな割合を占めている。購入飼料単価は所与であるから、購入飼料に依存している限り、飼料費節減の余地は全くない。牛乳生産費の飼料費の内訳からして、日本の酪農は、殆どが輸入原料の流通飼料（＝配合飼料）で搾乳していると言わざるを得ない。日本酪農は国際的にトップ水準の高産乳を実現しているものの、その高さは、乳牛改良や飼養技術によるよりも、配合飼料多給によると言わざるを得ない。

4

配合飼料多給－高産乳はさらなる問題をはらむ。2012年度牛群検定成績（乳牛検定全国協議会）によると、全国の平均除籍産次数は3.48（ここに言う「除籍」には、売却が11％含まれていることに留意）で、供用年数が極めて短かい。除籍理由は、死亡の他に乳器障害、繁殖障害、肢蹄故障等である。積極的淘汰は牛群改良速度を速める効果があるが、死亡や疾病・障害による消極淘汰は、乳牛減価償却費、治療費、育成費を増大させ、酪農生産費を押し上げる。これほど供用年数が短くなったのは、高泌乳のボディ・コンディションを維持させられず、ストレスを発生させているのが原因である。これはAWを下げる大きな要因であり、これこそが高産乳の背後に潜む"落とし穴"でもある。

アメリカでは、今や西海岸やフロリダ半島が穀物飼料多給型の大酪農産地を形成している。ニューヨーク州からミネソタ州までの北部冷涼地域の伝統的な草地酪農地帯とは大きく様相を異にする。それでも、こうした酪農経営が合理性を持って存立しているのは、市乳供給圏であり、そして安価な飼料穀物を安定的に入手できるからである。今の日本酪農は、アメリカ・カナダから大型乳牛のホルスタイン種を導入し、アメリカから大量の飼料穀物を輸入し（一時は、精液も輸入）、あたかもアメリカ西海岸やフロリダの酪農を模倣しているかのような飼養方式で高産乳を目指している。日本列島の北から南まで、どこへ行っても高産乳を第一義の目的にして経営している。

日本の酪農経営者には、「配合飼料を多給してでも高産乳を達成した方が得策」という思い込みが少なからずあるのではないか。しかし、それは正しくない。それが正当であるのは、配合飼料価格に対して乳価が十分に高い時、そして育成費が安い時、つまり放牧地に恵まれて十分に低コストで健康な後継乳牛を育成できる場合である。本来、あるべき目標乳量とは、自家、あるいは地域で調達可能な自給飼料量と飼養頭数を前提にして、給与可能量と要求量がバランスするように決定すべきである。もう少し厳密に言っておくと、健康な乳牛であるためには、できるだけ自給粗飼料の乾物摂取量を多くして、不足分を配合飼料で補うという考え方が正しい。また、飼養頭数も中長期視点からは自給飼料の生産力、調達可能な自給飼料量に従属する変数である。

産乳量を競う酪農経営ではなく、経営の立地環境（経営内条件、気候、飼料自給力、価格条件等）に適合した乳量目標を設定し、飼養規模を決定した酪農経営でありたい。地形が複雑で、山間地域から市街化地域にまで立地する日本の酪農は、立地条件に応じて配合多給型、エコフィード型、TMR型、集約放牧型、山地酪農型等、多様な酪農形態があってしかるべきである。もち論、乳量目標水準にもバリエーションがある。

　前述したが、(1)耕作放棄地の草地化利用、(2)稲転・水田フル活用政策による低コスト飼料稲作（青刈りとうもろこしや裏作に飼料用麦作も）、(3)公共草地の再整備、で日本国内の自給飼料生産増強の可能性はある。これまで、反収向上、品質改善が停滞してしまっていたが、既存のコントラクター、TMRセンター、公共牧場を飼料生産の担い手として活用し、ソフト面では農畜連携や農地中間管理機構を活用し、そしてJA等の飼料需給の斡旋・仲介の機能によって、低コスト自給飼料生産の増強に弾みをつけられる。今こそアメリカから輸入した飼料穀物による穀物多給型飼養方式から抜け出したい。目標乳量への発想を変え、高泌乳の落とし穴から脱却したい。その先に、懸案課題である生乳生産費を低減し、そして個体に産乳の負荷を軽減してAWを高められるというシナリオが見えてくる。

　ところで、農水省は「家畜改良増殖法」に基づいて、家畜の能力と体型の遺伝ポテンシャルの向上目標、増殖頭数目標を策定している。現在の第9次計画（2020年度を目標年にして2010年に策定）の改良目標は、乳牛改良では引き続き乳量・乳成分の向上、初産月齢の早期化を目指すが、あらたに乳期内の泌乳カーブの平滑化（泌乳持続性）をもう1つの改良目標に設定している。これは、泌乳ピーク時の個体への集中的で過大な負荷とピークを経過後のラグを伴った負の影響を軽減するためである。これは育種改良面からのAWの向上へのアプローチとして評価したい。

　その一方で、経営の多様化に適合した乳量・乳質目標や飼養方式に対応した育種改良も要望したい。その第1は、粗飼料多給型や集約放牧、山地酪農等の放牧主体の酪農経営向けに、敢えて乳量目標を下げ、その代りに粗飼料の食い込みがよく（飼料利用性）、肢蹄強健な健康牛づくりである。第2は、群飼養に適した群協調的で、高齢者・婦人・新人従業員が扱い易い温和な乳牛である。要するに、万能の個体を目指すのではなく、立地条件や飼養形態に適合した乳牛を作出するのである。改良速度が早まるし、何よりもAWの改善に有効である。これも1つのAWの日本型アプローチとして位置づけたい。

　なお、放牧草や採草は、草丈、収穫期、調整・貯蔵法によって、また飼料稲にあっては品種や刈取り時期によって栄養量は相違するし、消化特性も異なる。採食可能量や同可消化栄養量の圃場レベルでの簡便な推定方法の研究開発に期待したい。最近、繊維の物理性を表す簡便な指標づくりの研究が進展していると聞くが、乳量・乳成分との関係を明白にして、飼料設計に活用できるようになることも期待する。

5

　我が国の酪農は、遺伝的改良と飼養技術の進歩のみならず、配合飼料多給によって高泌乳を実現してきた。しかし、それによって、乳牛個体には大きなストレスがかかっている。労働力不足による不十分な個体観察・管理と相まって、産乳量・成分乳質・衛生乳質の低下、そして疾病を多発させ、連産性を阻害し、経済的寿命を短くしてしまっている。いわば、"高泌乳の落とし穴"である。こうした状況に至って、遅ればせながらも日本にもAWが注目されるに至った。

　EU圏では消費者の関心の深まりがAWの普及に大きな役割を果たしたが、日本では、高泌乳を追求する中で乳牛に「快適環境」を与える技術として普及してきたCCがAWに整合的であった。しかも、CCは資材の購入を伴った飼養技術であるので、経済効果を生むかどうかを常に評価しながら採用している。従って、CCは消費者にコストアップを転化せずにAWを向上している。

　AWのもう1つの側面は高泌乳追求に起因する乳牛への高いストレスである。日本には、立地条件や経済条件に関わらず配合飼料多給・高泌乳追求の考え方が支配してしまっている。高泌乳牛には高いストレスがかかって、疾病・繁殖障害・その他の故障が常態化し、結局、供用年数を短命化してしまった。結果的に高泌乳の落とし穴に陥らせていた。今の日本の酪農にあっては、この高泌乳ストレスを緩和することがAWの中心的関心事である。

　AW改善の1つの発想は、立地条件、経済条件に適合した産乳目標、飼養規模、飼養方式を描くことであろう。柔軟性と多様性である。近年、飼料生産基盤の増強に農業の全体が追い風になっている。酪農生産者には自給飼料の増産に本気になって欲しい。如何に国際競争力を高めるかが喫緊の課題であるが、乳牛個体のAW改善観点から生産費押上げ要因を取り除く飼養技術・飼養方式を考える発想があってもよい。

付記：
　筆者がアメリカ・ミネソタ大学留学中のことだが、畜産経営学のE. フラー教授が初回の講義で次の3点を諭すような語り口で語りかけたのを今も新鮮に覚えている。
(1) 粗飼料（Roughage）は"粗な飼料"を意味しない。乳牛の反芻胃を正常に保つため、また良質な乳成分であるために必要不可欠な粗繊維飼料で、乳牛に必須の飼料である。
(2) 幸いなことに、この粗飼料は耕種作物の栽培困難な土地で栽培できる。従って、酪農は、作物を栽培する農地を奪わず、耕種部門の耕作困難な農地で粗飼料を生産し、夏期は放牧と乾草給与、冬期はサイレージ給与を基本とする。
(3) 牛の糞尿は土地改良と地力形成に有効な有機質資源であり、草地還元を怠ってはならない。

執筆者紹介

出村克彦（でむら　かつひこ）
北海道大学名誉教授。専門は農業政策学、環境政策学。農学博士。著書として『中国山岳地帯の森林環境と伝統社会』、『農業環境の経済評価-多面的機能・環境勘定・エコロジー』（北大出版会）他、論文多数。

後藤貴文（ごとう　たかふみ）
九州大学大学院農学研究院准教授。勤務地は、大分県竹田市久住町の標高約900mに位置する農学部附属農場・高原農業実験実習場（いわゆる大学牧場）であり、約100頭の黒毛和牛を用いて、現場を活用した教育研究を行っている。現在、生物科学的に新しい概念である代謝インプリンティング理論の応用、草原や耕作放棄地等の放牧活用技術、ICTを活用した放牧管理技術およびそこで生産された牛肉のダイレクトマーケティングをパッケージとしたシステムについて研究を行っている。博士（農学）。

伊藤寛幸（いとう　ひろゆき）
北海道大学大学院農学研究科博士後期課程修了。農業団体職員、財団法人職員を経て、北海道の農業技術系シンクタンクに勤務。現在は、土地改良事業の計画業務などに従事するほか、農業農村整備における経済評価に関する学術研究にも取り組んでいる。博士（農学）。論文多数。

コーサクナラース　シッティーポーン（KHOUNSAKNALATH Sithyphone）
九州大学大学院生物資源環境科学府資源生物科学専攻博士後期課程在学。ラオス国立大学卒業後、ラオス政府系の社会経済分析業務に従事。九州大学大学院修士課程修了後、2012年より国費留学生として同博士課程に入学。現在、高原農業実験実習場にて、草資源による黒毛和牛肉生産システムの研究に従事。農学修士。

三田村強（みたむら　つよし）
農業環境技術研究所元理事。シバ型草地の造成、サバンナの草地改良、北上山地の牧畜、農業環境などの研究を旧農林水産省草地試験場、同・東北農業試験場、国際熱帯農業研究センター（CIAT）、農業環境技術研究所などの研究機関において行ってきた。現在はEUの農業環境政策に関する研究を行っている。博士（農学）。草地学会賞受賞、論文・著書多数。

永木正和（ながき　まさかず）
筑波大学名誉教授。畜産経済論、農村計画論、農業情報論の研究を行っている。帯広畜産大学助手、助教授、鳥取大学農学部教授、筑波大学大学院生命環境科学研究科教授を歴任し、2009年に定年退職。海外長期滞在は、比国・国際稲作研究所（留学）、米国・ミネソタ大学（客員教授）、英国・レディング大学（客員教授）、パプアニューギニア・ラバウル農科大学（UNESCOアタッシェ）。農学博士。論文・著書多数。

執筆者紹介

野村久子（のむら　ひさこ）
九州大学農学部農学学士課程国際コース講師。地方自治体が行う環境政策のアドボカシーやその政策評価、観光や健康、女性の役割をテーマとした地域振興のための実証実験、農業環境政策、歴史的農業遺産に関する政策比較研究を行っている。マンチェスター大政治経済ガバナンス研究所などを経て、現職。英国マンチェスター大学博士（開発・政策学）。

佐藤衆介（さとう　しゅうすけ）
東北大学大学院農学研究科教授。動物行動学の手法を用い、人が係わる動物である家畜（ウシ、ブタ、ニワトリ）、展示動物、及び野生動物の飼育環境の改善や行動自体の制御を目指した研究を行っている。宮崎大学農学部、東北大学農学部、独立行政法人農業・生物系特定産業技術研究機構畜産草地研究所を経て現職。農学博士。『アニマルウェルフェア』（2005, 東京大学出版会）、『動物への配慮の科学』（2009, チクサン出版社）、『動物行動図説』（2011, 朝倉書店）など論文・著書多数。

藤　真人（とう　まさと）
九州大学生物資源環境科学府修士課程修了、株式会社東芝勤務。
九州大学ブランドビーフに関心を持ち、実食アンケートに基づいた研究や、有機性廃棄物再生施設のライフサイクルアセスメント（LCA）を行う。

矢部光保（やべみつやす）
九州大学大学院農学研究院教授。食料・環境・エネルギーの相互関連を考慮した農業・農村政策を中心に、生物多様性、バイオマス、アメニティの経済評価などの研究を行っている。農林水産省農林水産政策研究所、ジョージア大学、ロンドン大学客員研究員など経て現職。博士（農学）。論文・著書多数。

吉田謙太郎（よしだけんたろう）
長崎大学環境科学部教授。生物多様性の経済価値評価、都市・農村計画などに関する研究を行っている。農林水産省農林水産政策研究所主任研究官、筑波大学大学院システム情報工学研究科准教授などを経て現職。博士（農学）。『生物多様性と生態系サービスの経済学』（昭和堂）など論文・著書多数。

草地農業の多面的機能とアニマルウェルフェア

2014年3月22日　第1版第1刷発行

編著者　矢部光保
発行者　鶴見治彦
発行所　筑波書房
　　　　東京都新宿区神楽坂2－19銀鈴会館
　　　　〒162－0825
　　　　電話03（3267）8599
　　　　郵便振替00150－3－39715
　　　　http://www.tsukuba-shobo.co.jp

定価はカバーに表示してあります

印刷／製本　平河工業社
© Mitsuyasu Yabe 2014 Printed in Japan
ISBN978-4-8119-0437-5 C3061